U0246204

# 从一个细胞开始

［美］本·斯坦格（Ben Stanger）——————— 著　　　祝锦杰 ——————— 译

FROM

ONE

CELL

A Journey into Life's Origins and
the Future of Medicine

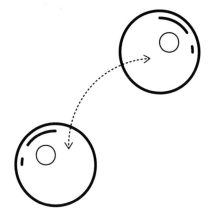

中信出版集团｜北京

**图书在版编目（CIP）数据**

从一个细胞开始 /（美）本·斯坦格著；祝锦杰译.
北京：中信出版社，2025.1. --ISBN 978-7-5217
-7057-5

　　I. Q1-0
中国国家版本馆CIP数据核字第 2024BL4188 号

从一个细胞开始

著者：　　　[美] 本·斯坦格
译者：　　　祝锦杰
出版发行：中信出版集团股份有限公司
　　　　　（北京市朝阳区东三环北路 27 号嘉铭中心　邮编　100020）

承印者：　　三河市中晟雅豪印务有限公司

开本：787mm×1092mm 1/16　　印张：24　　　字数：303 千字
版次：2025 年 1 月第 1 版　　印次：2025 年 1 月第 1 次印刷
京权图字：01-2024-1817　　　书号：ISBN 978-7-5217-7057-5
　　　　　　　　　　　　　　定价：79.00 元

致比阿特丽斯和威廉

如果自由不包括犯错的自由，那这样的自由就不值得拥有。

——莫罕达斯·卡拉姆昌德·甘地

所谓制造，只有当你制造出对象后，才能谈喜好；而所谓创造，即便对象还不存在，你也会喜欢上它。

——吉尔伯特·基思·切斯特顿，

《狄更斯作品赏析与评论》

每一种范式都有它的悖论。

——安妮·迪弗兰科，

歌曲《范式》

# 目录
CONTENTS

---

## 序 幕

---


# 怀 孕


每个人早在经历人生的第一次大笑、疼痛、跳舞、睡眠不足、放纵、被爱或者呼吸之前,其实就已经完成了一场冒险。那是一趟奇妙的旅程,既有非同寻常的成长,也有惨重的损失和牺牲,既有惊天动地的活动,也有诡异的静止和寂寥,过程复杂得超乎想象,却又透露出某种惊人的似曾相识。我们的这场冒险来自遥远的过去,浓缩了数百万年来所有试错的成果,是基因承载的记忆,不仅如此,我们的后代肯定会沿着这条我们不知如何找到的路径,将相同的冒险一代又一代地延续下去。身为智人,无论我们在意识形态、语言和文化上变得多么疏离,每个人的起点永远都一样。这种相通的经历把我们所有人都牢牢地联系在一起:每个人生命的起点无比简单,正是以此为起始,我们从母亲的子宫里涌现出来,成为人类。

想要理解自身的起源是一种根深蒂固的需求。我们凭直觉意识到，对发生在身边的事，我们只能观察到其中的一小部分。但是，有限的视野并不能阻止我们对揭示未知的渴望。超越日常感官的现象拥有难以抗拒的吸引力，驱使着我们绘制宇宙的边界和探索细胞内部的运作方式。返璞归真的解释（事物之所以如此的因果关系）尤其引人入胜，因为它们能让我们从混沌无章的宇宙里看出秩序。

有关我们的起源，最基本的事实是：地球上所有动物的生命都始于一个细胞。可是，动物个体这么复杂，造就这样一种事物所需的全部信息怎么能被塞进如此简单的东西里呢？这个细胞是怎么知道自己应该变成什么、应该怎么做，并最终变成数万亿个细胞的？为什么深入认识我们的胚胎发育历程能帮助我们提升未来的健康？这些都是本书希望回答的问题。

本书讲述了一个在现实中上演过无数次的故事：关于一个细胞如何变成成熟的生物体。这趟旅程的起点是动物生命的基本单位——受精卵（也被称为"合子"），而故事的脉络则是我们如何一步步建立起对于细胞、基因和胚胎学的现代认识。我们将探索先天因素和后天因素的贡献，以及二者之间的拉扯——它们分别代表刚性和柔性的命运，二者的平衡是正常发育所不可或缺的——借此认识一个细胞如何产生构成身体的各种各样的细胞。在这个过程中，我们还将探讨干细胞扮演的关键性角色。

胚胎的故事与化学有着千丝万缕的联系，因为造就动物个体所需的全部信息都在合子基因组的DNA（脱氧核糖核酸）里。所以，我们的故事也会涉及人类对基因的认识，看看基因如何从早期的概念逐渐演变成现今的样子。我们将深入探讨有关基因和发育的一些关键问题：当细胞不再需要某些遗传信息后，它们会作何处理？在面对一连串独特的遗传指令时，细胞如何通过反抗基因的"专横"，使自己发生特化并获得相应的特征？还有，"表观遗传调控"（DNA序列不发生改变，但遗传发生变化的现象）如何决定细胞的命运？

最后，我们将从健康的角度，考虑胚胎科学会把我们引向何方。我们对胚胎如何铸造组织的认识非常肤浅，而基于这种浅薄认识的再生医学方兴未艾，它很有可能颠覆许多疾病的治疗方式。我们将探讨胚胎与肿瘤之间令人感到不安的相似性，以及有关发育的研究如何让我们找到治疗癌症的新方法。我们将审视器官衰竭的原因，思考为什么有的器官和生物能够再生，而有的却不可以。然后，我们会看看科学家正在做哪些努力，试图将研究胚胎所得的成果应用于医疗实践。其中一些技术的名称听上去似乎不太吉利，比如"细胞重编程"和"基因编辑"，我们可以用前者培养人造组织，用后者改写人类的基因组。

写这样一本书是有风险的。一方面，这个题材一不小心就会陷进过于专业的技术领域。我们探讨的每一个话题——细胞分化、形态发生（生物体结构的形成）、遗传学、干细胞生物学——都足够单独写好几本书。不仅如此，想要讨论分子胚胎学，用一些黑话般的专业术语是难以避免的。这令人想到了物理学家史蒂芬·霍金在写《时间简史》时收到的忠告：他每写一个数学公式，书的销量就会减半。[1] 可另一方面，科学又不能囫囵吞枣，况且还有更糟糕的情况：科普作者总是夸夸其谈，诱导读者对未来产生乌托邦式或者反乌托邦式的幻想。

因此，我们在梳理这个领域的发展脉络时将以最重要的发现为线索，基础性的科学发现不仅曾在我们构建知识体系的过程中发挥了奠基性的作用，而且至今仍在帮助我们推动认识的进步。本书的书名指的是两种拥有非凡潜力且关系密切的细胞：第一种是合子，构成生物体的每一个细胞都是由合子在胚胎发育期间产生的，第二种是胚胎干细胞，它拥有与合子相似的能力。众所周知，科学家一直怀揣着用这些细胞治疗各种疾病的美好愿望。但很少有人想过，我们试图用这些细胞或者这些细胞的衍生物做的绝大多数事，对胚胎来说却稀松平常，不费吹灰之力。所以，如果想让再生医学不负众望，我们最好向内看——我们的身体，还有那些系统发生中的前体，看看它们最初是如何形成的。简而言之，我们需要认识正常的发育过程。

作为一名内科医生、发育生物学家，以及如今的癌症生物学家，我已经在这个领域内工作了 20 多年。即便如此，胚胎的美丽、神秘和它在动物界的普遍性依然令我肃然起敬。而身为一线的执业医师，我还会用临床的眼光看待胚胎，因为它有可能给无数疾病的治疗带来希望。科学研究的特点是，每一点儿进步都伴随着许多新问题，事实上，这道无法弥合的知识鸿沟恰恰是科学的迷人之处和让人欲罢不能的原因。关于胚胎发育、干细胞和再生医学的故事仍未完结。即便如此，这出由科学家、哲学家、患者和医生联袂登场的好戏依旧引人入胜。不过，我们故事的主角是胚胎——所有的动物，包括人类，都是从这个结构发育而来的。

本书将讲述胚胎那复杂且不可思议的前世今生，讲述我们是如何来到这个世界上的。

第 1 章

------

# 一细胞问题

*世界上究竟是先有鸡，还是先有蛋？*

*——古老的谜题*

婴儿是从哪里来的？

这是一个关乎个人且人人都会有的疑问，或早或晚，我们都会在人生的某个时刻思考这个问题。当然，答案也是五花八门的，其中最常见的一个是我们在上学时听到的——生命始于一个细胞，它由卵子和精子结合产生。细胞一次又一次地发生分裂，直至形成一个包含数万亿个细胞的完整人体。

总体而言，这种对胚胎发育（也被称为"胚胎发生"）的描述还算准确。但如果我们退一步，考虑到这个过程中发生的每一个步骤都必须准确无误，那么你我能够顺利来到这个世界上简直是一个奇迹。随着受精卵的分裂，它的子代细胞逐渐聚合成各式各样的结构

（器官），这些结构之复杂，以至于我们至今都无法用工程学的手段在生物体外复现同样的过程。每次分裂，细胞都会忠实地复制自己的DNA，然后平均分配给每个子细胞。随着时间的推移，这些子细胞，以及子细胞的子细胞，便开始有了完全不同于母细胞的新身份——血液、骨骼、皮肤，等等。

细胞费尽心力的最终产物是一副身体，这副身体做好了面对无数突发情况的准备——缺水少粮、掠食者的威胁、病原体，以及毒物。在这个过程中，出错的机会多得数都数不清，可细胞绝少犯错。每天，世界上都有数以十亿计的动物完成从一个细胞到完整个体的发育旅程，这个数字里包括30多万的人类。胚胎发育是第一次，也是最重要的一次成人礼，事实上，它为地球源源不断地输送着新生命。

为什么如此奇妙的发育能这么顺利且持续地发生？细胞是怎么知道应该如何发生特化、在何时分裂、去哪里，以及如何行动的？控制发育的关键因素是基因还是环境？物种怎样确保每一代个体的发育过程都完全相同，如何限制错误的发生，以防自己走上灭绝的道路？还有最了不起的一点，一个能动、能呼吸、能消化、有感觉、会推理的完整的动物个体，究竟是如何从区区一个细胞发育而来的？我们可以把最后这个疑问称为"一细胞问题"。

同样的问题有各种各样的版本，人类同这些问题的角力可以追溯到古代，但在19世纪中期以前，我们缺少最低精度直接观察胚胎的技术手段。由于这个原因，在这个时间点之前，绝大多数与发育相关的概念都是不完备或者根本就是错的。如今，有了强大的分子工具，我们发现自己正处于一个前所未有的时代：我们可以用基因、细胞和分子来解释发育，并借用这些概念来描绘自己诞生的复杂过程。

## 无限嵌套

我们先来看一个思想实验。假设你暂时忘却了某些概念，你既不知道什么是胚胎，也不知道世上有细胞或者基因。取而代之的是，你对人类的认识建立在直观的感官上：人是一个牢不可破的整体，由大大小小的身体部件构成。除了眼睛能看到的部分（头、躯干、四肢、眼睛、耳朵、嘴巴、牙齿、指甲、毛发，等等），你对其他一切都一无所知。在这样的情况下，试想你会如何看待人的起源，如何从一个成年人追溯到婴儿，然后再往前追溯……姑且不论你想象出来的东西是什么。

就个人而言，我觉得这个思想实验很难。问题恰恰在于已知的信息太多，尤其是我已经知道人体是由细胞构成的了，仅仅这一条就把胚胎发育同作为组织和躯体基本单位的细胞紧密地联系在一起了。所以，（对我来说）要假装不知道胚胎是由细胞构成的这个事实是非常困难的，就像我要假装不知道沙丘是由细密的沙粒构成的一样。学习往往是一条单行道。

为了绕过这种认知带来的障碍，我转而让 6 岁的女儿来思考这个问题，据我所知，她在学校里应该还没有学习过任何相关知识。

"莎拉，"我问道，"小婴儿是从哪里来的？"

莎拉对这种非常规的问题（指能够启发思考的科学、哲学和形而上学的问题）已然习以为常，她总是愿意配合，因为她知道这样做会让老父亲心花怒放。（即便如此，我依然觉得由我来问女儿小婴儿是从哪里来的，而不是她问我，这件事本身就很逗。）

"是从妈妈的肚子里来的。"她回答。

"对，没错儿，"我说，"当小婴儿还在妈妈的肚子里时，我们管它叫胚胎。"

"哦。"她回答道，一脸不在乎的样子。

我继续说道："那么，莎拉，现在你来告诉我，你觉得胚胎在妈妈肚子里的时候是什么样子？"

这次，她想了想才开口："它长得像一个小小的小婴儿，比鸡翅还要小。"

"啊，很有意思，"我说，"那再往前呢？胚胎在最开始的时候，在刚刚开始生长，还没有变成一个小小的小婴儿的时候，它是什么样子？"

这个问题的答案似乎太显而易见了，惹得莎拉笑出了声。

"在那之前，它像一个小小小小婴儿。"

认为我们的前身是某种"预成的胚胎"——在受孕发生的那一刻，所有的部位便已经就位，只等这个缩成一团的小人儿长大——这种观点被称为"先成论"。你可能觉得这种说法既愚蠢又浅薄，但从我女儿的回答来看，它一点儿也不牵强。事实上，认为动物个体始于一种预先存在的微型幼体（如同那种只有在放大镜下才能看清的相片）或许是一种最符合直觉的看待发育的方式，尤其是如果你完全不知道什么是细胞、基因或者进化。

古希腊人花了很多时间争论胚胎的本质，而绝大多数人都支持先成论。直到公元前 4 世纪，亚里士多德加入这场论战。他推论道，如果生物的躯体真的在发育开始之前就已经形成（从一开始便是完整的），那么观察者理应看到所有的结构同时出现，而不是一块一块地被零散组装起来。为了验证这一点，亚里士多德检查了数十个处于不同发育阶段的鸡胚，注意到鸡的心脏总是比其他器官更早出现（并开始搏动）。亚里士多德总结认为，躯体的各个部位在发育过程中是依次出现的，并非由原先就有的结构膨大而成。他的认识是正确的。后来，这种现象被称为"后成说"，表明动物的生长是逐步推进的，后出现的部位需建立在先前已有的部位之上。亚里士多德有理有据的推论让支持先成论的人哑口无言，在随后的 2 000 年里，后成说作为一种范式，始终占据着主导地位。[1]

讽刺的是，到了 17 世纪中期，显微镜的兴起导致先成论再次受到人们的青睐。世界上第一台单镜片显微镜是由荷兰纺织品商人安东尼·范·列文虎克发明的，他本想寻找一种更好的方法，来评估布匹的丝线纺织质量，所以研究出了一套制作镜面的技术，使镜片的放大倍数达到史无前例的水平。到了 1670 年，列文虎克已经完全沉迷在打磨镜片的爱好里不能自拔，他几乎把能够找到的每一件样本都放到自己的显微镜下观察。凭借新式显微镜强大的屈光能力，列文虎克看到了一个令他大受震撼的小人国世界：一个此前人眼看不见的微型生命的世界。

列文虎克是世界上第一个亲眼看到微生物的人——原生动物、真菌和细菌，这些与我们生活在一起却又看不见的无处不在的生物——在他的眼里，它们就像微小的市民，游荡在一座迷你的城市广场上。列文虎克把它们称为"animalcules"（显微动物），因为他认为这些生物只是动物的微缩版本，它们也有感觉，也像宏观的动物一样，有结构复杂、功能齐全的内脏。随着列文虎克的显微镜变得越来越强大，他能够看到的生物也越来越小，生物的微小程度仿佛没有下限。

你可能会以为，有了能够看透卵子和精子内部结构的显微镜，又亲眼看到各种极其微小的生物却没有找到任何迷你的完整个体后，先成论的观点就该不攻自破了。可是，对一个名叫尼古拉·马勒伯朗士的法国牧师来说，列文虎克的发现反而令先成论重新焕发生机。马勒伯朗士认为，列文虎克的发现带给人们的启示是：我们的感官具有欺骗性。倘若我们的身边生活着一大群生物，没有显微镜我们就看不见它们，那么世界上一定还存在其他看不见的世界等待着我们去发现。马勒伯朗士主张，随着性能越发强大的设备被发明出来，我们将会看到更深层的世界，显微镜的使用者终将找到相关证据，证明卵子里有预先存在的完整生物体。

实际上，马勒伯朗士的先成论观点并不局限于单一的卵子。在他的设想里，每个藏身于卵子内的完整个体肯定也携带着属于自己的卵子，而这些卵子里又有预先存在的个体，以此类推，无穷无尽。换句话说，在马勒伯朗士假想的世界里，每个卵子都包含了一系列预先形成的个体，这是一种无限嵌套的"种子里的种子"，犹如俄罗斯套娃。既然此前从未有人觉察到列文虎克发现的显微动物，那么谁又能说随着时间的推移，我们不会再在显微动物身上有类似的发现呢？

虽然马勒伯朗士的观点有很浓的哲学和神学色彩，但他的理论还是让人们开始重新审视亚里士多德的研究手段及结论。[2]令人没有想到的是,这种反思居然也推动了先成论的再次兴起。最具影响力的证据来自 17 世纪的荷兰博物学家杨·斯瓦默丹。斯瓦默丹以解剖昆虫的高超技艺著称,他偶尔会在有钱人云集的私人聚会上展示自己的解剖本领。斯瓦默丹对未成熟的生命形态尤其感兴趣,比如蛆、毛毛虫和蛹,他在解剖这些结构时发现了非常惊人的现象:这些幼虫或者蛹似乎长着成虫的器官,就算不是五脏俱全,也八九不离十了。腿、翅膀、腹节,还有触角,这些器官早在蛾子或者蝴蝶诞生之前就存在了,只不过它们都挤作一团,仿佛在等待某种启动生长的信号。[3]

斯瓦默丹的解剖研究并没有回答生物的机体究竟形成于发育的哪个阶段,即便如此,他观察到的这个现象却为机体结构是预先存在的说法提供了支持。支持者纷纷表示赞同,这些人中有 18 世纪的多位权威博物学家,比如马尔切罗·马尔皮基、拉扎罗·斯帕兰札尼、查尔斯·博内特及阿尔布雷克特·冯·哈勒。从此以后,先成论再次成为解释胚胎起源的主流理论。

不仅如此,列文虎克的另一个发现还让先成论复兴的故事变得更加跌宕起伏。这位荷兰磨镜匠注意到人类的精子长着一条尾巴,而且能像蝌蚪一样游泳,这似乎表明它们拥有某种生命力,甚至意味着它们很可能拥有灵魂。所以人们认为,"预成的胚胎"可能就在精子里,而不是相对静态的卵子里。这个发现导致支持先成论的人分裂成两个派别,分别是"卵源论",支持者相信假想的生物体隐藏在雌性个体的卵子内;以及"精源论",支持者相信微小的生物体存在于雄性单倍体的精子内。这两个派别的争论极其激烈,甚至淹没了那些质疑先成论本身是否成立的声音。

　　在喧闹的争吵中，神职人员和上流人士同样表达了他们对先成论的支持。对教会来说，用这种无始无终的眼光看待胚胎与胚胎的传承关系无异于在尘世和天界之间建立起了某种关联。如果马勒伯朗士宣扬的种中之种理论是正确的，那就意味着每种生活在过去、当下和未来的生物都是在某一个神迹显灵的时刻被创造出来的。这是对上帝在夏娃的卵巢（如果你是精源论者，那么这里就应该是亚当的睾丸[4]）里种下了全人类的生动例证。而在贵族看来，先成论让他们一脉相承的特权有了合理的解释，因为它赋予了事物与生俱来的秩序：每位国王都是国王的子嗣，而每个百姓则生来就是百姓。凭借宗教、科学和社会内涵，先成论对身居高位的人有某种特殊的吸引力，并在将近两个世纪的时间里成为胚胎发育的主流模型。

图 1-1　尼古拉斯·哈特索克是 17 世纪荷兰显微镜学家和坚定的精源论支持者，他相信预先形成的生物体存在于精子内。该图仅仅是哈特索克的臆想，他并没有宣称这是自己亲眼所见

　　　　资料来源：临摹图，出自哈特索克的论文《屈光学》，1694 年。

## 拼图游戏

　　时间来到了 19 世纪中期，两个理论的出现再次让天平倒向了亚里士多德那一边，或者说至少让先成论和后成说变得势均力敌。第一个理论是细胞学说，它认为细胞是生命的基本单位，地位相当于化学中的原子或者物理学中的光子。"细胞"（cell）一词是英国博物学家罗伯特·胡克在 1665 年提出的，当时他把一块栓皮放到了高倍镜下观察，结果看到栓皮由一个又一个的亚单位组成，这种单位与蜂巢里的巢室（cell）及修道院里僧侣们居住的单人隔间（cell）很像。胡克推算，每立方英寸①的植物组织含有超过 10 亿个这样的单位。但胡克和他之后的人都不认为这个发现有什么重大的意义，他们只觉得自己看到的东西很有趣，但无关紧要（在这里提醒一下那些将来要当科学家的读者，绝大多数重要的科学发现起初都平平无奇，很容易被忽视）。

1839 年，德国植物学家马蒂亚斯·施莱登和德国解剖学家特奥多尔·施万重提了胡克的发现，提出细胞是生物学里不可分割的最基本单位，"活物"的概念不适用于任何比细胞小的东西。他们宣称，动物和植物是由细胞构成的复合体，与列文虎克看到的单细胞显微动物属于不同的类别。用今天的眼光看，他们的观点是不言而喻的事实。自列文虎克发现细胞以来的两个世纪里，生物学家一直把目光聚焦在细胞上，鲜有意识到细胞其实是宏观整体的组成部分，可谓只见树木，不见森林。一连串新的问题接踵而至：细胞有什么功能？它们是如何工作的？老的细胞如何产生新的细胞？到了 19 世纪 50 年代，这种从细胞的角度看待生命世界的方式引发了重新审视每个生物学假说的浪潮。

第二个颠覆性的理论是自然选择。查尔斯·达尔文洞察到，地球上种类繁多的动物是巧合而非设计的产物。其实早在达尔文之前，生

---

① 1 立方英寸≈16.39 立方厘米。——译者注

物学家就接受了进化的概念，即随着时间的推移，新的物种会慢慢出现。但是，他们在这个过程发生的细节上争论不休。法国博物学家让-巴蒂斯特·拉马克提出的进化学说将进化看作用进废退的结果：经常使用的部位会变壮，不用的部位则会萎缩。作为证据，拉马克最经典的例子是长颈鹿，他宣称这种生物之所以长着长长的腿和脖子，是因为它们的祖先在非洲的热带草原上努力去吃高大的金合欢树的叶子。在拉马克的观念里，新物种的诞生是需求使然。

而达尔文石破天惊的观点则认为，是竞争而非适应驱动着新物种的形成。[5] 他认为，大自然总是在不断地产生新的变异：偶然出现的偏差改变了生物的大小、外形，或者某些部位的功能。他推论，绝大多数情况下，这些变异等同于错误，它们会导致后代在繁殖时处于下风。但在少数情况下，这样的偏差能提高后代生存和生育的概率（也就是相对"适合度"），使它们在与同类的竞争中占据上风，拥有选择的优势。在达尔文看来，适者生存，不适者淘汰，新物种的诞生与需求没有关系。

随着细胞学说和自然选择学说这两大重要思想在 19 世纪的讲堂和科学界逐渐流传开来，一个显而易见的问题出现了：进化是如何在细胞的层面上发挥作用的？因为所有的生物学特征——包括与进化有关的那些——都必须通过受精卵才能被传递给下一代。于是，深入探究生物性状的传承方式便成了当务之急。

但研究这个问题有一个障碍：此前还从来没有人问过类似的问题。在那个时代之前，生物学一直由自然主义主导，自然主义的传统是实地观察，然后围绕观察到的现象，利用演绎法构建理论。虽然这种研究方法孕育出许多重要的观点（或许最伟大的成果要数自然选择），但它并不要求在现实世界中验证这些观点的可靠性。每个经受住时间考验的自然主义理论的背后，都有几十个理论最后消失在历史的长河里。（我会在后文介绍达尔文提出的遗传模型，那就是一个漏洞百出的失败理论。）

进入 20 世纪，传统的自然主义被一种在实验基础上认识动物世界的新方法所取代。为了更好地理解自然主义和这种新研究方法（我们可以称之为"实验生物学"）的区别，你可以参考下面这个比喻。假设你得到了一台机器（比如一口摆钟），并被要求探明它的工作原理。自然主义的做法（观察和演绎）能告诉你相当多的东西。你可能会注意到时钟的三根指针分别在以固定的周期移动，而且每根指针的转动都与另外两根指针相关。如果你观察得足够细致，就会发现时针、分针和秒针之间存在 1∶60 的比值关系。但是，如果有人问你时钟为什么会走字——是什么让指针动起来或者将它们联系起来的机械结构是什么样子——那么光靠观察的你就只能猜测了。回答这个问题的唯一途径，同时也是理解时钟工作原理的唯一办法，是将它拆解，直接查看其内部结构，动手摆弄里面的零件，直至弄清它们各自的原理。

于是，科学家不再只是用眼睛观察胚胎，而是会亲自动手，他们通过人为干扰胚胎某个部分的功能，探究它会如何影响整个胚胎。信奉自然主义的博物学家从来都只会去山林旷野钻研如何更新和修正分类的标准，他们对这种在与世隔绝的实验室环境里研究细胞的做法究竟能否带来重大发现，普遍持怀疑的态度。不过，同所有颠覆性的技术一样，实验生物学即将彻底改变科学界。

胚胎发生始于受精。受精是两个配子细胞（精子和卵子，它们相当于"半个细胞"）融合产生单细胞胚胎（合子细胞）的过程。早在亚里士多德之前，人们就已经知道，新的动物个体（比如一只小鸡）形成所需的所有东西都被装在受精卵里。而后来的细胞学说则让人们意识到，生物体体积的增长是细胞数量增加的结果，由此可见，细胞一定拥有分裂的能力。到了 19 世纪晚期，显微镜学家找到了直接观察细胞分裂现象的方法，这让他们看到，当细胞一分为二时，细胞里有一种微小的细线（后来被称为"染色体"）发生相互分离，然后分别进入两个新生的子细胞内。

胚胎发生早期的细胞分裂（此时的合子不断分裂，变成由数百个细胞组成的细胞团）与在其他任何生命阶段发生的细胞分裂都不一样。[6]绝大多数情况下，细胞的生长都先于分裂，这保证了分裂后得到的子细胞与母细胞的体积大致相当。但是在胚胎发生的最初几个小时，分裂后得到的子细胞并没有明显的生长，分裂的过程仅仅是母细胞的中间形成一层新的膜，就这样把细胞一分为二，变成两个新的、体积减半的子细胞。同样的过程不断重复，每发生一次这样的卵裂，细胞的体积缩小 1/2，直到胚胎变成一个球形的细胞团，我们把此时的结构称为"囊胚"。

这些观察引发了一连串与发育及合子内指导发育的指令的本质有关的疑问：在细胞经历分裂时，这些指令经历了怎样的变化？每次发生卵裂后，发育指令是如何被分配到两个子细胞（卵裂球）里的？是每个子细胞分别获得一部分，就像两个扑克牌手轮流从同一副牌里抽

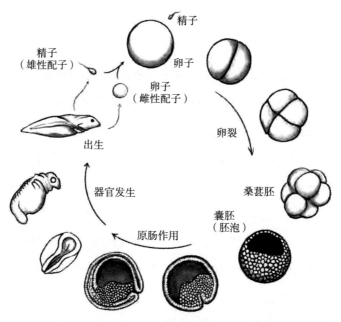

图 1-2　受精完成后，此时仅有一个细胞的胚胎便会发生卵裂，每分裂一次，子细胞的体积就缩小 1/2。经过几次分裂的胚胎被称为"桑葚胚"，而一旦细胞的数量突破 100 个，我们就把它称为"囊胚"（哺乳动物的囊胚也被称为"胚泡"）。随着胚胎体积的增长，原肠作用启动，三个胚层形成，所有器官都来源于这三个胚层（这个过程被称为"器官发生"）。随后，胚胎继续发育，直到做好出生的准备。这个过程的终点是新的个体产生属于自己的配子（卵子或者精子），然后开始新一轮的循环

牌，还是每个细胞都能得到一整套完全相同的指令，相当于每个牌手都领到整副牌？最后，也是最引人入胜的问题，发育的指令究竟是以怎样的形式、被存放在什么地方？

　　19 世纪晚期的德国动物学家奥古斯特·魏斯曼主张每个子细胞会分别抽走一部分牌。他相信每个卵细胞都含有许多微小的信息物质，并把这种决定生物性状的因子称为"种质"[7]——它们四散分布在卵细胞内的各个区域。魏斯曼推测，每一团信息物质都在卵细胞的不同

位置，它们相当于图纸，分别编码了相应的组织。倘若真是如此，那就意味着通过卵裂产生的每个子细胞只能获得发育所需全部指令中的一部分指令，就像工厂的流水线工人只需负责组装一种零件一样。

从许多方面来看，魏斯曼的观点（后被称为"发育的镶嵌模型"）是向先成论的回归。细胞学说的出现导致原版的先成论不再有说服力：如果细胞真的是生命的最小单位，那么卵子里就不可能有更小的生命形式——"种中之种"是不存在的。但是，这并不意味着指导发育的"信息"不能够以某种先成的形式存在。魏斯曼的理论正是抓住了这一点，他认为这样的信息分布在卵子的不同区域。在他看来，合子就像一幅事先设计好的拼图，每一块的命运早已由它来自卵子的哪个部分决定。对此，后世的生物学家斯蒂芬·杰伊·古尔德曾说："如果卵子真的是一种毫无组织性的同质化结构，并且没有任何预先形成的成分，那么除非有一种神秘的力量在指导发育，否则如何能呈现出这么奇妙的复杂性？"[8]

## 半个胚胎

还有其他证据可以支持发育的镶嵌模型。19 世纪末的生物学家们已经发现了细胞器，但他们并不清楚这种类似细胞内脏的亚结构到底有什么用，比如直到后来才被证明是负责存放遗传物质的细胞核。类似的亚结构还有很多，它们的外观和形态各不相同：线粒体、高尔基体、内质网，等等。这很容易令人联想到，只要有一种或者多种细胞器在子细胞中分配不均，就可以导致子细胞在发育的道路上分道扬镳。

1888 年，德国内科医生威廉·鲁检验了魏斯曼的镶嵌模型理论。作为反对自然主义的领军人物之一，鲁相信单靠观察永远也不可能使我们洞悉生物学的全貌。与从来都只是根据组织和细胞的行为表现编织理论的博物学家不同，鲁试图理解隐藏在动物发育背后的每一个环节，为了达到这个目的，最好的办法莫过于实验。鲁坚持认为，只有在环境条件受控的实验室里，我们才能像研究机械装置的工作原理那样，将生物样本拆开并摆弄里面的部件。鲁的信条是："猜想必须接受现实的检验。"

鲁的思想体系还有第二个核心——他不相信动物拥有任何奇异的特质（例如活力、灵魂，或者精神），能使它们区别于非生物。鲁将自然界的一切事物看作物理和化学的产物，万物都遵循基本的物化定理。他相信，雕琢青蛙和人类的力量与塑造群山和溪涧的力量没有区别，两类事物的差别仅在于复杂的程度。可是，一细胞问题却让鲁犯难了。他难以想象当一个细胞变成几十亿个细胞之后，这些细胞要如何才能准确无误地找到自己的位置，有条不紊地执行正确的功能，并且最终构成一个完整的动物个体。最让他感到疑惑的是：我们应该如何用物理和化学定律来解释一种似乎拥有自我组装能力的实体？

魏斯曼的镶嵌模型为我们提供了一个颇为诱人的答案。如果卵子本身就是预装好的——每个区域都对应着日后动物身上的某个部位——那么，胚胎不可思议的发育能力就可以解释了。根据鲁的设想，信息物质被保存在卵子的不同区域内，正是这种空间分布引导着胚胎跳完了一支发育之舞。不过，镶嵌模型只是一种假说和理论，鲁需要对它加以证明。

最终，鲁想出了一种名为"细胞消融实验"的检验方法。这个实验需要杀死发育早期的部分细胞，然后观察剩余细胞会发生怎样的变化。鲁推断，假设魏斯曼的理论是正确的，那么在受精卵继续分裂时，只有一部分发育指令会随着幸存的细胞一起，被传递给子细胞。也就是说，如果两个子细胞中有一个死亡，那么剩下的那一个由于没有完整的全套指令，应当只能发育成胚胎的一部分。而如果事实正好相反，发育的镶嵌模型是错误的，那么或许幸存的细胞也能继续正常发育，就像什么事都没有发生一样，完全无视另一个细胞遭遇的不幸。

鲁选择用蛙卵做这个实验，蛙卵不仅体积大，而且能在环境条件受控的实验室里完成受精。他仔细地透过显微镜的目镜观察，等待合子开始它们的第一次卵裂，这个过程启动的征兆是一道小小的褶皱出现在刚刚形成的受精卵的某一端。一旦第一次卵裂结束，鲁就用一根烧红的针（针尖远比细胞小）刺死两个子细胞中的一个。随后，他又用同样的方式一个接一个地处置其余的胚胎：为了看看幸存的那个细胞会有怎样的表现，鲁活像一个细胞连环杀手。

第二天，鲁检查了受损的胚胎，他看到的结果印证了魏斯曼的理论：虽然死亡的那个细胞只剩下一个外形扭曲的空泡，另一个细胞却继续生长和成熟，它仍旧以原本该有的样子按部就班地发育，周围发生的变化并没有对它造成明显的影响。这个实验的结果是，培养皿里到处都是模样怪异的"半胚胎"：这些胚胎只有一半是正常发育的，另外一半始终死气沉沉。鲁随后更进一步，他把针刺细胞的时间延迟到了第二次卵裂结束之后，也就是等到有 4 个细胞的时候。这次实验的结果与他第一次实验的结果一致：如果只刺死其中一个细胞，再让剩余的三个细胞继续发育数个小时，那么最后得到的将是一个少了 1/4 的 "3/4" 胚胎。反过来，如果在同样的阶段刺死 4 个细胞中的 3 个，让剩下的那个细胞继续发育，那么最终得到的是一个 "1/4" 胚胎。无论鲁怎么对待胚胎，幸存的细胞都会规规矩矩地做它们原本应该做的事，似乎根本不在乎邻居的悲惨遭遇。[9]

图 1-3　威廉·鲁相信胚胎细胞的发育遵循一种自主式的（或者说镶嵌式的）模式。为了验证这一点，他在蛙卵分裂成两个细胞后，用一根烧热的针刺死其中一个细胞。剩下的细胞只能形成半个胚胎。鲁认为这个实验可以作为证据，证明每个细胞都在以一种自主的方式发育

乍看之下，鲁的实验结果的确是支持镶嵌模型的有力证据。如果不是细胞拥有某种"预先设定好的"程序，还有什么能够解释幸存细胞这种不受外界因素影响的发育现象呢？怀有类似想法的人不止鲁自己。在大约相同的时期，法国生物学家洛朗·沙布里用海鞘做了实验。海鞘是一种形似马铃薯的无脊椎动物，经常附着在船体和海床的岩石上。沙布里发现，如果把海鞘的细胞打散，它们依然会沿着既定路径继续发育。这再次证明，胚胎中的每个细胞都在生物整体的发育中扮演了不可替代的角色。[10]鲁的结论同魏斯曼一样，他也认为指导发育的蓝图以一种看不见的形式存在于卵细胞的三维空间内，而且这种分布与空间位置严格相关。但是，鲁在得出这个结论的过程中有一个致命的疏忽，而同科学中的许多发现一样，我们能够意识到这个疏忽纯粹是出于意外。

## 能够自我复制的机器

这个故事的主角名叫汉斯·杜里舒，一名刚刚获得博士学位的 22 岁科学家。杜里舒对外面的世界充满好奇，1889 年，完成论文的他去了远东地区旅行。在那里，用一种整体视角看待自然世界的哲学深深地影响了杜里舒，这与他在德国从小耳濡目染的观念完全不同。返程途中，杜里舒在意大利的那不勒斯稍加停留——这座位于维苏威火山山脚的城市被当时的亚历山大·仲马称为"天堂之花"。那不勒斯原本只是杜里舒旅途中的一个停靠站，没想到他在那里一待就是 10 年。

那不勒斯不仅是 19 世纪晚期最具活力的欧洲城市之一，在当时，它刚刚修建了一座生物医学研究中心，名为意大利国家动物学研究站。这个研究站开创了一种新的研究范式，科学家可以在那里租用实验台和实验设备，就像艺术家租借工作室和创作材料。这种科研模式取得了巨大的成功，来自世界各地的科学家蜂拥而至，他们都想远离竞争激烈的大学生活，享受自由自在的科研（不过，能否获得离岗外出的许可本身就很考验运气）。除了新模式，研究站的地理位置也好得不能再好了——它与那不勒斯湾咫尺之遥，许多科学家的研究对象都是海洋生物，而研究站的位置让他们能够轻松取得实验的素材。

杜里舒家境优渥，所以他不需要到大学里担任教职，这份自由无疑让研究站的同行眼红和愤懑，因为他们注定要回到各自的岗位，承担烦琐的教学任务。虽然杜里舒选择留在意大利的主要原因是他看中了动物学研究站日益显赫的名声，但那不勒斯的夜生活可谓锦上添花。他充分利用自己未婚的优势，以那不勒斯为跳板，游历了整个地中海地区、北非和亚洲。

无论从哪个方面来看，杜里舒和鲁都是两路人，鲁脾性严肃，对杜里舒沉迷的那些玩乐没有丝毫的兴趣。而在科学领域，二人同样南辕北辙。鲁做研究时一丝不苟，技艺超群，注重每一个细节。只要研究有需要，鲁会毫不犹豫地为解决科学问题专门制造新的设备或者发明新的技术。就实验操作而言，鲁能以无人可及的精湛技术完成最精巧的实验：在实验科学的圈子里，这种本领被誉为"妙手"。

相比之下，杜里舒的手就没有那么妙了。杜里舒的动手能力很差，而且不像鲁那么耐心和机敏。所以，他经常寻找捷径，专挑那些不需要精密的配件或者对手眼协调性要求没有那么高的实验。然而讽刺的是，正是因为能力不济，杜里舒才看到了鲁没有看到的东西。

与绝大多数当时的同行一样，杜里舒也为鲁似是而非地证实了发育的镶嵌模型雀跃不已。他急切地希望能够重复鲁的实验，以免自己在研究站显得不够入流。但是，鲁的实验方法难度很大，杜里舒没有能力（也不愿意）效仿，因此他想到了一种更简单的办法。杜里舒决定用海胆代替蛙，海胆是一种浑身长满尖刺的动物，巴掌大小，身上长着数千根类似触角的感觉器官。和蛙一样，海胆的卵也很大，这让研究它们的早期胚胎变得很容易。海胆的另一个优势是它们栖息在海湾，所以入手的难度不大。但是，杜里舒选择这种海洋生物最根本的原因是看中它们的生命力。"海胆的卵能够承受任何实验操作而不死亡。"他后来坦言。

除了研究对象，杜里舒还修改了鲁的实验策略：他没有用针刺死细胞，因为那需要极高的操作技巧，他仅仅把胚胎的细胞打散，像现代版的所罗门王一样，将原本完整的胚胎一分为二。理查德·赫特维希和奥斯卡·赫特维希是杜里舒在研究站交到的朋友，兄弟二人在早些时候发现，只要剧烈地摇晃海胆的胚胎，就能使细胞相互分离。理论上，这种操作能让杜里舒以相对简单的方式验证发育的镶嵌模型，唯一的区别在于：鲁是在精准刺杀一个细胞后观察另一个细胞的命运；而杜里舒则是先让细胞相互分离，然后观察每个细胞的变化。

1891年夏天，杜里舒正式开始实验。在收集了数十个海胆后，他取出了它们的卵子和精子，然后将二者放入试管内混合，促使受精发生。杜里舒事先已知合子完成第一次卵裂所需的时间，等这个时间一到，试管里到处都是只含两个细胞的胚胎。这正是杜里舒等待的时机。他用力地摇晃试管，把胚胎震得散架，原本成对的细胞相互分离，纷纷变成落单的细胞。在接下来的数个小时，经历粗暴对待的胚胎细胞继续有条不紊地分裂，最后每个细胞都形成了一种类似葡萄的细胞团——囊胚。随后，杜里舒用轻柔的方式将这些胚胎转移到盛着新鲜海水的培养皿里，它们有一晚上的时间静静地发育和成熟。

杜里舒本以为自己会在第二天早上看到一些虽然畸形但外形（极有可能）依稀可辨的组织，毕竟这是在重复鲁的半胚胎实验，只不过把蛙卵换成了海胆卵。然而到了早上，培养皿里可以用热闹非凡来形容：外形正常的海胆幼虫——除了体型较小，没有任何特别之处——在培养皿里快活地游来游去。每个被杜里舒摇散的细胞似乎都几近正常地完成了发育，这样的结果实在过于离奇。[11] 杜里舒把同样的实验重复了数次，每次的结果都一样。随后，杜里舒又效仿鲁的做法，把摇晃试管的时间推迟到了海胆的受精卵完成第二次卵裂之后。可惊人的结果再次出现，每一个胚胎细胞都独立地发育成了新的动物个体，这与鲁在用蛙卵所做的实验里得到"1/4"胚胎和"3/4"胚胎的结果大相径庭。

　　杜里舒的实验结果终究还是传到了鲁的耳朵里，可这位受人敬仰的教授却不愿意相信。（杜里舒直言不讳，声称鲁的理论必须被推翻，这样的态度很可能让鲁十分抗拒。）在鲁的实验里，细胞的命运是一种事先就已经确定或者说自主的性质，它似乎不会被周围发生的事所影响。而在杜里舒的实验里，细胞的命运如何却要看具体情况，它取决于细胞究竟是单独存在，还是与其他细胞绑定在一起。这两个实验的结果是不相容的。造成二者不同的原因会是蛙和海胆的物种差异吗？还是其中一人的实验有错误？两人的结果有可能同时成立吗？

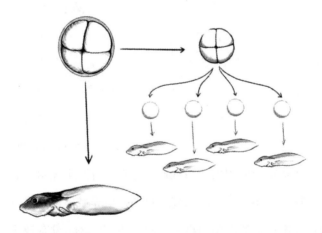

图 1-4　杜里舒没有杀死细胞，而是将它们分离，并因此发现每个细胞都能发育成完整的胚胎。与鲁的发现不同，这个实验结果表明，每个早期细胞的命运都是不确定的，它可以根据细胞所处的环境发生相应的改变

两位科学家像对待一台复杂的机器一样对待胚胎，他们试图理解胚胎的运作机制，仿佛它是一口钟，或者一辆车。但是，胚胎不同于普通的机器，它是一台在被切分成一半或者 1/4 后，仍能自我重建的机器，我们要如何理解这样的事物呢？

发育的过程是不可预测的，这场旅途充满了不确定性，时刻都危如累卵。每当细胞发生分裂，它都要读取、复制和翻译数以十亿计的 DNA 字母，这样的过程在动物个体成年之前会反复上演无数次。绝大多数细胞内的分子反应都无比精准，准确率往往在 99.9% 以上。但庞大的绝对体量（发育的过程涉及数十亿细胞）意味着错误在所难免。（假设细胞每次分裂的时候需要完成 10 亿次操作，那么即使错误率是 0.01%，最后也会出现 10 万个错误。）面对无可避免的错误，大自然的应对手段是可塑性：GPS（全球定位系统）在你走错一个路口后能重新规划路线，而生物体的可塑性相当于这种路线修正系统的发育版本。以海胆为例，细胞在胚胎被晃散后改变了自己的发育路径，它们不再只作为海胆的一部分，而是各自独立发育成新的海胆个体。杜里舒的发现堪称可塑性的经典例子，而你可能已经猜到了，这也是同卵双胞胎、三胞胎，乃至更多胞胎产生的方式之一。

可是，鲁的发现又该如何解释呢？他明明没有在细胞身上看到这种随机应变的能力。是因为可塑性没有发挥作用吗？

让我们再仔细地回顾一下鲁的实验设计。当用烧热的针刺死细胞时，鲁的假设是细胞的残骸本身并不会产生任何影响。如果这个假设是错误的呢？[12] 有没有可能，即使死亡的细胞失去了发育的潜力，也依然在对周围的同伴施加影响？让人万万没有想到的是，答案竟然是肯定的。即便已经被鲁杀死，毫无生气的细胞残骸居然还能从阴曹地府捎来口信。而它们发送的信息是："我还在这里呢！"在鲁的实验里幸存下来的那些细胞就这样相信了同伴的话，对实际上并不存在的另一半发来的信号言听计从，它们克制着自己的发育潜力，确保自己只形成半个胚胎，而不是整个胚胎。[13]

通过摇散胚胎，使细胞分离，杜里舒在无意中避开了这个问题：幸存的海胆细胞不再受相邻细胞的掣肘，它们可以用内置的 GPS 重新规划路线，恢复先前单细胞合子拥有的发育潜力。

在鲁和杜里舒做实验的那个年代，细胞具有可塑性还是一个违背直觉的概念。细胞怎么可能突然就"改变自己的主意"呢？身为观点的提出者，杜里舒比任何人都清楚这个想法的麻烦之处。胚胎发生这样的过程对精度的要求实在是太高了，不管重复多少次都不会出半点儿差错，所以很难想象细胞的命运居然会和偶然性扯上关系。苦于无法理解细胞是通过什么方法实现随机应变的，杜里舒只得设想其他的解释。他诉诸隐德来希，这个术语最早由亚里士多德提出，意思是"生机"或者"灵魂"。杜里舒用它来解释那些他无法理解的现象。除了某种神秘的力量在暗中引导，还有什么能让细胞的行为发生如此戏剧性的改变？到了 1910 年，杜里舒彻底摒弃了实验生物学，转而把研究哲学、心灵学，甚至通灵当成自己的事业。虽然杜里舒在魏斯曼的镶嵌模型上找到了漏洞，但他没能提出取代镶嵌模型的理论。在很多人的眼里，后来的杜里舒似乎已经丧失理智了。

## 组织者

1896 年，27 岁的德国生物学家汉斯·施佩曼染上了结核病。这场病来得很不凑巧，施佩曼当时正在给一项横跨医学、动物学和物理学的研究收尾。康复期很长，为了打发无聊的时光，这位卧床不起的生物学家时常让护工给他带一些科学资料。施佩曼如饥似渴地阅读一切能送到他手上的东西，突然有一天，他看到了一本题目十分简短的册子《种质：一种遗传论》。这正是魏斯曼的论文，这位著名的生物学家在论文中论述了自己对遗传和发育的见解。在此之前，施佩曼并没有关注过胚胎学或者一细胞问题，但读完这篇论文后，他被深深地吸引了。施佩曼看完了魏斯曼所有的作品，紧接着开始读鲁的文章，然后是杜里舒的文章，再然后是别人对三人研究的评论。

阅读完所有材料后，施佩曼产生了与杜里舒相同的疑问，正是这个问题驱使后者放弃了实验科学：一个人要如何才能研究一种似乎可以自我复制的机器（也就是胚胎）？除了刺死个别细胞或者让细胞们相互分离，还有没有其他可以研究胚胎细胞究竟做了什么"决定"的实验手段？这个问题在施佩曼的脑海中挥之不去，病还没好，他就开始在病床上琢磨各种可能的方法，想着一旦身体好转，自己或许就能填补这个空白。

施佩曼思考的成果是一种被称为"细胞移植"的实验方法，顾名思义，这种方法是将细胞从一个胚胎转移到另一个胚胎上。在转移的过程中，细胞在受体胚胎上的落点可以随意挑选，既可以落到与原先相同的位置，也可以落到完全不同的新位置。施佩曼推断，通过观察这些细胞在融入另一个胚胎后的表现，就能知道它们的命运究竟是固定（确定的）还是不固定的（可塑的）了。这个实验犹如萧伯纳创作的戏剧《卖花女》，可怜的卖花女孩伊莱莎·杜利特尔被富人选中，从伦敦的街头搬进了语言学家亨利·希金斯富丽堂皇的家中。这出戏剧的关键矛盾是，杜利特尔能否融入新的环境（答案是可以）。作为一名生物学家，施佩曼对细胞移植的看法同希金斯对女孩的看法类似：他认为细胞移植是一种区分手段，可以用来确定胚胎细胞是否是预设好的——它是只能遵循固定的发育路径，还是具有可塑性，能够适应新的环境。

　　身体康复之后，施佩曼开始利用蝾螈的胚胎将这些想法付诸实践。与鲁一样，施佩曼有一双灵巧的手，他非常擅长处理脆弱的实验样本。[14]事实证明，这种素质不可或缺，因为细胞移植需要操作者具备最顶尖的手眼协调性。施佩曼还专门制作了用来固定和移动胚胎的实验工具：他用头发丝绕成的环切割和分离胚胎组织，用侧面开口并套上橡胶的微量移液管将移植组织推入受体胚胎。这些操作必须在严格的无菌环境里执行，因为细菌的污染很容易导致一整天的努力白费。除此之外，操作者全程都得盯着显微镜的目镜。

　　在接下去的 20 年里，随着施佩曼不断改良自己的实验技术，以及数百例细胞移植实验的完成，他逐渐看出了一种稳定的模式：被转移的细胞几乎总是会融入新的环境，它们落到哪里，就相应地变成什么。当施佩曼把供体胚胎背侧的细胞移植到受体胚胎的腹侧时，这些细胞就会变成"肚皮"，仿佛它们生来就位于胚胎的腹侧一般。其他的实验得到的结果与此一致。无论是从哪个部位提取的组织，无论它们的落点位于哪里，组织里的细胞都能不费吹灰之力地融入新环境，犹如成功跻身伦敦上流社会的伊莱莎·杜利特尔，这无疑是细胞具有可塑性的表现。

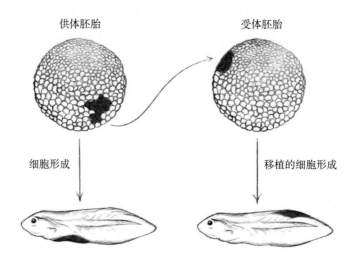

**图 1-5　施佩曼在年轻胚胎上做的细胞移植实验进一步证实了细胞的可塑性**

施佩曼还发现了第二个与细胞可塑性相关的重要特征，即移植物的可塑性取决于供体胚胎的年龄。只要被移植的组织来源于年轻的胚胎（换句话说，囊胚），它就能融入新的环境。如果移植的时间再晚一些，一旦胚胎已经开始成熟，那么细胞就很容易延续它们在供体胚胎里的发育路径。也就是说，随着胚胎的年龄增长，细胞的发育路径会变得越来越固定。

如此说来，其实可塑性是年轻细胞的特权。

如果不是法兰克福大学一名 22 岁的学生希尔德·曼戈尔德，那么这个故事讲到这里就应该结束了。施佩曼曾以访问教授的身份到法兰克福大学演讲，出于偶然，曼戈尔德恰好听到了他的讲座。施佩曼对细胞移植实验的技术难度直言不讳，但听完描述的曼戈尔德不但没有望而却步，反而兴奋不已，她迫切地想要学习这种技术。曼戈尔德提出想去施佩曼的实验室攻读博士学位，她的愿望实现了。随后在1920年，曼戈尔德搬到了弗赖堡，开始与施佩曼一起做研究。

曼戈尔德做显微手术的手艺精湛，于是，施佩曼让她负责一个需要用到淡水水螅的课题，这种动物以惊人的再生能力著称。曼戈尔德的任务是将这种淡水水螅的内表面翻到外面，然后观察它会有怎样的表现，这个实验需要高超的操作技巧。在经历一年的沮丧和挫败后，曼戈尔德没有取得任何进展，她恳请施佩曼换一个新的课题。起初，施佩曼很犹豫，但当他发现就连自己也无法完成这种显微操作后，便答应了曼戈尔德的要求。

蝾螈胚胎的背侧会形成一道凹陷，这个区域被称为"背唇"，曼戈尔德的新课题与构成背唇的一小块细胞有关。施佩曼此前的研究已经证实，背唇是原肠作用发生的起点——在原肠作用期间，胚胎将经历剧烈的变化。我将在后文对原肠作用做更多的介绍，眼下，你只需要知道在这个阶段，细胞会运用各种各样的手段，使背唇从一道小小的凹陷变成一个巨大的洞，最终吞没周围的细胞，把它们包进胚胎的内部。施佩曼对构成背唇的细胞很感兴趣，因为它们似乎违背了年轻细胞具有可塑性的规则。与囊胚里其他能在移植后适应新环境的细胞不同，背唇细胞可谓我行我素，不论落到哪里，它们只会做一件事，那就是开一个孔，为原肠作用的启动做准备。显然，这一小块组织有某种独特之处，而曼戈尔德的任务就是深入研究这种特性。

　　为了彻底弄清究竟发生了什么，曼戈尔德需要分别追踪移植细胞和非移植细胞的行为表现，这意味着她不得不借助某种手段，来区分供体和受体。施佩曼本人恰好有解决这个难题的方法，他此前的一项研究必须用到两种亲缘关系较近的蝾螈：其中一种蝾螈（学名为 *Triton taeniatus*）的色素细胞颜色很深，另一种蝾螈（学名为 *Triton cristatus*）的色素细胞颜色很浅。由于这两种蝾螈属于近亲，所以它们能接受彼此的胚胎移植物，但色素的深浅差异使得研究人员能明确区分每个细胞究竟来自供体还是受体。

　　1921 年春天，曼戈尔德用这两种蝾螈的胚胎完成了数百例移植实验。绝大多数实验素材都遭到了细菌的污染，最后只有一例移植物活到了发育成熟。但是，仅仅这一例就足以说明问题了：令人惊讶的是，移植物所在的那一侧长出了第二个胚胎，导致整个胚胎的模样犹如连体婴。曼戈尔德在检查连体胚胎的细胞颜色时又发现了另一个惊人的事实。她原本的预期是，这个错位的新胚胎是由移植物发育而来的，可实际上，她看到新胚胎同时包含了供体和受体的细胞。这只能说明一件事：移植细胞诱导了周围的受体胚胎细胞，改变了它们的发育方向，使它们参与了镜像胚胎的形成。这种细胞的命运发生改变的现象被称为"胚胎诱导"，如果还是用伊莱莎·杜利特尔的故事来打比方，这种现象就像是把一个生活在伦敦西区的贵族强行变成伦敦东区的工人。

　　从此以后，没有人再怀疑这一点：在发育过程中，细胞会以一种只有它们才懂的交流方式"交谈"。杜里舒的实验结果已经暗示了这种诱导现象的存在，而现在，科学家能直接对其开展研究了。在海胆和蛙的实验里，相邻细胞发出的信号起到了阻止双胞胎产生的作用；

而在蝾螈的囊胚里，情况正好相反，一小块细胞发出的信号促进了双胞胎的形成。

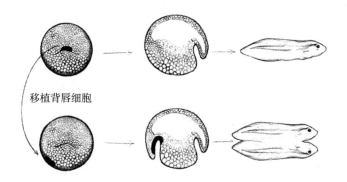

移植背唇细胞

图 1-6　施佩曼和他的学生曼戈尔德发现，在原肠作用阶段，胚胎的背唇细胞具有特殊的性质。这块组织被称为"组织者"，它可以诱导第二个胚胎的形成

为了彰显背唇细胞拥有的特殊能力，施佩曼给这一小块不起眼的组织取了一个响亮的名字：组织者。[15] 组织者的发现不仅奠定了"诱导"概念在胚胎学中的核心地位，还让施佩曼获得了 1935 年的诺贝尔奖。至于这个关键实验事实上的完成者、施佩曼的学生曼戈尔德，她既没有看到自己的研究产生的深远影响，也没能一同站上诺贝尔奖的颁奖台：1924 年 9 月，由于厨房的汽油加热器发生爆炸，这位 26 岁的母亲悲剧地离开人世。去世时，她的论文才刚刚发表。[16]

## 美国体系与欧洲体系

作为 20 世纪最出色的生物学家之一，悉尼·布伦纳曾说发育的推进只有两种模式，它们分别是欧洲体系和美国体系。欧洲体系只注重血统——一个细胞的来源远比这个细胞目前位于哪里更重要；相比之下，美国体系更倡导平等主义——一个细胞所处的位置远比它是从哪里来的更重要。按照布伦纳的说法，欧洲体系认为细胞"奉父母之命行事"，而美国体系则认为细胞"根据邻居的话采取行动"。

布伦纳的比喻是为了凸显可塑性与确定性的区别。一个身份由血统决定的细胞（欧洲体系）没有多少选择的余地，它在诞生的那一刻就注定会走上某条确定的道路。相反，一个没有受到类似限制的细胞（美国体系）就有很多选择，它未来会走上哪条道路由它的经历决定。胚胎里既有命运确定的细胞，也有未来可塑的细胞。在发育早期，整个胚胎的性质更倾向于可塑性，而到了发育后期，这种平衡则逐渐倒向确定性。随着年龄增大，细胞会像很多人一样，变得越来越保守和固执。

其实换个角度，布伦纳的比喻无非是先天和后天之争的另一种表述：这个争论的焦点在于，我们的生物学属性究竟是早就确定、与生俱来的，还是不确定的、可以被外界影响的。到这里为止，我介绍的所有内容——先成论与后成说的争端，以及现代生物学语境中确定性和可塑性的分歧——无不体现了先天与后天的张力。但经验和常识告诉我们，事实并不是非此即彼。

美国体系和欧洲体系都有适用的时候，有的情况以美国体系为主，有的情况是欧洲体系占上风。可塑性赋予了胚胎细胞调整路线和适应错误的能力，而错误在发育过程中是不可避免的。但是，如果每个细胞的命运都完全由其他细胞的行为决定（细胞的一切都离不开其他细胞），胚胎结构的形成根本无从开始。确定性，或者说可塑性的丧失或缺失，才是胚胎结构的来源，它为细胞提供了可靠的参考框架，就像路标一样，让它们知道前进的方向。为了使发育能够正常推进，必须有一部分细胞始终保留适应变化的能力，另外一部分细胞义无反顾地承担起固定的使命：细胞不得不在随机应变和服从命令之间做出妥协。因此，我们的发育过程就像一个悖论：受精卵天生就知道如何从一个细胞发育成动物个体，但在这条固定不变的道路上，它又保留着变通的能力。从这个角度来说，杜里舒是对的，胚胎的确跟任何机器都不一样。

正是这个悖论让过去的人们产生了动物预先就存在于卵细胞内的想象，包括我女儿设想的"小小小小婴儿"。无论是鲁还是杜里舒，他们都没能参透这种固定性和灵活性之间的冲突，至于施佩曼，纵使他几乎每天都在亲眼看见先天和后天两种对立的现象，可对背后的原理，他也不完全清楚。事实上，确实有一种高深莫测的力量在推动胚胎的发育，只不过并不是杜里舒认为的"生机"或者"灵魂"。给发育注入动力及裁定确定性和可塑性应当保持何种平衡的，其实是化学和物理法则。杜里舒（还有 2 000 年前的亚里士多德）感受到了一种神秘的外部力量，其真面目是进化这只看不见的手：它用了数十亿年的时间，才为每一个合子设计了可以随身携带的发育蓝图。

实际上，解决一细胞问题的方法就藏在我们的基因里。

第 2 章

# 细胞的语言

是怎样纤细的丝线，吊着人的命和运。

——亚历山大·仲马，《基督山伯爵》

时光如白驹过隙，人生如蝇营狗苟。

——格劳乔·马克斯[1]

作为一间实验室，哥伦比亚大学舍默霍恩大楼的 613 室（它也亲切地被人称为"果蝇套房"）显得十分逼仄。这个房间只有 5 米宽，7 米长，当个客厅倒是绰绰有余，但只能勉强容纳 8 张实验桌，拥挤不堪。一堆又一堆腐烂的水果和残渣填满了房间的每个角落和每道缝

---

[1] 原句为：Time flies like an arrow. Fruit flies like a banana（时光飞逝，果蝇喜欢香蕉）。此句为英语中经典的"花园小径句"，即凭借句式的结构，像花园里的小路一样，引导读者对句子本身产生错误的断句和理解。关于这句话的来源，有说法认为出自美国喜剧明星格劳乔·马克斯。基本可以肯定这是一种讹传。——译者注

隙，成为滋生蟑螂和霉菌的次级生态系统。这些垃圾都是果蝇吃剩的东西，大家给这个房间起的外号正是源于生活在这里的果蝇。这间实验室的人类房东后来都成了传奇，他们沉迷于自己手头的实验（或者说专注于在房客身上寻找缺陷），根本不关心房间里的卫生状况，对肮脏的环境熟视无睹。外人很难理解，人怎么可能在如此污秽和吵闹的地方（臭气熏天的程度更是常人无法想象）做出像样的科研成果。然而，这里却是遗传学和化学邂逅的地方，二者的联合将改变生物学的走向。

果蝇套房是托马斯·亨特·摩根的工作室，摩根出生于肯塔基州，是一位聪慧过人、喜欢与人合作的胚胎学家。摩根从小受自然主义科学食粮的滋养，达尔文曾将这种流行于18—19世纪的科学研究方法形容为需要"耐心积累和思考各种各样可能具有深意的事实"[1]。摩根在学生时代就掌握了博物学家的研究方法，他在约翰斯·霍普金斯大学完成了博士论文，主题是对海蜘蛛的发育做了细致入微的梳理，这项工作堪称这种描述性方法论的典范。

1890年，摩根获得了布林莫尔学院的教职。包括摩根在内，该校只有两名生物学老师，繁重的教学任务使他几乎没有时间做实验。即便如此，摩根依然坚持跟进最新的科学文献，其中绝大多数文献来自大西洋彼岸。在鲁及其支持者的影响下，欧洲的科学家渐渐改变了生物学研究的规则：他们对纯粹的观察越来越没有兴趣，而是对现象背后的机制越来越上心，比如生物体形成过程中的因果法则。摩根在一篇接一篇的论文中见证这些科学家逐渐背弃自然主义，转而投向一种更接近机械论和因果论的研究方法。他开始怀疑，自己历来奉行的研究方法是否真的有缺陷。在教了4年本科的生物学后，摩根再也无法忍受继续当一个实验科学的看客。他很想见识这种新方法在科学中的实践，而最好的办法莫过于亲自去这种变革正在发生的地方看看。

摩根在欧洲接受的教育，以及他后来在果蝇套房里取得的成果，将改变科学发展的轨迹。在摩根之前，进化、遗传和基因只是不可名状的概念，而他让这些概念有了对应的物理实体。不过，为了能够理解他的经历（以及后来的重大发现），我们首先得把时间倒回到更早的时候，看看遗传这个概念究竟从何而来。早在我们知道有基因或者DNA这类东西之前，遗传的概念就已经存在了。

## 摇摇欲坠的认知体系

发育的剧本是用基因的语言写成的。从生物个体的性别、外形和尺寸，到健康和行为，基因影响着生命的方方面面。基因从受孕的那一刻起便开始塑造我们，它们影响的不仅仅是物理特征，还有个性、智力、疾病和寿命。基因参与了发育的每一个环节，从受精到出生，它们始终引导着胚胎命运的走向，哪怕个体出生之后亦是如此。无论我们在生命中遭遇什么，不管是健康和幸福，长处和短处，经历成功、困难或是失败，我们的基因都脱不了干系，哪怕只是很小的干系。这是一种极其出色的语言，不光有丰富多样的习语，它的词库还能（字面意义上的）进化。在理解基本的字母、标点和句法后，分子生物学家已经掌握了这门遗传的语言。我们将在后面的内容中看到，他们不仅能像熟练掌握一门语言般地读和写，而且能像对待文本一样，对基因加以编辑。

　　然而，在一个半世纪以前，谁也无法想象世上居然有这样的遗传语言。我们之所以能日渐流利地掌握这门语言，有两个领域的成果功不可没：一是遗传学家阐明了遗传的法则，二是执着的生物化学家找到了遗传的物质基础。这两条研究路径曾是相互平行的，井水不犯河水，直到20世纪中期才合并。多亏这两个领域擦出的火花，从那时起，发育生物学家总算可以从分子的角度探究一细胞问题了。

　　纵观历史，遗传并不算是一个能发人深思的话题。对生物的遗传现象，最常见的认知方式是用"混合"做类比：孩子是父母调和的产物，就像艺术家用红色和黄色的颜料调配出橙色一样。这种解释简单且直观，而且往往与人们朴素的观察相符，因为孩子的身体特征——如身高、面部特征和肤色——通常介于父母之间。同样，这种观念在农业领域很有市场，毕竟，农民通过动植物杂交获得兼具亲本双方优良性状的后代的做法可以追溯到史前时代。

　　但是，也有一些情况是无法用混合解释的，比如眼睛的颜色。如果母亲的眼睛是蓝色，父亲的眼睛是棕色，那么孩子的眼睛并不是这两种颜色的折中，这时候用混合就说不通了。事实是，孩子的眼睛要么是蓝色，要么是棕色。另一个例子是有"皇室病"之称的血友病，这种病高发于欧洲的贵族世家。毫无疑问，血友病是一种遗传病，却只有家族里的男性会遭受流血不止的痛苦，隔代遗传似乎也是这种病的特征。尽管有例外，但人们依然倾向于用混合来类比和解释遗传现象，而且几乎所有的生物学家都不认为遗传是一个有趣的课题，所以没人愿意在这个课题上浪费时间和精力。

达尔文提出的自然选择改变了人们漠视遗传的态度。这个颠覆性的观点认为，当偶然出现的新性状能使这个性状的主人在竞争中获得优势时，新的物种便形成了。由于自然选择的概念完全建立在类似的"优势性状能够由上一代遗传给下一代"这个前提上，突然之间，遗传现象便成了进化论的关键。达尔文最初的论文并未对遗传现象做任何解释（他相信遗传是一种混合的过程）[2]，结果这个漏洞遭到了批评者的抨击。

作为回应，达尔文在 1868 年提出了一种名为"泛生论"的补充理论，试图填补先前的漏洞。这个理论假设生物体的组织会释放一种微小的遗传碎片，达尔文称之为"微芽"，它们可以凭借循环系统，从全身各个部位进入卵子和精子，然后遗传给下一代。最关键的地方在于，按照达尔文的设想，动物在一生中遭受的环境压力会影响微芽的构成，而微芽成分的变化可以遗传给下一代，正是因为这种传递模式，鸟的喙才会越来越长，人的站姿才会越来越挺拔。达尔文的新理论与让–巴蒂斯特·拉马克提出的进化学说（他相信长颈鹿的长脖子是它们的祖先极力拉伸的结果）非但没有冲突，反倒给人一种惺惺相惜的感觉。

如果说自然选择代表了自然主义的高光时刻，那么泛生论就是它的污点。奥古斯特·魏斯曼（我们在前文探讨过他提出的发育镶嵌模型）曾做过一个很有启发性的实验。魏斯曼听到了一些关于短尾猫的传闻，据说这个品种的出现是因为一只母猫遭遇了不幸的事故（按照民间传说，它的尾巴被一辆马车的轮子轧断了）。这让魏斯曼萌生了做一种迷你进化实验的想法。他切掉了十几只小鼠的尾巴，然后切掉这些小鼠后代的尾巴，就这样一直切了 5 代以上，目的是确定这种做法能否培育出尾巴较短的新品种小鼠。魏斯曼总共经手了 900 多只小鼠，但没有一只小鼠在出生时长着异常的短尾巴。[3] 虽然这并不能证明后天获得的性状不可遗传，但也足够让本就人气低落的拉马克学说雪上加霜了。就连达尔文也意识到了自己模型里的错误，因为他注意到，实践数百年的割礼并没有导致犹太男性的包皮消失。[4]

泛生论的提出是一次很有意义的尝试，只可惜到头来，它并没能为遗传现象提供一个令人满意的解释。其他理论相继出现，它们都是达尔文理论的变体，只是加入了一些新的术语，其中一个理论用 "pangene"（泛子）代替了"微芽"，它或许是 "gene"（基因）这个词的前身。生物的性状可能源于某种物理实体，而不是无形的仙气，这种观念逐渐开始深入人心。可是人们不知道这种物理单元究竟是什么，也不知道它们具有怎样的行为表现。遗传学的研究就此陷入停滞。

约翰·孟德尔被后世誉为"遗传学之父"，可早年的他完全不像是这个头衔的有力竞争者。孟德尔在西里西亚（今属捷克共和国）的一座家庭农场中长大。孟德尔在农场要干各种粗活，比如料理花园和蜂箱，他并不喜欢这些差事。他喜欢看书，年幼的他把大量的时间用在了睡前阅读上。他不揣冒昧地相信，宇宙给自己安排了更为宏大的使命，他的人生绝不只是耕田种地，当个庄稼汉——考虑到后来恰恰是园艺工作成就了他的名望，这个儿时的信念实在叫人忍俊不禁。

孟德尔的家庭并不富裕，他对务农的抵触更是让全家的财务状况雪上加霜。于是，他的父母宣布，如果他想继续坚持阅读和思考的习惯，那就必须自己为它们埋单。起初，这个自信满满的小伙子还能靠给年轻的学生上课赚到足够的零用钱。可是到了后来，他的收入已经不足以填补他对书本的渴望了。对摆在面前的所有可能性做了一番斟酌后，他决定投奔天主教会，并且一心希望教会能慷慨地从经济上支持他接受更高等的（世俗）教育。

孟德尔的策略获得了回报。布尔诺（距离他童年的故乡不到 100 英里①）的圣托马斯修道院奉行的哲学正好是学习和研究高于祷告，这种理念源于奥古斯丁的信条：*per scientiam ad sapientiam*（化知识为智慧）。[5] 孟德尔于 1843 年进入圣托马斯修道院，并在宣誓入教时获得了教名格雷戈尔。他受到了修道院院长、思想进步的西里尔·纳普的喜爱。纳普相信上帝无意让孟德尔领导教会的信众，所以他允许这名年轻的修士不参与常规的仪式，包括主持祷告、照顾病患和穷人，孟德尔也不需要承担神职人员分内的其他职责。

对根本不想当教区牧师的孟德尔来说，这简直如释重负。纳普一直很照顾这个年轻的修士，几年后，他又安排孟德尔去维也纳大学学习，费用由修道院出。正是在大学学习的两年时间里，孟德尔第一次开始思考遗传现象。他的导师同所有博物学家一样，强调遗传是一种混合现象。但是，孟德尔还修了数学和物理学的课程，这些更强调定量的学科使他产生了遗传现象是否也遵循某种法则的想法——一种类似元素性质和磁场力的理论体系。他好奇，是否有某种认识遗传的方

---

① 1 英里 ≈ 1.61 千米。——译者注

式，让我们可以用某种数学关系更精确地预测性状混合的结果？探究这种关系至少对我们培育全新且有用的动植物品种是有利的。除此之外，它或许还能像阐释天体运动的牛顿运动定律那样，为我们揭示大自然的某种基本原理。

回到修道院后，孟德尔成了当地一所高中（德式的文科中学[①]）的兼职老师，但他的心思一直在遗传方面。在修道院里游荡时，他发现了栖身于角落和缝隙里的老鼠。有的老鼠是黑色的，有的是白色的，还有的是灰色的。孟德尔很好奇，究竟是什么东西决定了老鼠的毛色？能不能通过让老鼠交配，定量地找出毛色遗传的规律？他决定试试。孟德尔把不同颜色的老鼠抓到自己的房间里，并让它们交配，完全不在乎难闻的气味。可是，还没等他取得什么进展，主教就要求他停止实验，因为主教觉得修士和寻欢作乐的动物同处一室不成体统。[6]孟德尔遵从了主教的命令，只不过后来他发现，主教忽略了一个简单的事实：植物也有雌雄之分。[7]

用今天的眼光看，主教的干预反倒是一件好事。我们现在知道而当时的孟德尔却不知道的是，小鼠的皮毛颜色是一种"复合"性状，意思是它与许多基因有关。如果孟德尔在老鼠的毛色上拼命较劲儿，那么他的研究基本上不会取得任何成果。峰回路转，这位修士在圣托马斯修道院占地 5 英亩[②]的花园里找到了新的研究素材。修道院的花园里种着上百种植物，在这片植物的乐园里，孟德尔对豌豆产生了特别的兴趣，因为它们像老鼠一样，拥有非常容易区分的性状：有的

---

① Gymnasium，是德国教育体制中的一种全日制高中，想要进入大学深造的学生必须完成文科中学的课程。——译者注

② 1 英亩 ≈ 4 046.86 平方米。——译者注

高，有的矮；有的开白花，有的开紫花；有的豌豆表皮光滑，有的豌豆表皮褶皱。尤其方便的一点是，这些性状都是"纯种的"，也就是说，同样的性状会一代一代稳定地遗传下去。孟德尔把关注点放在了7 个纯种的性状（或者说表型）上，它们分别是花的颜色、种子的颜色、豆荚的颜色、花的位置、植株的高度、种子的形状，以及豆荚的形状。随后，孟德尔开始让具有不同性状的豌豆植株相互杂交。

这种做法并不新颖。数百年来，农民们一直在用类似的杂交手段培育抗性、产量和味道都更好的作物。但孟德尔做了一件此前的育种者不曾想过的事：数数。高茎豌豆和矮茎豌豆杂交所得的后代里分别有多少高、中、矮茎豌豆？开白花和开紫花的亲本杂交后能得到哪些花色？如果这些杂交所得的后代再互相杂交（"互交"），那第二代的统计数字又会如何变化？

用混合类比遗传现象的问题几乎立刻就显露出来。性状并不是渐变和连续的，某些性状似乎能盖过另一些性状。比如，高茎豌豆和矮茎豌豆杂交只能得到高茎豌豆，并不会产生任何高度介于高矮之间的后代，这与混合模型的预测不符。"高茎"这个性状具有某种权威，或者说相对于"矮茎"的支配地位。当孟德尔让杂交所得的后代互交时，更有意思的情况出现了：虽然第一代豌豆里没有矮茎豌豆，可第二代豌豆里却突然出现了少量矮茎植株。决定"矮茎"这个性状的信息一直都在，只是被高茎豌豆雪藏了起来。

1856—1863 年，孟德尔一共经手了大约 30 000 株豌豆，他对这些豌豆的表型做了统计，然后在数据中寻找规律。这是一项浩大的工程，但辛劳终究有了回报，孟德尔统计的数据显示出了鲜明的相关性。纯种植株经历两代杂交后，后代中稳定地出现了"3∶1"的神秘比例。在第二代豌豆中，每有一株矮茎豌豆，就有三株高茎豌豆；每有一株开白花的豌豆，就有三株开紫花的豌豆。但是，高茎对开白花还是开紫花并没有影响：这两种性状的遗传是相互独立的，如果分开看，它们会各自表现出 3∶1 的迷人比例。这种数学上的精确性正是我们的修士梦寐以求的，它反映了遗传现象背后存在着某种普适的逻辑。接下来的问题就是如何破解这个比例的含义了。

## 构成形式的基本元素

随着时间的推移，孟德尔找到了能够解释这种比例的算术模型。他的推论是，由两个基本单位联合决定一个性状的情况与这种统计数据最为契合，他把这种基本单位称作"*bildungsfähigen Elemente*"，意思是"构成形式的基本元素"。孟德尔猜测，每个亲本都贡献了数量相等的基本元素：在成对的基本元素中，一个来自父本（花粉），另一个来自母本（胚珠）。除此之外，他还假设这种元素有两种可能的形式（我们现在用等位基因来形容这两种元素之间的关系），一种是显性，比如高茎和紫花；另一种是隐性，比如矮茎和白花。为了书写方便，孟德尔用大写字母代表显性的元素（$T$ 代表高茎），用小写字母代表隐性的元素（$t$ 代表矮茎）。纯种高茎豌豆（$TT$）与纯种矮茎豌豆（$tt$）杂交得到的后代只能是 $Tt$，由于 $T$ 相对于 $t$ 是显性，因此所有第一代的植株都表现为高茎豌豆。但是，如果 $Tt$ 植株与 $Tt$ 植株发生杂交（第二代豌豆互交时发生的情况），结果就会变得更复杂一些，决定两种性状的基本元素有 4 种随机组合的方式：$TT$，$Tt$，$tT$ 和 $tt$。4 种组合中有 3 种（$TT$，$Tt$ 和 $tT$）因为显性元素 $T$ 的存在而表现为高茎，只有一种组合会因为两个元素都是隐性的而表现为矮茎（*tt*）。这就是为什么我们会看到"3∶1"这个比例。

今天的我们把孟德尔所说的"构成形式的基本元素"称作基因，它正是进化论缺失的关键一环，有了它，自然选择才是完整的。只可惜这个消息没能在孟德尔去世之前传到最应该听一听的人（达尔文）那里。1865 年，孟德尔在布尔诺举办了两场演讲，他展示了性状是由显性和隐性元素决定的数学证据。然而，在场的人很可能并没有意识到他们听的是一种全新的遗传理论，在听众眼里，这不过是一个修士在谈论园艺。第二年，孟德尔在《布隆博物学会刊》上发表了自己的研究，这是一本没什么名气的学术杂志，论文的题目更是平平无

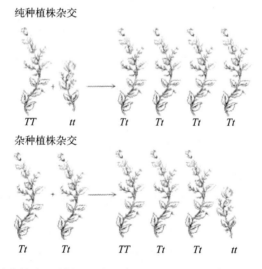

图 2-1　纯种高茎豌豆（基因型为 *TT*）与纯种矮茎豌豆（基因型为 *tt*）的孟德尔杂交实验。相对于等位基因 *t*，等位基因 *T* 为显性。结果是，通过这种杂交方式得到的杂种后代都带有一个高茎等位基因和一个矮茎等位基因（基因型为 *Tt*），所以都表现为高茎。由杂种后代互交产生的第二代既有高茎豌豆也有矮茎豌豆，每株豌豆的高矮由它的基因型决定

奇——《植物杂交实验》，所以它几乎立刻就从人们的视野里消失了。读过这篇论文的学者屈指可数，而且其中绝大多数人都认为它的主题是植物杂交，没有人想到它其实全面且透彻地解释了遗传现象。孟德尔给十几位科学家寄了翻印稿，但只收到一封回信，而且内容是贬低他的工作。[8] 虽然重要性无与伦比，但我们这位修士的研究在数十年里始终无人问津，一篇杰作就这样被搁置在图书馆的书架上，直到落满灰尘。

孟德尔梦寐以求的赞誉直到他去世后才姗姗来迟。大约 30 年后，有三名植物学家也在植物里发现了 3∶1 这个明显的比例，随后，他们又偶然发现了孟德尔那篇鲜为人知的论文。很多知识都在孟德尔发表论文后的几十年间发生了变化，1865 年的科学界还无法接受世上竟有一种只在数学上成立而肉眼不可见的遗传单位，但这时候的科学家对这个想法的包容度已经高多了。新的观点层出不穷，最令人心潮澎湃的则是那些试图填补达尔文理论漏洞的学说。变异是从哪里来的，它们是如何被遗传给后代的？生物学家始终对这个缺失的环节念念不忘，而孟德尔的模型为他们提供了一个很有潜力的答案。

胡戈·德弗里斯是孟德尔理论的支持者，他不仅是 20 世纪初荷兰最著名的植物学家，还是孟德尔论文的"重要发现者"之一。德弗里斯并没有研究过豌豆，他是研究拉马克月见草的专家。孟德尔统计的都是在他开始研究之前就已经存在的豌豆性状，与孟德尔的情况不同，德弗里斯声称自己观察到了新性状从无到有的奇妙过程。他把这些从前没有的新特征（比如叶片的形状或者植株的大小发生的变化）称为"畸变"，后来又把这个术语改成了"突变"。最关键的是，这种突变并不是一次性的：德弗里斯观察到，新的性状可以被遗传给后代，导致这些后代事实上变成了不同于亲本的新生物体。孟德尔提出的"构成形式的基本元素"是基因概念的雏形，从德弗里斯的观察来看，这种元素或许不单单是构成了已有的性状，它可能还与新性状的产生有关。

## "白眼"的发现

我们在前面提及，出生于肯塔基州的年轻胚胎学家托马斯·亨特·摩根决定前往欧洲，因为那里似乎正在如火如荼地开展当时最激动人心的生物学研究。1894 年，摩根获准休假，他离开布林莫尔学院，乘船前往那不勒斯的意大利国家动物学研究站，与此同时，杜里舒（那个疯狂摇晃胚胎的人）等科学家正在那里探索最前沿的科学。当时的杜里舒仍在全神贯注地研究细胞的可塑性，即胚胎切换发育路径的能力，他与摩根一见如故。有杜里舒做向导，摩根很快适应了新环境，他白天研究细胞分裂，晚上探索那不勒斯。慢慢地，摩根内心的博物学家开始被深入的分析取代：从观察法转向微扰法，从生物个体转向细胞，从研究分类转向研究机制。

1904 年，摩根入职哥伦比亚大学动物学系。与研究生交流是他教学职责的一部分，有一天，一个名叫费尔南德斯·佩恩的学生带着一个研究项目的主意走进了摩根的办公室。佩恩想知道，如果让一种动物在黑暗里繁殖很多代会怎么样，它的后代最后会失去视觉吗？

摩根对这个主意没有多少兴趣，他觉得实验成功的可能性不大（况且，这与魏斯曼想用蛮力改变老鼠尾巴长短的实验太过相似）。但是，佩恩想用来作为实验对象的生物却引起了摩根的注意：黑腹果蝇（*Drosophila melanogaster*）。[9]

摩根在欧洲的时候从没想过用果蝇来做实验，可是后来，他听到了越来越多有关这种昆虫的传闻。果蝇容易饲养，吃腐烂的水果或蔬菜，只需要两三周就能性成熟，而且一次可以繁殖数百个后代。佩恩的本意是，这些生物学特征能让他在一个学期的时间内完成自己的繁育实验（在黑暗中繁殖 10 代），但摩根心里有了别的主意。适逢德弗里斯宣称自己观察到了月见草的新品种，这个消息正好引起摩根的注意。[10]摩根想知道，德弗里斯所说的"畸变"现象是否也会出现在动物身上。而繁殖速度极快的果蝇能帮他回答这个问题，因为他可以在短短数周内经手成千上万的个体。在同事的鼓励下，加上佩恩提到的果蝇，摩根启动了一项需要耗时多年的研究计划，寻找"万中无一"的果蝇。他无法预测这样的果蝇应该长成什么样，只知道跟普通的果蝇相比，它们应该有某种不同之处。

于是，果蝇套房应运而生。

"对了，那只白眼果蝇怎么样了？"摩根的妻子躺在病床上问道。

这是 1910 年 1 月的一天，距离两人的第三个孩子出生已经过去3 天，摩根的妻子仍在医院休养。摩根滔滔不绝地讲述实验室的最新进展，直到突然意识到自己身在什么地方，这位生物学家才闭上嘴。

"宝宝怎么样了？"他总算问道。[11]

摩根的心思全在几天前的一个发现上，那是一只他期盼已久的特殊果蝇。在一个用来安置实验果蝇的牛奶瓶里，摩根看到这只独特的个体从食物残渣和数十只同样被关在瓶内的果蝇中间穿行而过。它的特别之处是：不同于普通果蝇标志性的红宝石色眼睛，它的眼睛是两个苍白的圆球，没有任何颜色。尽管摩根亲眼看到了这只果蝇的眼睛，但他着实花了一些时间才相信自己看见的东西是真的。

寻找突变果蝇的过程远比摩根当初预计的要艰苦。在长达数年的时间里，繁育这种昆虫的研究始终乏善可陈。所以，当这个有别于其他数千只同类的个体突然出现时，摩根几乎不敢相信。他每天都检查这只果蝇，看它的眼睛里有没有出现一丝红色，因为只要有红色，就说明它只是发育得比较慢，而不是真的缺乏色素（这样的解释很好理解）。摩根寻找的现象并不是发育迟滞，他想找的是一种持久的、可遗传的改变。随着时间流逝，果蝇的眼睛依然苍白如初，摩根慢慢开始接受自己交了好运的事实。他行事非常低调，只是暗暗给这个全新的样本及可能与这种性状有关的基因取了个名字，二者都叫"白眼"（*white*）。[12]

如果想确定白眼这个表型能否遗传，就需要做交配实验。为了保护珍贵的样本，摩根小心翼翼地让突变的白眼果蝇与正常的红眼果蝇（也被称为"野生型"果蝇）繁殖后代。但所有杂交的第一代——被称为"F1 代"——都长着红色的眼睛，这令摩根大失所望。但联想到孟德尔的豌豆也有隔代遗传的隐性性状，比如矮茎和白花，因此摩根决定继续实验。摩根让F1 代的果蝇互交，由此产生的第二代，也就是F2 代，让他的沮丧之情瞬间烟消云散，因为这次的结果与孟德尔的预测分毫不差：每有三只红眼果蝇，就有一只眼睛是白色的果蝇。

摩根根据这些实验结果得出了两个结论。首先，可遗传的新性状（突变）在动物中也会自发地出现，这与德弗里斯在植物中的发现一致。其次，植物和动物似乎遵循相同的遗传法则，且性状都有显性和隐性之分。不过，果蝇遗传的模式仍有一个奇怪的特点：眼睛的颜色和性别有某种出人意料的关联。具体而言，在通过杂交得到的F2代中，所有雌性的果蝇都长着红色的眼睛，而雄性果蝇中长着白色眼睛的个体只占1/2（只有把雄性和雌性果蝇全部算在一起，才能得到3∶1的比例）。虽然这个性状的表现类似于孟德尔所说的隐性性状，但动物的隐性性状似乎拥有某种植物的隐性性状不具备的独特之处。白眼的遗传与性别绑定了，可背后的原理究竟是什么呢？

## 定位基因

在混合模型当道的年代，遗传给人一种虚无缥缈的感觉，它就像一种不需要基于实体的特征，既可以是细胞本身的属性，也可以是某种来自细胞之外的力量。而作为一种新兴的遗传单元，基因却不同，它可以量化和测量，也可以预测。一旦认识到基因就是遗传的基本单位，从前那种浅薄的想法就显得不合时宜了。此后，科学家可以用准确的术语来思考遗传、进化和发育，把它们设想成细胞内某些亟待发现的化学成分相互作用的结果。你可以说，基因肯定有自己的容身之所。

细胞核里有一种在正常情况下看不见的微小碎片，被称为"染色体"，它们正是基因的大本营。"染色体"这个名称源于它们能够被带有"生色团"的染料染上颜色的化学性质，在细胞分裂的过程中，染色体会发生浓缩，看上去很像细胞核里的小污迹，酷似削铅笔时产生的碎屑。显微镜学家早在细胞学说刚被提出的时候就观察到了这些微小的颗粒，但同大多数其他细胞成分一样，这些颗粒的功能并不为人所知。20 世纪伊始，美国遗传学家沃尔特·萨顿曾在研究生阶段研究过这种神秘的颗粒，他观察到这种颗粒的数目在几乎所有的细胞里都是偶数，它们总是成对存在，如同挪亚方舟上成双成对的动物。但是有一个例外：配子（动物的卵子或者精子）只含有一套染色体。等到卵子和精子融合，受精完成之后，它们（这时候是合子）的染色体才会重新恢复到成对存在的状态。染色体这种分离和重聚的模式与孟德尔那重见天日的遗传定律实在太过契合，对此深感震惊的萨顿认为，染色体正是孟德尔口中那些显性和隐性遗传元素的物理载体。

与此同时，德国发育生物学家、意大利国家动物学研究站的另一名资深研究者西奥多·博韦里正准备得出相似的结论。利用杜里舒钟爱的实验动物海胆，博韦里成功地让多个精子与同一个卵子完成受精。用这种方式得到的合子由于染色体过多，会不可避免地在发育成熟之前就死亡。但是，刚刚完成受精的卵子偶尔能除去多余的染色体，而当这种情况发生时，海胆的发育看上去就很正常。凭借各自独立的研究，萨顿和博韦里双双提出了完善的遗传理论，作为遗传学的标准模型，二人的理论一直被我们沿用至今。染色体，也就是那些如污迹一般的微小物质，是遗传的物理实体：它们成对存在，组成了构造生物体的蓝图。不仅如此，萨顿和博韦里的研究还表明，胚胎有一种数染色体的方法，只有染色体的数量正确，胚胎才能正常发育。

起初，摩根对萨顿和博韦里的染色体遗传理论十分不屑，还无理地把这个理论的支持者称为"染色体人"。[13] 但是，白眼果蝇的发现让他的想法产生了变化：博韦里和萨顿会不会是对的呢？果蝇眼睛的颜色与性别有一种奇特的关联，这种现象会不会与染色体有关？

摩根带过的一个学生妮蒂·史蒂文斯给回答这些问题提供了线索。与她的导师一样，史蒂文斯也曾到那不勒斯的意大利国家动物学研究站学习过，她在那里同博韦里打过照面。史蒂文斯对博韦里的研究印象深刻，回到布林莫尔学院后，她发起了一个研究项目，研究的对象正是昆虫的这种遗传单位。先前的研究显示，雄性昆虫和雌性昆虫的染色体构成并不相同，于是史蒂文斯把研究的重点放在了一种被称为"X元素"的染色体上。通常情况下，雌性个体有两条X元素，而雄性单倍体只有一条。史蒂文斯观察到雄性昆虫有一条与X元素匹配的"奇怪染色体"，但是它比X元素小得多。她准确地推论出，这条异常的染色体（后被称为"Y染色体"）就是决定雄性性别的关键。[14]

摩根看出，史蒂文斯的理论或许可以解释果蝇白眼的奇特的遗传模式。在对果蝇加以更为详尽的研究之后，摩根发现在这种昆虫身上，性别与染色体构成的关系完全符合史蒂文斯的论述：雌性果蝇有两条完全相同的X元素（或者说染色体），而雄性果蝇只有一条X染色体，另有一条外形不同的Y染色体。基于这些事实，摩根产生了一个无比犀利的想法：决定眼睛颜色的遗传成分会不会在X染色体上？倘若真是如此，就可以解释为什么只有一条X染色体的雄性会出现白眼的性状，而拥有两条X染色体的雌性却不会出现这种性状。

我们来仔细分析一下摩根的想法。假设有一只雄性果蝇，它仅有的一条X染色体携带着隐性的白眼等位基因（$w$），我们把它的基因构成，或者说基因型，记作$X^wY$。这样的一只果蝇肯定长着白色的眼睛，因为没有正常的红眼基因可以对抗突变基因的活动。相比之下，如果是一只雌性果蝇获得了一个白眼等位基因，由于它还有一条X染色体，这条染色体上的基因通常是正常的（+），我们把这种雌性果蝇的基因型记作$X^wX^+$。由于白眼突变是一种隐性性状，所以它的效应会被正常的基因掩盖，因此$X^wX^+$的雌性果蝇仍会长出红色的眼睛。

为了让自己信服，摩根继续繁育果蝇，直到有雌性果蝇偶然获得了两条突变的X染色体（$X^wX^w$），于是眼睛为白色的雌性果蝇开始出现。[15]摩根对这个实验结果的解释简单得惊人，但它的影响是革命性的：编码白眼性状的遗传信息位于X染色体内。无论你想怎么称呼它——决定子、构成形式的基本元素，抑或基因——都没有关系，重要的是细胞里有这样一种东西，它是遗传指令的物理实体。从此以后，决定性状的遗传单位再也不是一种抽象的因素或者无形的粒子了。它们具有实体，属于化学物质，而且隐藏在一种能被染色的、名为染色体的结构内。

在接下来的几个月里，摩根的课题组又鉴定出了10多种新的果蝇突变，包括外形古怪的翅膀，以及非同寻常的体色。尽管白眼的发现花费了多年时间，可一旦知道了该怎么做，再想找新的突变就变得出奇的容易了。很快,这个被称为"遗传学"的新兴领域席卷整个科学界。[16]

随着常驻果蝇套房的科学家对这些突变的探究越来越深入,他们发现了一些更加有趣、更加出人意料的遗传模式,这些模式进一步偏离了孟德尔那略显简单的预测。摩根发现的另外两个果蝇隐性突变品系就是典型的例子。第一个品系叫"朱红色"(*vermillion*,简称 *v*),长着鲜艳的猩红色眼睛。第二个品系叫"袖珍"(*miniature*,简称 *m*),长着发育不全的畸形翅膀。如果分开看,这两种性状的遗传规律同白眼很像,突变个体在后代中的比例完全符合孟德尔定律的预期(而且和性别有关)。意外出现在摩根试图培育同时具有这两种性状的果蝇时,事实证明要做到这一点极其困难。

这着实出乎意料,而且与孟德尔在豌豆中观察到的现象大相径庭:豌豆的每个性状似乎都是独立遗传的。孟德尔可以将植株的高度、花的颜色或者豆子的外形等性状随心所欲的组合,然后大量繁殖自己想要的豌豆植株。然而,果蝇的情况却不是这样,决定上述性状的基因似乎受到了某种力量的干扰,导致它们彼此之间无法独立地活动。基于对遗传信息物理本质的已有认识,摩根认为这只能意味着一件事:编码这几个性状的基因位于相同的染色体上,它们之间存在物理上的关联,或者说是连锁关系。

哥伦比亚大学的大三学生艾尔弗雷德·斯特蒂文特对这些数据做了更为细致的分析。他注意到,尽管在绝大多数情况下,摩根通过杂交获得的后代只能获得朱红眼或袖珍翅这两种性状的其中一种,但同时具备这两种性状的个体依然会以极小的概率出现。斯特蒂文特还找到了其他明显不符合孟德尔遗传定律的性状组合。这些与预期不符的情况出现的概率因具体的性状组合而异，概率为 1%~10%。斯特蒂文特将这些连锁基因比作乘坐火车的乘客，他们要么坐在同一节车厢里，要么坐在相距甚远的两节车厢里。当火车开动，踏上假想的旅程时，火车的车厢可能会发生周期性的分离和交换。一旦车厢发生交换，原本坐在同一列火车上但车厢不同的乘客就有相当大的概率会被重新分配到不同的火车上。而相比之下，坐在同一节车厢里的乘客几乎一定会到达相同的目的地。换句话说，两名乘客分道扬镳和携手并进的概率有多大，取决于他们的座位相距多远。

将这个逻辑应用到遗传现象上之后，斯特蒂文特意识到，在同一个染色体上，两个基因的位置靠得越近，它们在遗传时分离的可能性就越小。实际上，想让这种情况发生，或者说得到新的基因连锁方式，唯一的途径只能是从物理上重构染色体。[17] 相距较远或者干脆位于不同染色体上的基因就没有这样的问题，它们的遗传方式与孟德尔定律相差不大，基本等同于随机组合。而位于同一个染色体上，彼此之间的距离又很小的基因则不然，它们无法如此自由地相互组合。朱红眼配袖珍翅的果蝇之所以难培育，原因正是编码这两种性状的基因靠得太近了。[18]

把作业扔到一边的斯特蒂文特只用了一个晚上，就根据连锁基因两两之间发生分离的概率，在 X 染色体上标注了 6 个基因的相对位置，这是世界上第一张"遗传图"。[19] 在接下去的几年里，更多详细的遗传学示意图从果蝇套房里涌现出来，它们记录了几十个果蝇基因的相对位置。不过，虽然这些研究工作回答了"基因在哪里"的问题，也引发了新的问题：基因到底是由什么构成的？究竟是染色体里的哪种化学物质决定了生物体的颜色、外形，造就了海胆和人类的区别？能够回答这个问题的只有化学家，从这里开始，推动遗传学进步就不再是孟德尔、德弗里斯和摩根这些传统的遗传学家了。

## 一种不含硫的物质

19世纪末，在德国一座能够俯瞰图宾根的城堡里，一位名叫弗里德里希·米舍的年轻内科医生正在研究脓细胞。25岁的米舍出身于瑞士的一个医学世家，他的父母从小把他当医生培养。米舍做了所有该做的事，包括通过医师资格考试，但行医的时间越久，他就越是对应付患者感到不耐烦：他不但要听患者的抱怨，而且提供给患者的诊疗建议很少能药到病除。真正令米舍激动的是化学里的一个前沿领域——用化学原理来解释细胞的活动，很多人相信这是增进我们对人类生理学认识的最佳途径。1868年，米舍带着行李搬到了图宾根，在那里，他成了著名化学家费利克斯·霍佩-赛勒的学生。

到了19世纪60年代，认为细胞是所有组织和生物体基本单位的细胞学说已被奉为信条，引得科学家纷纷深入研究细胞的内部结构。结果，他们发现了一片全新的天地：细胞内的亚结构，或者说细胞器。这些亚结构的具体功能亟待进一步的研究和归类。许多科学家仍是自然主义的拥趸，他们把大量时间花在了描绘这些微型结构的形态和猜测它们的功用方面。但也有少数化学家（包括霍佩-赛勒）着手分析这些细胞亚结构的精确分子构成。

霍佩-赛勒的实验室有一个拱形的屋顶，它曾是所在城堡的洗衣房，而如今，水桶和脸盆已经不见踪影，取而代之的是宽大的桌子，搓衣板换成了烧瓶、烧杯、搅拌棒和加热元件。墙上的橱柜里摆着各种用来分解细胞和组织的化学物质，足够把生物样本分解成构成它们的元素。只要浓度合适，搭配得当，添加次序正确，再根据需要加热，这些化学物质（包括酸、碱、溶剂和乙醇）就能揭示任何物质的分子构成。这同样是一种解剖人体组织的手段，只不过用的是化学分子和化学反应，而不是手术刀和剪刀。

在导师的建议下，米舍从附近的一家诊所要来了废弃的手术敷料，然后从浸满脓液的绷带上分离出细胞。这种做法非常符合米舍的研究需要，因为脓液里到处都是白细胞。对米舍来说，要把白细胞从脓细胞的样本里分离出来轻而易举。霍佩-赛勒给他年轻的学生布置了一项看似简单的任务：鉴定细胞核的化学本质。细胞核是这些与疾病有关的细胞中最大的细胞器。

米舍开始像化学家一样做研究，对物质做系统性的提取、纯化和化学鉴定。首先，他需要把完整的细胞和破碎的细胞分开，这个任务相对简单，只要把任何有分解迹象的细胞去掉即可。接下来，米舍必须将细胞核从完整的细胞内取出。此前，还从来没有人这样做过，但米舍找到了一种办法，他发现冷的稀盐酸对细胞造成的破坏恰到好处：这种酸在细胞表面打开的破口既能让绝大多数细胞内容物流出，又能使细胞核保持完好无损。[20] 最后，米舍还用到了一种从猪的胃里提取出来的物质，这种物质被称为"胃蛋白酶"，它似乎能去除残留在样本里的所有污染物。通过在显微镜下仔细检查提纯后的细胞核，米舍确信自己得到了可以用于研究的纯化样本。于是，他着手推进化学解剖的实验，准备弄清楚细胞核到底是由什么物质构成的。

想要完全在化学层面上认识一种物质，就必须攻克三道实验难关：鉴定成分，解析结构，以及实现人工合成。第一道难关——鉴定成分——是最没有技巧可言的，无非就是不断地用破坏性的化学反应将物质分解成构成它的元素，这纯粹是一个反复试错的过程。第二道难关——解析结构——则不然。元素构成相同的化合物，结构形式也可以天差地别，物质的结构由元素连接和组合的方式决定。[21] 对化学家来说，解析化学结构如同化学版的离合诗，有时候只靠直觉就能应付，有时候却需要一堆超级计算机才能破解。最后的难关是人工合成，利用一种物质的成分从零开始合成它，能否做到这一步是衡量化学家有没有成功认识某种物质的终极标准。

米舍开始把化学家的这套把戏应用到他刚刚纯化的细胞核上。有的化学物质会导致细胞核破裂，形成黏糊糊的溶液。有的化学物质会导致细胞核里出现一种类似棉花的物质，随着时间的推移，这种雪白的细丝变得越来越清晰。米舍把化学药品清单上的药品挨个试了个遍，不断地用更极端的化学环境测试从细胞核里提取出来的物质，以此来确定这种新物质的元素构成，后来他把细胞核里的物质称为"核质"。霍佩-赛勒等化学家在其他生物组织的细胞成分中发现的元素与米舍的新物质有不少交集。碳、氧和氢，这些元素对包括蛋白质在内的生物学物质来说并不算稀奇。不过，核质有一个与众不同的特点，那就是它的磷含量极高，硫元素的含量却几乎为零。

1870 年，米舍在导师的支持下发表了自己的发现。他有一种感觉（虽然带有主观的偏见），自己纯化出的这种物质十分特别，总有一天，人们会发现它是一种像蛋白质一样重要的物质。可是，米舍却没有看到他满心期盼的热烈回应，他后来的遭遇同寂寂无闻的孟德尔如出一辙。直到几十年后，当人们试图粗提DNA时，有关核质的研究才得到了它应有的赞誉。

到了 1920 年，基因在细胞核内的染色体上呈线性排列，而且符合摩根和斯特蒂文特的计算结果的观点已然成为共识。那么，为什么没有人认为核酸（核质此时的名称）就是遗传物质呢？[22] 答案很讽刺，因为人们觉得它太平庸了。

根据米舍的鉴定实验，对核酸的初步分析表明，这种物质由 3 种分子基团构成：磷酸基团，它是核酸磷含量极高的原因；一个糖分子，名为脱氧核糖；以及一个"碱基"，碱基一共有 4 种，分别是腺嘌呤（A）、鸟嘌呤（G）、胸腺嘧啶（T）和胞嘧啶（C）。当时的科学家已经开始考虑核酸的化学结构了，他们想知道这些基团在三维空间里的排布方式。其中有一个名叫菲伯斯·列文的俄裔生物化学家总结认为，核酸只是 4 种碱基的不断重复，A、G、T 和 C 随机组合，紧靠在一条由糖和磷酸构成的"主心骨"上。倘若真如列文所言，如此单调的结构意味着核酸似乎只是在细胞核里承担某种机械功能，而不太可能作为遗传信息的物理载体。列文的名气使这种分子模型颇具可信度，核酸也因此退出了遗传物质的角逐。

相比之下，蛋白质似乎就靠谱多了。蛋白质由 20 个"氨基酸"

字母组成，远比核酸的 4 种碱基丰富；它还是细胞里含量最丰富的生物大分子。每一种蛋白质的结构都是由氨基酸的序列决定的，而氨基酸的序列则由氨基酸独特的排列组合决定，类似的排列组合可以编码巨量信息。举个例子，仅仅 5 个氨基酸就可以有 300 多万种不同的组合方式。[23] 考虑到绝大多数天然蛋白质都含有数百个首尾相连的氨基酸，因此蛋白质能够编码的"单词"数量可谓无穷无尽，这种多样性赋予了蛋白质无数的形状、大小和功能。鉴于蛋白质结构深不可测的潜力，科学家根本不需要考虑其他成分是遗传物质的可能性，尤其是结构看似相当保守的核酸。很快，核酸就会迎来如日中天的时代。不过眼下，生物化学家纷纷心甘情愿地活成了马克·吐温所说的模样：永远别让真相糟践一个好故事。

## 转化因子

1918 年西班牙大流感造成了 5 000 万~1 亿人死亡，占当时世界总人口的 3%~5%。不过，绝大多数患者的直接死因并非流感病毒，而是肺部的防御机能下降，细菌乘虚而入引发的感染。在这场毁灭性的瘟疫结束的几年后，英国细菌学家弗雷德里克·格里菲斯开始研究一种在大流感期间杀人无数的细菌，它本是呼吸道里的常见菌种，学名叫 *Streptococcus Pneumoniae*，俗称"肺炎链球菌"。格里菲斯从肺炎患者体内提取出病菌样本，经过实验室培养，再把它们输入小鼠的体内。

实验室培养的肺炎链球菌可以分成两大类：一种是 R 型菌株，它只能引起轻微的症状；另一种是致命的 S 型菌株，被它感染的宿主通常难逃一死。[24] 凭借一系列巧妙的实验，格里菲斯发现，通过混合两种菌株，他可以使良性菌株获得致死性菌株的致病性。即使在混合前用加热的方式杀死致死性菌株，良性菌株也依然会发生转化，这意味着遗传性状的转化是由致死性菌株内某种具有耐热性的物质（格里菲斯将其称为"转化因子"）引起的。

美国纽约洛克菲勒大学的医学科学家奥斯瓦尔德·艾弗里看出，格里菲斯的发现非同寻常，它的意义远远超出了细菌学的范畴。艾弗里也在研究肺炎链球菌，他很推崇格里菲斯的工作。20 世纪 40 年代初，即将退休的艾弗里决定深入研究这位英国科学家的发现，借此阐明遗传的化学基础。把良性菌株转化成致死性菌株的东西会不会是一种蛋白质？如果答案是肯定的，那么这种特殊的蛋白质具有怎样的性质？或者有没有可能是其他物质，一种谁也没有见过的触发因素，导致细菌获得了置人死地的能力？

在同事科林·麦克劳德和麦克林恩·麦卡蒂的帮助下，艾弗里开始了鉴定致病因子的实验。他设法让致死性的 S 型菌株裂解，并依照类别（蛋白质、碳水化合物、脂质，还有核酸）分离细菌内的化学成分。随后，三人只要单独用每种"类别"的成分与 R 型菌株一起孵育，就能找出究竟是哪一种物质（前提是转化因子就在这些物质之中）使良性菌株转化成致病性更强的菌株了。不同于科学界及三位洛克菲勒大学科学家的预期，蛋白质并不能使细菌获得致病能力，事实上，承载这种性状的物质其实是核酸。因为结构过于简单而在此前被科学家认为不可能是遗传介质的核酸（化学名称叫脱氧核糖核酸，缩写为 DNA）才是分割生与死的关键性物质。

这三位洛克菲勒大学的科学家在 1944 年发表的论文里描述了实验的结果，他们宣称，DNA 是格里菲斯的转化因子"最主要但未必唯一"的组成成分。[25] 不过，他们的发现与科学界的信条冲突，因而遭到了铺天盖地的反对。为数众多的科学家已经把自己的学术生涯押在基因是由蛋白质构成的假说上，这些人是不会一声不吭就举手投降的。绝大多数反对的声音都指向了同一个理由，他们认为艾弗里提取的核酸仍然有可能混入少量蛋白质，而这些含量极低的污染成分可以使良性菌株转化为致病性菌株。艾弗里、麦克劳德和麦卡蒂为说服反对者用尽了浑身解数，他们曾经向反对者展示，在实验中加入消化蛋白质的酶（蛋白酶）对细菌的转化不会产生任何影响。可是批评者始终不依不饶，他们一口咬定，基因就是由蛋白质构成的。

最终打消人们的疑虑是病毒学，而非生物化学。在距离艾弗里和他的课题组不到 50 英里的美国长岛冷泉港实验室，艾尔弗雷德·赫尔希与玛莎·蔡斯正在埋头研究噬菌体。噬菌体指的是可以感染细菌的病毒，同所有的病毒一样，噬菌体的基本结构是蛋白质衣壳和由衣壳包裹的核酸核心。当噬菌体感染宿主时，它们会先牢牢地附着到细菌的表面，然后把衣壳内的遗传物质"注射"到宿主细胞内。不过，病毒无法靠自己独立增殖，所以噬菌体必须劫持宿主内已有的增殖系统，利用细菌的细胞器，浩浩荡荡地启动子代病毒的复制。

赫尔希与蔡斯想出了一种巧妙的办法，来确定究竟是哪种成分（DNA 或蛋白质）与病毒的增殖有关。首先，他们让噬菌体在含有放射性硫元素的环境中复制，这导致病毒的蛋白质带上了放射性"标记"。（而作为一种不含硫元素的物质，即使 DNA 在这样的环境里也不会被标记。）在另一轮与此无关的实验里，二人又让病毒在含有放射性磷元素的环境中增殖，这导致病毒的 DNA 带上了放射性标记。（在这种情况下，某些蛋白质也会带上标记，但绝大多数放射性仍然来自 DNA。）随后，赫尔希和蔡斯分别将这两种经过标记的子代病毒与普通的细菌混合。在给病毒足够的时间，让它们感染细菌之后，研究人员要做的只是检查细菌的细胞到底是含有放射性的硫，还是放射性的磷，抑或全都有。结果再明显不过了：只有带放射性的磷元素能够进入细菌内，而带放射性的硫元素只能留在细菌表面。

是 DNA，而且是只有 DNA，携带着指导新病毒装配的指令。

在自己开展遗传学研究之前，摩根对孟德尔的理论心存疑虑，他相信孟德尔所说的"构成形式的基本元素"只能影响简单的生物性状，例如豌豆的茎高，并不适用于复杂的动物发育。摩根的直觉相当准确，因为绝大多数动物的性状都不是由单一的基因决定的。比如，我们认为人类的身高受到 100 多个基因的影响，而智力则受到 1 000 多个基因的影响，其中每一个基因造成的效应相对整体而言都很小。不过有时候，单个基因的突变也可以造成明显的效应：一个错位的 C 或者一个错误的 T 只是人类细胞含有的数十亿个字母中的一个，而这种只涉及其中一个字母的拼写错误只要出现在最不该出现的地方，就能改变某个单词的意义，继而导致极具破坏性的疾病或者先天性异常。

基因既可以用众人拾柴的形式发挥功能，也可以通过独断专行的方式发挥功能。

我们把一种生物DNA的总和称为它的基因组。基因组的大小因物种而异，但出人意料的是，它与生物体的复杂程度几乎没有关系。人类基因组的碱基数量超过60亿，平均分布在总共两套、每套各23条的染色体里。相比之下，有些鱼的基因组比人类的基因组大10倍，但这并不意味着它们比人类更复杂（事实正好相反）。在绝大多数生物（包括哺乳动物）的基因组中，编码蛋白质的基因只占DNA总量的一小部分，其余的序列填充在基因和基因之间，这些意义不明的填充序列曾被称为"垃圾DNA"。所以说，基因组的大小并不能代表基因数量的多少，更不能反映生物体会如何使用这些基因。以海胆的基因组为例，它含有8亿个碱基，大约是人类基因组的1/10，但海胆和人类的基因数量却大致相当，都为20 000~25 000个。

确认DNA是遗传物质无疑是生物学的革命性事件，但它本不应该花费如此长的时间。核酸因为结构过于简单而遭到否定，究其原因，是当时的人们没能意识到，真正的关键其实是DNA碱基的排列顺序，而不是DNA分子本身的化学构成。生物学家斯蒂芬·杰伊·古尔德把这种认知上的障碍称为"概念锁"。这把锁终于在1953年被人剪断，那一年，詹姆斯·沃森和弗朗西斯·克里克公布了如今家喻户晓的双螺旋结构。他们的理论展示了DNA的4个字母（G、A、C和T）能够通过排列组合，拼出几乎无穷无尽的遗传文字。

这个从豌豆和脓细胞起步，然后受到果蝇和噬菌体的推动，最后在20世纪50年代中期开花结果的研究领域，成就了我们在细胞和个体两个水平上对遗传现象的基本认识。基因——这种最早由孟德尔通过统计分析发现的遗传信息包——不仅在生物的进化中与新物种的出现有关，还在发育中发挥着指导新个体形成的作用。下一代科学家面临的挑战是设法认识这台遗传机器的运作原理：遗传的箴言如何让区区一个简单的细胞发育成成熟的动物个体。

图 2-2　DNA 的两条链缠绕在一起，如同一架扭曲的梯子，中间的横杆由碱基构成，成对的碱基靠化学亲和力联结在一起：腺嘌呤（A）只能与胸腺嘧啶（T）配对，胞嘧啶（C）只能与鸟嘌呤（G）配对

第 3 章

———

# 细胞的社会

不要以为我还跟从前一样。

——威廉·莎士比亚,《亨利四世:第二部分》

假设你有了整个 20 世纪最重大的发现,可是没有人愿意相信你。当你还是一个学生的时候,没有人希望你坚持自己热爱的事物(碰巧你是昆虫迷),没有人希望你学生物学,没有人真的关心你到底在钻研什么。眼下,当你取得了某个重大的成果(一种此前从没有人预料到的实验结果)时,想让别人相信你的发现几乎是不可能的。在那些资历更高的同事眼里,你既没有权威,也缺乏经验。他们不会把你当回事,你只是一个无名小卒。

1957 年秋,在牛津大学动物学系一间小小的实验室里,说话轻声细语的研究生约翰·格登面临的正是上面所说的窘境。那是一个生物学实验成果斐然的时节。就在几年前,赫尔希与蔡斯刚刚证明了

DNA是遗传信息的载体，沃森和克里克提出了这种物质的双螺旋结构。他们的发现催生了一场竞赛，生物学家争先恐后地想要理解遗传语言的句式和语法规则。但对勉勉强强才考上研究生院的格登来说，这些东西都是次要的。这倒不是因为格登不思进取，当时的科学家先后发现了细胞如何读取、复制和修复自己的DNA，格登对这些发生在自己身边的分子生物学进步抱有十足的兴趣。这些发现如同一张巨型画布上浓墨重彩的笔画，格登不是不喜欢它们，只不过他对那些仍是空白的部分更感兴趣。

格登是一名发育生物学家，他一门心思地扑在一细胞问题上：蚯蚓、袋鼠和人类，如此多样和复杂的动物居然都是由一个小小的细胞发育而来的。这个问题是那些只知道潜心研究琐碎细节的分子生物学家不会在意的。格登对宏观的图景更感兴趣，他想知道基因是怎样通过合作构建生物体的。这种执着的探求最终将使他成为世界上第一个利用成熟的细胞克隆动物的人，他的工作为研究基因和发育的关联奠定了基础。后来，格登摘得生物学界的最高奖项，但这都是后话，此时的他需要向疑心重重的世界证明，自己并没有弄错。

## 做决定，做决定，做决定

每个身体器官都是一个由细胞组成的社会，这个社会里的每位公民都生活在高于个人的社会秩序下，拥有各自的位置和需要扮演的角色。人体器官这种血肉帝国是在发育的过程中逐渐形成的，细胞承担着各自的职能，犹如从事各个行当的人。有些细胞负责执行枯燥的重复性工作，比如将氧气送到全身的红细胞，负责承受负荷的肌肉细胞或者心肌细胞，还有通过牺牲自己为皮肤提供保护屏障的角质细胞。正是这些"蓝领"细胞让每种组织拥有自己的功能和特征。生物体内不乏技艺高超的细胞：我们骨骼里的成骨细胞和骨细胞既是施工队，也是拆迁队；肠上皮细胞能够从食物中吸收营养；还有内分泌细胞，它们分泌的激素可以协调上述所有组织的活动。这些工作细胞同样受到管理层的监管：神经元会根据产能把控产量，让身体按需生产。同所有社会一样，有的细胞群体也会占山为王，建立属于自己的法外之地：一些生性凶恶的细胞会不受控制地生长，变成致命的癌症；也有一些细胞抱着除暴安良的好意，但因为用力过猛，最后导致

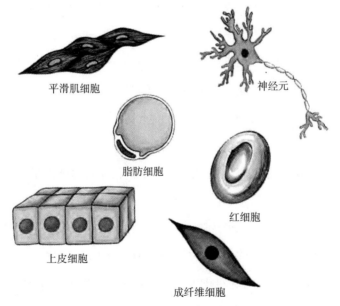

图 3-1　构成身体组织的各种细胞拥有各式各样有利于它们执行功能的结构。图中展示了平滑肌细胞（使肠道和膈等器官的组织具有收缩能力）、脂肪细胞（储存脂肪）、神经元（负责在神经系统内传递信号）、红细胞（将氧气运输到全身）、层状的上皮细胞（它是阻隔身体和外界的屏障），以及成纤维细胞（构成身体的结缔组织）

你长出难看的瘢痕。为了应付类似的情况，我们的组织专门雇用了救火队员——中性粒细胞和巨噬细胞，它们的职责是在火势失控前及时把火扑灭；还有淋巴细胞，它们组成了一支好斗的边境巡逻队，专门负责驱逐（或者处决）不受身体欢迎的入侵者。有的细胞公民可以身兼二职，比如肝脏的星状细胞：正常情况下，它们的职能是储存维生素 A，有需要的时候，它们也可以上前线搬运灰浆，协助加固受损的组织。

这些在生物体内构成大大小小社区的细胞，并不仅仅是在同一个空间里各自埋头干着分内之事那么简单。实际上，它们都在积极地与别的细胞交流、合作，互相支持，齐心协力。当身体受损或者遭到攻击时，细胞会团结一致：有的负责防止伤害进一步扩大，有的负责修复工作。而在安宁的时期，细胞会节省资源，养精蓄锐，为注定到来的挑战做好充足的准备。细胞表现出极强的集体观念，很少有自私自利的行为。在很多方面，我们的器官都像一个乌托邦色彩浓郁的细胞集合。

从雄伟的蓝鲸到卑微的蛆虫，可以说所有的多细胞生物都起源于卵子和精子通过融合形成的那一个细胞。在显微镜下，合子只是一个没有什么明显特征的球形细胞，很难想象这样一个普普通通的细胞竟能在日后奏出一首宏伟的生命交响乐。我们身上所有的组织——从决定我们外形的骨骼，到控制四肢运动的肌肉，再到让我们得以审视自身存在的大脑——都可以追溯到这个原始细胞，这是与我们的存在有关的最基本事实。

从合子到成熟的生物体，胚胎需要面对许多严峻的挑战。一个新生的人类婴儿身上有超过 1 万亿个细胞，而成年人的细胞数量超过这个数字的 10 倍。为了得到这么多的细胞，合子分裂的精准度仿佛节拍器，在婴儿出生前需要完成 40 轮以上的增殖。随着数量的增加，细胞的类型也开始变得多样，它们会经历一种名为分化的过程，然后从自由身变成职责明确的劳工。正是分化使我们的细胞社会产生了五花八门的行业和工作，保证了每种器官都由能够胜任的工人、供应商、经理和安保构成。但是，对每个细胞来说，分化意味着取舍，因为当细胞选择走上某一条特化的道路时，它就放弃了其他所有道路：如果一个细胞决心成为心脏的一部分，那它就再也不能参与肾脏的形成了，反之亦然。

对我们来说，分化的过程就像发育的黑箱。当胚胎已经拥有十几种不同类型的细胞时，只有位于表面的细胞仍在我们的视线之内，其余的细胞都被埋在胚胎内部，我们根本无法观察。因此，细胞在选择自己的职能时究竟经历了什么，这件事始终蒙着一层黑纱，戏弄着那些想要解开细胞分化之谜的人。研究这个问题还有一个更大的障碍：就算能够以某种方式窥探胚胎的内部，我们也无法获得与细胞如何选择职能有关的信息。发育中的细胞并不会提前宣告自己将要变成什么，它们不会大喊"我要成为软骨"或者"我会变成皮肤"。分化的过程只有在分化实际发生之后才看得出来，这个时间点远远晚于细胞决定自己应该发生怎样的分化的时间点。

在脊椎动物中，一旦合子完成数次分裂（1 个细胞变成 2 个，然后 2 个变成 4 个，4 个变成 8 个，以此类推），它就会变成一种空心球结构，我们把这个球形的胚胎称为"囊胚"（哺乳动物的囊胚也被称为"胚泡"）。这是生命最早期的阶段，就两栖动物和哺乳动物的发育而言，这个阶段持续的时间从数小时到数天不等。在此期间，胚胎细胞仍然具有某种可替代性,因为它们还不具备专属的位置或功能。这时的胚胎细胞相当于胚胎版本的婴儿,它们未来的命运充满了各种各样的可能性,这正是杜里舒和施佩曼偶然发现的可塑性,我在第1章里介绍过相关内容。但是很快,胚胎躁动的青春期便接踵而至,下一个阶段发生的事件被称为"原肠作用",它标志着胚胎细胞的分化正式启动。不仅如此,从这个阶段开始,研究胚胎的发育机制变得无比困难。

分化给我们的细胞社会注入了多样性。所以,我们自然要问:这些丰富多彩的细胞群体究竟是如何形成的?是什么样的指令在告诉细胞,它们中的一些应该变成具有吸收功能的小肠上皮细胞,另一些应该变成运输氧气的红细胞,还有一些应该前往骨组织堆放骨基质?到底是什么样的神秘力量在影响细胞做类似的决定?抑或有某种更高阶的权威在替细胞做决定——一种类似于细胞人事局的系统通过分子指令派遣新人去填补正确的岗位?

格登的科研之路走得很曲折。格登出生于英国萨里郡,童年时期的他十分喜爱昆虫。他住在乡村,家的周围从来不缺蛾和蝴蝶,这些昆虫身上变化莫测的美丽花纹令他心驰神往。格登总是花大量的时间聚精会神地研究自己收集的标本,为了观察变态发育的过程,他曾经自己动手养毛毛虫,还照着一本难懂的昆虫学教科书对标本加以分类,那本书几乎跟年幼的他一样重。飞虫的种类仿佛无穷无尽,格登的问题也永远都问不完。从小就是一副鳞翅目昆虫专家模样的他,根本无法想象人生还有什么事能比研究这些美丽的生物更幸福。

但是，格登没有赶上好时候。1933 年出生的格登在第二次世界大战的余波中长大，那时候英国的中学教育系统严重教条，学校对好奇心的包容度很低。死记硬背和囫囵吞枣是教育的主要目标，这种教学方式让格登感到很不适应。在格登就读的伊顿公学，这个男孩对养毛毛虫的热爱令老师忧心忡忡，毕竟自 15 世纪以来，这所学校就以培养国王、公爵和伯爵家的继承人而著称。最终，格登的一位老师宣布他不适合学科学。"我相信格登有成为一名科学家的想法，"这位生物学老师写道，"但就目前的情况来看，这根本是无稽之谈。如果他连最简单的生物学都学不会，那他就不可能做专业学者的工作，无论对他还是对教他的人来说，都是浪费时间。"在全班总计 250 名生物学学生中，格登发现自己排名倒数第一。[1]

心灰意冷的格登短暂地考虑过参军，但随后又把注意力放在古典文学方面，也就是研究古希腊语和拉丁语。如果不能研究昆虫，那他就选择投身于古代语言和文化的研究中。就在这时，他碰到了改变人生轨迹的第一个转折：格登向牛津大学古典文学系提出了申请，但他被告知，除非选择其他专业，否则就不会被录取。这下，连备选的职业生涯都没戏了！但校方仍然在通知里给格登留了一线希望：他能否考虑申请某个科学学系，因为它们好像还有招生名额。这意味着格登有可能重拾自己热爱的昆虫了，格登满心欢喜地修改了自己的申请，并在一位私人教师的帮助下完成了此前一直无法完成的任务：死记硬背。

格登通过了必要的大学入学考试，一年后，他进入牛津大学的动物学系学习科学。然而没过多久，他再次碰上了难题。格登的计划自始至终都是转到研究甲虫、蛾、蜂和蚂蚁的昆虫学系，可令他没有想到的是，转系的申请居然被拒绝了。事实证明，研究昆虫的生物学家并不想接纳他。命运像一个无常的小人，先是给格登希望，然后又堵死了他的去路。

以今天的眼光看，如此倒霉的遭遇反倒成就了这位年轻的生物学家，因为格登只好去找迈克尔·菲施贝格，这个友善且乐于助人的教授是他的胚胎学课老师。胚胎并不像昆虫那么令格登着迷，但多少还有点儿吸引力。他发现胚胎学家非常关注胚胎的外形和结构，这让他想起了在珍视的毛虫和蝴蝶身上观察复杂的翅膀和胸部的美好时光。格登对胚胎发育的认识仅限于他在课堂上学到的那些东西，但没有关系，因为菲施贝格已经拿定主意，打算在别人都不愿意的情况下给这个年轻人一个机会。格登在菲施贝格的实验室里找到了一席之地，开始探究胚胎的奥秘，那一年格登 23 岁。

## 数基因

就在一个世纪以前，另一位昆虫爱好者、德国生物学家奥古斯特·魏斯曼提出了种质学说。正是这个发育模型启发了鲁，促使他完成了半胚胎实验。种质学说建立在一个前提上，即每个细胞都含有一群独特的遗传因子。魏斯曼把这种细胞在分裂时不均匀分配的因子称为"决定子"（基因的概念原型之一），他提出一个细胞（不管它是肌细胞、红细胞，还是神经元）在细胞社会中的地位取决于它携带了哪些决定子。按照这种理论，作为所有细胞共同起源的合子应该拥有全套的决定子。所以在种质学说看来，细胞分化相当于一种遗传稀释过程，一个细胞在细胞社会里的地位取决于它在分裂的过程中分别保留和失去了哪些基因。

　　细胞的功能分化可能比较抽象，但如果用人的职业选择作为类比，魏斯曼的学说就比较好理解了。我们假设有一个婴儿出生在一座包罗万象的图书馆里，图书馆收藏了每一种专业的教程：建筑、农业、医学、瑜伽等，数不胜数。现在，想象有一名站在上帝视角的图书管理员，随着孩子一天天长大，管理员会选择性地移除图书馆的馆藏，直到最后只剩少量的图书。[2] 于是，当这个如今已经成年的年轻人在半空的书架上寻找职业生涯的指南时，他会发现自己的职业方向已经被那些还留在书架上的作品圈定了。换句话说，魏斯曼的学说是一种减法模型：细胞内的指令会不断减少，最终生效的是那些在发育结束时仍留在细胞内的指令。

　　我们可以根据魏斯曼的学说得出一个重要的结论。如果这个模型是正确的——倘若发育的道路上真的到处都是细胞为完成分化而丢弃的基因——那就意味着分化是一条单行道。一旦细胞获得某种特化的功能，它的身份就永远无法切换。原因很简单，因为获得其他功能所需的指令已经不复存在。

　　一朝为肌肉细胞，永世为肌肉细胞；一旦成为神经元，那就永远只能当一个神经元。

　　魏斯曼的学说发表于 1883 年，它虽然很精妙，可是也很难验证。没错儿，汉斯·杜里舒的实验结果的确表明，海胆胚胎最早形成的那几个细胞都可以发育成完整的动物个体，这显然意味着它们并没有丢失任何决定子。可是，杜里舒的实验并不能说明接下去（细胞获得各自的职能之后）会发生什么。没准儿魏斯曼的决定子要到更晚的时期才开始分离。事实上，就连杜里舒也发现，随着胚胎年龄的增长，细胞发育成新个体的能力会逐渐减弱，而当胚胎的细胞数量超过 8 个时，每个胚胎细胞独立发育成海胆的能力几乎降至零。

这个模型预言了每种细胞的基因组成互不相同，且只占完整基因的一部分，所以如果想要验证魏斯曼的学说，最直接的方法应该是数数每种组织内含有多少基因。可是，清点基因数量的技术直到最近才出现，那时候根本没有这项技术。即使到了今天，在我们拥有各种复杂精巧的工具之后，要精确计数一个细胞里有多少个基因依然不是一件容易的事。因此，为了检验魏斯曼的理论能否解释细胞分化，我们需要另想一种办法来窥探发育这个黑箱的内部情况。

一种或许可行的方案出现在半个世纪后，由鲍勃·布里格斯提出。布里格斯是一位研究染色体的科学家，他的脸上总是挂着极具感染力的笑容，对科研充满热情。和格登一样，布里格斯在成为科学家的道路上经历了重重困难。他生活在偏远的新罕布什尔州，从小家境贫寒，由祖父母抚养长大。为了赚钱，布里格斯一边在鞋厂上班，一边为一个小型舞蹈乐队弹班卓琴。当突然意识到自己有从事科学研究的可能后，他开始发奋学习，并在大萧条时期获得了哈佛大学的博士学位。毕业后，布里格斯在美国费城蓝科纳医学研究所找到了实验研究员的工作，于是便在那里潜心研究染色体。

布里格斯早期的实验旨在认识染色体的组成与发育的关系。西奥多·博韦里用海胆做的实验也是为了探究同样的问题，而布里格斯想知道小鼠细胞是否有类似的表现。他在实验里培养的小鼠细胞不是染色体过多，就是染色体缺失，而在这个过程中，他想到了一个不同寻常的实验：如果把一个细胞的细胞核，连同里面所有的染色体和遗传物质一起转移到一个细胞核被移除的卵细胞里，会怎么样？汉斯·施佩曼早在几年前就提出了这种"奇妙的实验"，他很好奇这种经过移植的细胞核能否发育成新的动物个体。[3] 凭借高超的实验技巧和丰富的科研经验，施佩曼距离实现这种后来被称为"核移植"的技术只有一步之遥，但他终究功败垂成。而布里格斯拥有更现代的实验设备，他相信自己可以做到。[4]

布里格斯向美国国立卫生研究院提交了申请，可是评审人员却称他的实验计划"异想天开"，因此拒绝了提案。布里格斯没有气馁，他东拼西凑，凑足了研究经费，还雇用了托马斯·金。金是纽约大学的研究生，有做显微手术的经验，他提出用北方豹蛙（*Rana Pipiens*）做实验，因为这种动物的卵很大，正好符合他们的需求。布里格斯同意了，实验随即开始。

金发现，只要用微量移液管（一种很细的玻璃纤维，相当于极小型的注射器）刺穿豹蛙卵的外膜，再轻轻一吸，就能把细胞核吸出来，得到"去核"细胞——没有遗传物质的细胞残体。然后，采用同样的方法，他又从豹蛙的囊胚细胞里分离出细胞核，再把它转移到先前已经去核的细胞内，用这个新核取代细胞原本的核。1950—1952年间布里格斯负责去除细胞核，金负责注射细胞核，核移植技术在二人的配合下日臻成熟。最惊人的是，这个实验居然真的成功了。绝大多数细胞都能在经历这种侵入性手术后存活下来，不仅如此，至少有1/3的缝合细胞发育成了蝌蚪。[5] 布里格斯那"异想天开"的实验计划欺骗了细胞核，让它误以为自己仍在受精卵内。其实，布里格斯和金已经迈出了克隆动物的第一步，只不过就连他们自己都没有意识到。

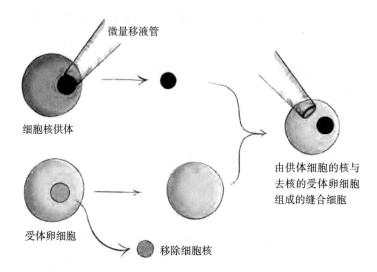

图 3-2　核移植需要用一根微量移液管从一个细胞（供体）内分离出细胞核。与此同时，还需要将一个卵细胞的核移除，只留下去核的细胞体（核的容器）。把供体的细胞核植入作为受体的卵细胞，然后让这个缝合细胞自行发育。如果缝合细胞能够发育成动物个体，就说明供体的细胞核含有正常发育所需的全部必要信息（基因）

## 蛙的实验室

　　格登在进入牛津大学后过上了实验胚胎学家的生活。菲施贝格运营着一间以蛙为对象的实验室，这意味着实验室的空间很逼仄，经费也很有限。本就狭小的实验室里还挤满了滑溜溜的两栖动物，它们是科学家的研究素材。实验蛙的水缸分居住用和繁殖用，从地板一直叠到了天花板，留给研究人员做实验的空间并不多。菲施贝格的实验室不同于蛙的自然栖息地，实验蛙生活在清澈的水中，而不是充斥着淤泥和水藻的池塘。生活环境的改善并没有妨碍蛙的繁殖：成蛙产卵及卵孵化成蝌蚪的能力就算没有比野外的同类更强，至少也是不相上下。

格登的位置在实验室相对不那么拥挤的一角，那里还有另外三四名研究人员，空间依旧非常有限。实验室的资源捉襟见肘，尤其是当多名研究人员需要使用同一台实验设备时，这一问题更加突出。但在格登的眼里，这些都不是问题，他几乎以一种宗教狂热般的激情适应了实验室的生活。无论白天还是夜晚，你总能在实验室里看到他的身影，瘦削的身材和棕色的头发让他非常显眼。格登偶尔会休假，也会参加一些简单的娱乐活动：随便打打壁球；如果天气冷，他还会去滑冰。

是什么让格登如此废寝忘食地工作？是为了向那些否定过他的人（比如伊顿公学的科学老师，还有牛津大学昆虫学系的那班人）证明自己的价值吗？还是为了告诉自己的父母，他们眼里那个学习成绩糟糕的儿子已经毫无疑问地找到了自己的学术道路？或者他只是为终于找到了容身之所而感到如释重负，在这个宽松的环境里，自己的地位不会马上受到威胁，而努力工作就是为了确保这种情况能长久地维系下去？

尽管上面列举的这些因素或多或少都在鞭策格登，但他最主要的动机应当和所有的科学家一样，那就是追寻答案：一个能够靠自己的力量独立解答谜题的机会，成为世界上第一个亲眼见证某个关于大自然的全新事实并为其命名或者描述其特征的人。从小，格登就学会了站在自己的视角欣赏大自然，他喜欢用自创的方式获取知识，对充斥教条的学校和课堂非常抵触，所以独立自由的研究氛围很快就让他这个生物学实验的新手完成了蜕变。在菲施贝格的实验室里，格登几乎完全依靠自己，但这对他来说不仅不是负担，反而正合他的意。

还有一个值得一提的因素，格登童年的第二大爱好与他对昆虫的热爱相得益彰：他对微缩模型非常感兴趣。手工制作迷你火车、轮船、飞机等微小的模型，在 20 世纪的英格兰是再寻常不过的娱乐消遣活动，但格登把这件事做到了极致：他制作的模型——比如在掏空的半个核桃壳上做的迷你英国军舰——细节丰富，费时费力，手艺完全不输给年龄更大、经验更丰富的模型爱好者。正因为如此，当某天菲施贝格要求这名新招的研究生掌握核移植技术时，格登简直不敢相信自己的好运。布里格斯和金发明的这种技术对微小尺度上的实验操作能力要求极高，格登本就很感兴趣，哪怕作为纯粹的消遣他也想试试，而现在，他竟然还可以靠这个拿到博士学位。菲施贝格布置的任务不啻双手和头脑的联姻，它将成为格登的忘却洞窟，让他把以往痛苦的经历和别人的冷眼统统埋葬掉。在学术圈流浪漂泊了这么久之后，格登终于找到了自己的归宿。

有一天，格登走到水缸边，看到里面的一只雌蛙受到了惊吓。它弓起灰绿色的身体，朝格登蹬了一下后腿，力量之大，不但水花飞溅，许多躺在水缸底部的蛙卵也被晃得飘来荡去。格登正在考虑怎么用这些蛙卵做实验，它们是雌蛙在前一天晚上刚产的，此时格登突然想到，从过去的实验和错误中看，用新鲜的蛙卵做的实验结果往往更好。于是，他果断行动，用双手紧紧抓住那只雌蛙满是明胶的身子，防止它溜走。随后，格登用食指按压它的泄殖腔，模仿蛙的"抱对"（雄蛙趴在雌蛙背上的姿势，这个动作方便雄蛙给新产的卵受精）。几秒钟后，格登轻轻地分开雌蛙的双腿，并按压它脊椎的末端，人为地激起神经系统内某些隐秘部分的冲动。起初，这只雌蛙还会反抗，乱踢乱蹬，试图挣脱格登的束缚。但格登始终不松手，于是它渐渐消停了，只得老老实实地完成大自然早在几百万年前就交给它的使命：它产下数百枚新鲜的卵，悉数落进下方的容器里，然后被格登收走了。

这些蛙卵呈完美的球形，其中一端有一个黑点，与之相对的另一端有一个浅黄色的点，犹如一颗颗影影绰绰的天体。格登把它们放进玻璃培养皿里，然后用一根滴管洒上一层薄薄的蛙的精液。利用这种人工授精的方法替代青蛙抱对，格登可以确保所有蛙卵同时受精。用不了几分钟，绝大多数卵就会被精子穿透。随后，刚刚形成的胚胎便开始了它们发育成熟的征途，胚胎细胞的数量每隔 20 分钟翻一倍，节奏非常精准。同其他所有动物一样，蛙的胚胎起初只分裂不生长，所以每完成一轮分裂，子细胞的体积就缩小 1/2。[6] 几个小时之后，培养皿里到处都是囊胚，虽然它们的体积并不比最初的卵细胞大，但内部密密麻麻地挤着数百个细胞。又过去几天，培养皿里出现了游动的蝌蚪。

看着蛙卵发育的过程，格登想知道，一个原始的囊胚细胞在变成蝌蚪（或者说成蛙）身上的特化细胞的过程中，它的内部究竟会发生什么变化。蝌蚪需要一条尾巴来帮助自己游向食物或者躲避掠食者，需要肠道来消化食物，需要靠鳃呼吸，需要神经系统控制所有这些活动，等等。可在发育最开始的阶段，这些东西都是不存在的。难道事实真如魏斯曼的种质学说预言的那样，细胞会逐步拆分基因和染色体，再分配给不同的子细胞？或许这就是隐藏在分化现象背后的秘密？格登无从得知，但他开始相信，导师要求他学习和掌握的核移植技术可能是解答这个问题的关键。

格登最初的尝试全部以失败告终。牛津大学（以及世界上绝大多数地方）的科学家都没有做过布里格斯和金的实验。虽然二人的论文对这种技术的操作步骤有十分详尽的描述，但文字终究无法涵盖实验操作的每个细节，所以格登手里有的只是一张粗略的地图。他遇到的第一个挑战是制作微量移液管，相对而言，这算是一个比较简单的任务。为了获得极细的细胞核注射器，格登拿来了空心的玻璃棒（直径与铅笔芯相当），他把它们悬在火上烤，直到中间软化。然后，格登夹住玻璃棒的两端，小心翼翼地向外拉，直至玻璃管中心的直径变得比细胞更小。经过练习，后来的他能在 1 个小时内制作 12 根微量移液管，这足够他一整天实验的需要。

显微注射本身才是最大的难点。格登手持他的"迷你鱼叉"，用细细的尖端对准蛙卵的外膜，然后用力刺下去，结果却是什么都没有发生。他本以为能够刺穿细胞柔软的外壁，可微量移液管只是把细胞挤扁了而已，就像是用手指戳一个装满水的气球，气球只会被压扁而不会被戳破。卵细胞的外膜弹性十足，犹如穿着一件胶衣，这让格登无法触及宝贵的细胞核。布里格斯和金没有碰到这个问题，因为他们使用的实验素材是北方豹蛙，豹蛙卵的外膜相当硬，所以很容易用针刺穿。而菲施贝格实验室用的实验动物则是非洲爪蟾（*Xenopus Laevis*），此时这成了一个令人头疼的问题。格登调整了实验方案，他把玻璃管拉得更细，希望更尖的针头能让穿刺变得容易一些，结果移液管的尖端总是因为承受不了压力而折断。格登的实验陷入了困局。

命运曾在关键时刻替格登力挽狂澜，而这次又是运气帮他解了围，事情的转折是一台显微镜。绝大多数显微镜的光源都很简单，一般是用普通的灯泡照亮被观察的物体，而菲施贝格当时刚刚购买了一台以紫外线作为光源的新式显微镜。格登偶然发现，紫外线的照射能使蛙卵的胶质变得疏松，这让他得以将针刺进细胞内。然而，格登的好运还不止如此。在开始用移液管穿刺细胞并收集它们的细胞核之后，他发现紫外线摧毁了细胞核及细胞核内的遗传物质。这可真是买一送一：紫外线的照射不仅解决了细胞穿刺的问题，还能摧毁格登本就不想要的物质。

突然间，先前的愁苦烟消云散，生活变得无比美好。这下，格登只需要用紫外灯照射卵细胞，就能把它们变成去核的受体细胞，免去了一个又一个亲手剔除细胞核的麻烦。至于收集细胞核，那就更简单了，因为细胞核的供体细胞至少已经发育到了囊胚阶段，它们相对更成熟，所以不需要经过紫外线照射就能轻易地被微量移液管刺穿。

万事俱备，格登总算可以放开手脚大干一场了。在接下去的几个月里，他顺利掌握了细胞核的移植技术。格登轻松地重复了布里格斯和金的实验结果，这让他感到十分满意：通过将囊胚细胞的细胞核移植到经过紫外线照射的卵细胞内，格登诱使这些细胞核发育成了蝌蚪乃至成蛙。但格登并不满足于简单的模仿，他继续重复和改进这个实验，直到把每一个步骤都做得尽善尽美。如今的他已经能够一次性完成数十例核移植了。对格登来说，做核移植实验就像开车和打壁球一样自然顺畅。

## 重置发育的时钟

与此同时，身在费城的布里格斯和金正在努力拓展他们的实验结果。先前成功用核移植技术培育出新个体的壮举令二人名声大噪。但他们的工作充其量只是一个技术性实验而已，无论在概念层面还是应用层面都没有突破。

而就在此时，布里格斯意识到他们可以用这种技术来验证种质学说。如果魏斯曼的理论是对的，那么按照他的说法，相比未分化的细胞，特化程度越高的细胞含有的决定子（基因）应当越少。因此，核移植实验的成功说明他们在最初的实验里使用的细胞核并没有丢失数量可观的基因：如若不然，这些细胞核又怎么可能变成完整的新个体呢？

但到这个时候为止，布里格斯和金只用过囊胚细胞的核，而在囊胚阶段，绝大多数细胞还没有发生分化。换句话说，他们想评判魏斯曼的模型是对是错还为时过早。如果真的要检验种质学说，他们使用的细胞核就得来自特化程度更高的细胞——那些特征已经开始向特定器官靠拢的细胞。只有这样，他们才能提出下面这个关键问题：这种细胞核在移植后还能支持生物的发育吗？实际上，核移植技术让研究人员不必再纠结如何清点基因的数量：与其在细胞发生特化的时候逐个统计它们丢失的基因，不如干脆等到细胞完成分化之后，再用这种技术考验它们，看看它们有没有少什么东西。

随即，布里格斯和金将注意力转向了更成熟的胚胎，比如已经启动分化过程的时期（原肠胚阶段）、已经具有原始神经系统的时期（神经胚阶段），或者已经长出尾巴的时期（蝌蚪阶段）。二人从这些胚胎的各个部位提取细胞核，用它们来评估发育对核移植实验的成功率有怎样的影响。结果是，胚胎的发育每向前推进一个阶段，缝合胚胎能够正常发育的概率都会显著下降。相比不那么成熟的囊胚，从相对更晚的原肠胚里提取细胞核，核移植实验的成功率仅为 1/2；到了神经胚阶段，细胞核几乎丧失发育的潜力；而当胚胎长出尾芽或者开始有心跳时，实验的成功率就跌至零。[7]

这正好符合种质学说的预测。如果成为一个特化细胞——比如神经元——意味着丢弃所有与变成其他类型的细胞有关的指令，那么已经分化的细胞核自然没有能力撑起整个个体的发育。当然，不只是神经元，所有的分化细胞概莫能外。从表面上看，布里格斯和金的新实验佐证了魏斯曼的基因丢失模型。

尽管格登也做过核移植实验，但他对这样的解释不以为然（倒不如说正是因为他做过相同的实验，所以才觉得解释不对）。布里格斯和金得到的是所谓"阴性结果"，更贴切的叫法可能是"无结果"，虽然这种失败的实验没有得到预期的结果，但往往对某个研究者想要证明的结论有利。当实验的结果是阴性时，科学家的处境就变得非常微妙了：对这种结果缺失的情况，他们可以自行评判它究竟有没有意义。不同于此前的核移植实验，布里格斯和金这次的实验"没有得到蝌蚪",导致这种结果的干扰因素可能有很多。比如,可能特化的细胞比未成熟的细胞更脆弱,所以它们的细胞核更容易在高精度的核移植实验中受损。如果这就是原因,那么实验的失败就是一个技术性问题,与细胞是否丢失基因无关。

在格登看来,布里格斯和金的实验既没有证实,也没有证伪魏斯曼的理论。他认为二人先前的实验很有说服力(毕竟自己重复出来了),但他们后来的结论就没那么可靠了。格登亲身感受过核移植实验的难度,所以他能够想象,任何微小的操作错误都有可能导致这两位费城的科学家得出错误结论:这完全是一个技术而非生物学问题。

但要质疑这两位科学家的解释,格登等于是在拿自己的职业生涯开玩笑。时值20世纪50年代末,布里格斯贵为核移植技术的发明者,在科学界享有崇高地位,而格登只是一个在菲施贝格实验室求学的无名小卒。如果格登想毕业,就必须在科学期刊上发表自己的研究,而挑战学界已有的共识对一个想拿文凭的学生来说显然不是什么好主意。格登的同事曾告诫他另寻课题。毕竟,核移植技术就是布里格斯发明的,格登凭什么觉得自己能跟他一较高下呢?

同事的建议很合理,但克服重重困难走到今天的格登已经无所畏惧。年轻、执拗,再加上名不见经传(所以不需要顾忌声誉),让格登决定坚持自己的想法,他相信只要保持专注,做正确的实验,一切问题都会迎刃而解。[8]

在学习核移植操作的过程中,格登对布里格斯和金的原版技术做了两处改动。第一处改动是去核的方式，两位美国科学家的做法是先移除卵细胞的核，再植入外来的细胞核，而格登则是用紫外线摧毁卵细胞中的遗传物质。第二处改动是实验的动物模型，这个改变更为关键。布里格斯和金使用的实验动物是北方豹蛙，虽然这种动物的卵和细胞核都很大，可以降低实验操作的难度，但它也有一个严重的缺点：雌性北方豹蛙只在春天产卵，所以两位美国科学家不得不把每年的实验全部安排在一个狭窄的时间窗口里。

事实证明，这恰恰是菲施贝格选择用非洲爪蟾做实验的理由。不像北方豹蛙，研究人员可以通过给雌性非洲爪蟾注射孕激素来诱导它们产卵，这意味着他们可以在一年中的任何时候获得蛙的胚胎。以今天的眼光来看，虽然非洲爪蟾卵柔韧的胶质外膜在实验刚开始的时候给格登添了很多麻烦，但到了如今这一步，非洲爪蟾令他拥有了随时能做实验的巨大优势。由此，格登掌握了一切。他每天可以做几十例核移植，光凭感觉就能完成精巧的实验操作。他的目标也变了，不再是重复别人的实验，而是追寻新的发现，他想知道自己能否看到一些与布里格斯和金的发现不同的东西。他终于做好了准备，打算动用自己所有的专业技能和知识，只为解答一个（看似简单的）问题：发生分化的细胞是否仍然保留着新个体发育所需的全部指令？

很快，这个问题便有了答案。格登只需要在做实验时把原本未成熟的胚胎细胞换成已经分化的细胞就可以了，在他使用的细胞核中，有的发育程度比布里格斯和金用过的还要成熟。如果两位费城科学家的结论是正确的，那么这些细胞应该已经失去了所有与自身命运无关的基因——相当于发生了遗传版的蜕皮。毫无疑问，细胞失去的那些基因对受精卵发育成蛙来说是不可或缺的，按照这个道理，格登的这轮实验应当与布里格斯和金后来做的那次实验一样，不会有任何结果。

然而，事实并非如此。

当格登把更成熟的胚胎细胞核（此时的胚胎已经有了心跳或者神经系统）植入去核的卵细胞后，这种缝合细胞同样能够完成正常的发育，变成正常的蝌蚪，有的甚至发育成了蛙。核移植犹如细胞的洗礼，让年龄较大的细胞重获新生。格登的核移植实验并不总能成功，事实上，随着细胞核的成熟程度上升，实验的成功率不断下降，这与布里格斯和金的观察一致。但概率的高低并不重要，实验能成功才是问题的关键：这个实验的结果并不是阴性的。一个昨天功能还高度特化的细胞核，今天却可以指导新个体的发育。根据格登后来的回忆，他看到已经分化的细胞忘记了自己学到的一切，开始了全新的生活。

## 谨小慎微

通常而言，科学家并不是一群时常开表彰大会的家伙。在实验室里，庆贺胜利并不是常态，反而是难得一见的例外，因为新发现的喜悦很快就会被接踵而至的怀疑冲淡。我有没有犯什么错误，有没有忽略什么干扰因素？或者我是不是哪里欠考虑，以致没有得到任何结果？当你的实验结果与别人此前报告的发现相冲突时，这些问题会显得格外迫切。而如果这里的"别人"是知名的科研团体，这种自我怀疑的心情会更为突出。

在这一连串的自我反省结束后，格登还需要面对另一道难关：同行评议。科学研究中的同行评议指的是，在一项研究发现发表之前，让同一个领域内的其他专家以质疑的态度对其加以审查。之所以设计这样的出版流程，是为了尽可能避免研究出现技术性错误、忘记设置对照，或者作者没有发现的逻辑错误。正是出于这个原因，所以哪怕你有了世界上最重大的发现，喜悦的心情也只会昙花一现：你的实验结果会被从头到尾评估和批评一遍，受到严厉的斥责，需要修修补补，当它最终被接收、能够出版的时候，新发现带给你的兴奋之情早就无迹可寻了。

这本应该是格登狂喜的时刻，可他还没来得及激动，就陷入了郁郁寡欢。当看到自己刚刚完成的一组核移植实验里出现了蝌蚪和成蛙时，他冒出的第一个想法是"这太惊人了"。几乎就在同一时间，他又开始担忧。"这真的没有问题吗？""会不会有什么人为因素？"[9]比如，技术性或者计算性的错误？格登知道自己将面对一场艰苦的战斗，其他人肯定会对他的实验持怀疑或者不屑的态度。毕竟他只是一个新人，一年前才刚刚进入实验室学习。他的发现直接反驳了布里格斯和金，而这两个人正好就是他所使用的实验技术的先驱。大家凭什么觉得他的实验结果比其他两个人的更可信呢？就连菲施贝格（虽然他很支持自己的学生）私底下也认为，这个学生肯定是哪里弄错了。

格登知道，大多数批评会指向他的实验方法。他用紫外线照射的方式摧毁细胞核，借此跳过手动移除细胞核的操作，批评者肯定要拿这一点来做文章。这样做的确能让实验变得更简单，但它也带来了一种令人不安的可能性：如果格登只是"以为"自己摧毁了卵细胞的核，而实际上他并没有呢？即使从表面上看，细胞核好像被打碎了，但没准有一部分乃至所有基因都还留在细胞里，而且还能继续发挥作用。倘若如此，那么缝合细胞就拥有了两套遗传信息：一套基因来自移植（供体）的细胞核，另一套基因来自实际上根本没有被破坏的卵细胞（受体）核。仅凭当时完成的那些实验，格登无法推断究竟是哪一套基因（或者是不是两套基因联手）指导了蝌蚪和蛙的发育。他可以想象批评者对他的鄙视——那些叫人灰心丧气的尖酸评价，与多年前那位中学老师说他不适合学习科学的话语如出一辙。

"你所做的不过是展示了青蛙卵的确可以发育成青蛙！"他们肯定会这样说，"要是你这么肯定紫外线已经摧毁受体细胞核，那就证明给我们看。"

接下去该怎么办？

格登考虑过修改实验的流程，但很快又否决了这个想法。能用紫外线简化实验操作是可遇不可求的（他依然相信这个步骤的效果很可靠），他不愿放弃。像布里格斯和金那样把受体细胞的核取出并丢弃的确更有说服力，但是那意味着整个研究都得推倒重来，重新想办法解决穿刺的问题。

此时赶来救场的人是菲施贝格。格登的导师经过推理认为，他的学生需要的只是一种能够区分供体细胞和受体细胞的方法，而施佩曼和曼戈尔德早在30年前的组织者实验里就已经想到了妙计。他们只需要一种"遗传标记"，就能清楚地看到新个体到底是从哪一个细胞核（供体或受体）发育而来的。更巧的是，菲施贝格正好知道有一个绝佳的选择。他想到的工具是另一个品系的非洲爪蟾，它与格登使用的非洲爪蟾几乎完全一样，二者只有一个差别：这种非洲爪蟾的"核仁"（细胞核内的一种小型结构）有缺陷，在显微镜下一眼就能认出。[10]
所以，有无这个标记可以代表一只非洲爪蟾的来源，如果核仁有明显
的缺陷，它就是核移植的产物；如果核仁正常，它就是受体细胞的产
物。谁也不知道格登在看到与预期相符的实验结果时有多么如释重
负：由他的缝合细胞发育而来的蝌蚪和成蛙全部带着供体核的标记。
细胞核，这个负责携带遗传信息的亚细胞结构，造就了新的动物，是
它让一个细胞发育成四肢俱全的个体。[11]

　　格登还想用其他方法来提高实验的可信度。作为供体的细胞再也
不是随便挑选的了，格登会根据外形，挑选那些他认为已经发生分化
的细胞。比如位于小肠指状突起（被称为"微绒毛"）、负责执行吸收
功能的细胞，哪怕是批评者也无法否认这样的细胞肯定是分化细胞。
为了寻找能够进一步证明核移植没有丢失任何基因的证据，格登把通
过核移植培育出的个体再次拿来做核移植实验，结果发现实验的成功
率没有差别。核移植实验可以一遍又一遍地重复，培育出一代又一代
的新个体。

　　随着时间的推移，格登找到了更好的、能够区分供体和受体的遗
传标记。其中最引人注目的一个实验用到了白化蛙的细胞核，当把这
种细胞核植入体色正常的雌蛙的卵细胞后，得到的后代全部都是白化
蛙。随着技术越发纯熟，格登逐渐可以用更成熟的供体细胞核——来
自那些分化特征一目了然的细胞——培育新个体了。[12] 他的实验数据
积累得越来越多，就连观点遭到挑战的布里格斯都开始认可这位牛津
科学家的发现。格登的实验证明了细胞的发育时钟（哪怕是特化程度
最高的细胞）可以被重置，这是发育的基本特征之一。格登的发现开
启了克隆技术的时代。

图 3-3　为了证明新的成蛙是由供体核而不是受体核发育而来的，格登将一只白化蛙（呈白色）的细胞核移植到体色正常（上方正中那一只）的雌蛙的卵细胞内。由此得到的后代都是白化蛙——它们是一群克隆蛙

## 基因组当量原则

在小说《美丽新世界》中，阿道司·赫胥黎生动地描绘了一个虚构的文明，在这个文明创造的社会里，克隆人类比比皆是。[13] 小说的开头描写了一间工厂内的情形，这个工厂负责执行所谓的波卡诺夫斯基流程，其目的是大量生产完全相同的个体：

"波卡诺夫斯基流程。"主任又说了一遍，学生在他们小小的笔记本上画出了这个关键词。一个卵子、一个胚胎、一个成年人——这是常态。但经过波卡诺夫斯基流程处理的卵子会出芽、增殖、分裂。芽的数量为 8~96 个，每个芽都能长成完美的胚胎，而每个胚胎又都能长大成人。原本只能生一个人，现在能生 96 个人。这就是进步。

作为用北方豹蛙做核移植实验的技术先驱，布里格斯和金迈出了克隆动物的第一步（他们甚至在早期的部分研究中用到了"克隆"这个术语）。而利用完全分化的细胞核成功培育出动物个体的格登，更是把这种实验方法推向了从未有过的高度。[14] 格登的研究表明，至少在理论上，我们可以用任何动物的细胞核培育遗传背景完全相同的新个体——也就是克隆——其中也包括人类。但是，除了对社会和伦理的影响（之后再探讨），格登的发现在生物学界引发了强烈震荡。既然分化细胞的核能够发育成新的动物个体，那就意味着发育所需的遗传指令依然被保留在细胞核内。[15] 终于有人证明魏斯曼的理论是错误的：细胞在分化的过程中并不会丢失基因。事实是，动物身上所有的细胞都携带着全套基因，这个原则被称为"基因组当量"。

在格登取得成功之后，大批来自世界各地的科学家开始尝试用其他物种重现他的实验结果，尤其是用哺乳动物。他们想用兔子、小鼠、猪、牛和猴子复制格登的实验，但是全以失败告终。虽然用胚胎发生极早期（构成胚胎的细胞数量不到 8 个或 16 个）的细胞核偶尔能获得成功，但只要哺乳动物的胚胎发育到了比这更晚的时期，核移植实验就不会有任何结果，用成年个体的细胞做实验就更不用提了。于是，科学家开始怀疑，是不是只有蛙类可以被克隆。难道基因组当量原则是两栖动物独有的属性？

1997 年，在格登公布发现的近 40 年后，这些怀疑才被消除。由基思·坎贝尔和伊恩·威尔穆特领导的一个苏格兰课题组培育出了多莉——一只通过将成年绵羊的乳腺细胞核植入去核的绵羊卵细胞而诞生的克隆羊。正如格登取得成功的关键是把北方豹蛙换成非洲爪蟾，坎贝尔和威尔穆特的突破点也是一个技术上的细节（他们利用了细胞内部发育时钟的一个特点）。哺乳动物的卵子在正常情况下处于休眠状态，它们会不声不响地待上几个月或者几年，直到被受精唤醒并开始分裂。在 20 世纪的 60—80 年代，哺乳动物核移植实验始终没能取得成功，原因是绝大多数科学家都忽略了上面所说的问题，他们使用的细胞是那些在实验室培养的环境下高速分裂的细胞。坎贝尔和威尔穆特猜想：处于分裂停滞状态的卵细胞或许还没有做好准备接纳分裂活动旺盛的细胞核，二者的不兼容可能是克隆过程无法推进的原因。基于这个猜想，坎贝尔和威尔穆特尝试了一种简单的修正方法：在核移植前，先降低供体细胞的分裂速率，其实这等同于诱导细胞回到休眠的状态。他们的想法是对的，而多莉就是他们得到的成果。[16]

哺乳动物的核移植实验技术难度极高，成功率远比蛙类的核移植实验低。即便如此，坎贝尔和威尔穆特的成功依然掀起了克隆哺乳动物的狂潮。迄今为止，取得成功的核移植实验已有数千个，涉及的动物包括小鼠、大鼠、猫、狗、山羊、水牛、骡、马、白肢野牛、骆驼和猴子。有的克隆甚至是在原来的生物体死后多年才诞生的，使用的细胞核来自冻存的尸体。每一例成功的动物克隆实验都会让基因组当量原则更加深入人心，它的核心内容如下：

> 从合子到成熟的个体，细胞不会丢弃任何基因——哪怕是它们不需要的基因。

目前，世界上还没有任何关于克隆婴儿存在的可信报道，尽管声称他们存在的言论不绝于耳。[17] 如果说我们能从历史中学到什么，那就是：无论是什么样的技术性难题，最终都能被攻克。我们会在后文中看到，围绕这种生殖技术的伦理问题非常复杂。比如，创造两个在遗传背景上完全相同的人类（波卡诺夫斯基流程）本身就是一个可怕的想法。但是，如果我们用核移植技术培养健康的细胞，然后用它们去替换生病的细胞，这种先进的技术可以治疗很多退行性疾病，这样的图景是不是令人心潮澎湃？不管克隆技术会将我们带向怎样的未来，那都是布里格斯、金和格登当初在琢磨怎么用针刺穿蛙卵时所不能想象的。

先是在年轻时与科学失之交臂，然后阴错阳差地开始学习科学，后来在学生时代又因为偶然修改了实验的流程而有了其他人难以比肩的大发现，没有人比格登更清楚机缘巧合在他的职业生涯中扮演了怎样无可替代的角色。在很多年里，他的人生轨迹就像细胞为寻找自我而经历的未知旅程。在弄清自己应该承担哪种职责的过程中，细胞既受到内部罗盘的指引，又要根据外界施加的影响随机应变。我们已经看到，胚胎的发育是先天因素和后天因素联手合作的典型例子。

格登拿过生物学界几乎所有的奖项（包括 2012 年诺贝尔生理学或医学奖），他把年轻时走过的弯路——老师写的那封令他感到气馁的信、无疾而终的参军和求职，还有被昆虫学系拒之门外——看作一系列幸运的意外。如果不是这些偶然事件导致他无缘研究昆虫，让他无法将最初构想的职业规划变成现实，他永远也不可能取得今天这样的成就。

尽管如此，当话题转到那些将他引上生物学道路的小飞虫时，格登的眼神里依旧闪着喜悦的光芒。"要是哪天不用再管实验室了，我可以想想能用昆虫做点儿什么想做的实验，比如研究蛾的花纹是如何形成的。"他一边打趣，一边说起18—19世纪的教会牧师会花费好几年时间，对蛾和蝴蝶的花纹分门别类，极尽详细之能事。[18]这些分类方式对现代昆虫学家来说同样有用，相关的描述面面俱到，十分完备，不仅会探讨大自然赋予昆虫什么样的花纹，就连有意避免了哪些花纹也有所涉及。格登双手比画，生动地说明自己的观点，他承认这些生物身上的花纹可能太过复杂，光从基因的角度或许很难理解这种现象。

在某种程度上，这正是格登实验最本质的启示：仅靠基因并不能决定命运。尽管全身细胞的形态各异，但它们携带的遗传信息是一样的，这证明遗传物质本身并不足以决定细胞的命运。神经元"知道"自己是一个神经元，肌肉细胞也"知道"自己是一个肌肉细胞，尽管这两种细胞携带的遗传指令并没有什么差别。

这个简单的事实催生了一个严重的悖论，如果多一个基因或者少一个基因对细胞的命运没有决定性的影响，那么细胞的命运到底是由什么决定的？如果动物身上的数百、数百万，乃至数万亿个细胞都含有完全相同的基因，大自然究竟该如何协调这些细胞的位置、形态和功能呢？这些问题的答案隐藏在某些与此毫不相关的现象里：细菌的饮食习惯，以及病毒的休眠习惯。

# 第 4 章

## 基因的开启和关闭

无所不谈，无所不论，言人人殊，莫衷一是，是谓科学。

——维克多·雨果，《知识分子的自传》

艾略特对诗歌的看法同样适用于DNA："所有的意义都取决于释义的方式。"

——乔纳·莱勒，《普鲁斯特是个神经学家》

刚满 30 岁的弗朗索瓦·雅各布惶恐地走进安德烈·利沃夫的办公室，他每次都担心这有可能是自己最后一次踏进这道门。距离复员已经过去了很多年，雅各布曾在自由法国的军队里服役，到突尼斯和诺曼底抗击纳粹。战争结束后，他一度失去了人生的方向，不知何去何从。青少年时代的雅各布曾梦想当一名外科医生，用手术刀和绷带治疗病患，但他的腿在战场上受伤，连年的手术治疗、反反复复的并发症和康复治疗对他的身心造成重创。回到巴黎的雅各布读完了医学课程，可他心里明白，自己永远都不可能行医了。他打过各种零工，试过追寻别的目标，但没有一样适合他。如同许多其他生活在那座大都会里的人，雅各布被命运的洪流裹挟，身不由己地向前，每天浑浑噩噩，不知人生的意义是什么。

恰逢此时，一场晚宴给他带来转机。晚宴上的一名宾客讲述了自己的故事（一位与雅各布同龄的远房亲戚，而且同雅各布一样，他也是一位退伍军人），雅各布发现对方的经历与自己惊人地相似。这个男人名叫埃贝尔，他一直对医学心驰神往，战后也不得不放弃当医生的志向。但二人的相似之处到这里戛然而止，因为紧接着，埃贝尔干了一件非常激进的事：在没有任何资历的情况下，他开始从事科研工作。雅各布大吃一惊。重新选择一个完全不同且对智力要求颇高的新领域，他从未想过居然还有这种另辟蹊径的办法。一个人需要多大的勇气才能下定决心，为一个不太可能实现的目标而努力（尤其是他已经 30 岁），并最终得偿所愿。

雅各布继续听眼前这位新朋友讲述自己在实验室的日常工作，埃贝尔的任务是培养酵母并记录它们的特性。雅各布从埃贝尔身上看不出一点儿只有他能胜任这份工作的迹象：埃贝尔似乎并不比雅各布更聪明或者见多识广，他在决定改行时靠的也不是什么独特的技能或天赋。然而，就是这样一个没有任何经验的人，却从容地在巴黎一个知名实验室谋得了一份差事。雅各布感到内心有一种情绪在翻涌，一种他已经整整 10 年没有体会过的东西：希望。

重整旗鼓的雅各布向法国巴斯德研究所提出就读申请。一个世纪前，路易·巴斯德证明了微生物是导致疾病的元凶，而这个享誉世界的研究所正是用他的名字命名的。雅各布被录取了，他选择攻读研究所的"大课"，这是一门为期一年的理论课程，内容涵盖细菌学、病毒学和免疫学。科学讲求严谨的方法和简明的真相，这些都让雅各布如鱼得水，而在一年的理论课程临近尾声时，他得找一名实验导师，由这位导师来教授他如何开展科研实践。

雅各布选择接触安德烈·利沃夫，他个子很高，是研究所的微生物学主任。利沃夫的实验室研究的东西是噬菌体，艾尔弗雷德·赫尔希和玛莎·蔡斯曾用这种能够感染细菌的病毒证实DNA才是遗传信息的载体。不过，相比研究的方向，雅各布更看重利沃夫的名气：他相信，利沃夫一定可以把自己培养成真正的科学家。可是，当雅各布向这位德高望重的科学家不止一次地提出想加入他的实验室时，却遭到对方的断然拒绝。利沃夫每一次都会亲切周到地与这位新人会面，然后礼貌地告诉他，实验室目前不缺人（真相是雅各布缺乏经验，而利沃夫有很多候选人）。

但在1950年夏季的某天，正当雅各布几乎不再奢望加入利沃夫的实验室时，这位主任却发生了某种转变——他的态度友善了许多，眼神里流露出了真心诚意的温情。

"你知道吗，我们刚刚发现了原噬菌体的诱导。"利沃夫带着微笑宣称。

"真的吗，不会吧？"雅各布尽力摆出一副既难以置信又非常兴奋的样子。当时，他肯定没听说过原噬菌体，也不可能知道什么是原噬菌体的诱导，就算当天晚上回去查字典，他也找不到这两个术语。直到这一刻，雅各布才意识到7年随波逐流的生活锻炼了他的胆量和脸皮。

"你对研究噬菌体感兴趣吗？"利沃夫暗示他。

"我正想研究这个呢。"雅各布回答，然后头也不回地奔向属于他的未来。[1]

利沃夫热情谈论的原噬菌体是一种形似卫星的病毒，被称为"兰木达"（也就是希腊字母"λ"）。同所有病毒一样，λ无法靠自己独立完成复制，而是需要宿主——大肠埃希菌——才能产生大量新的病毒粒子。这种病毒会先附着到细菌表面的受体上（在漫长的进化中，病毒学会了利用这种蛋白质作为中继站），然后把自己的DNA注入细菌内。

在基因组安全地进入宿主内部之后，λ噬菌体必须做一个简单而关键的决定：究竟是保持清醒，还是陷入沉睡。这个决定很大程度上取决于细菌在受到感染时的代谢状态。如果营养充足，病毒就会抓住机会增殖。它完成这个壮举的方法是诱使细胞启动DNA的复制机制，产生大量病毒粒子。最终，宿主细胞会因不堪重负而破裂，或者"裂解"。因此，病毒在细菌内大量复制的状态也被称为"裂解周期"。而如果营养稀缺，病毒就会进入休眠状态，一直蛰伏，直到环境改善。这个休眠的状态被称为"溶原周期"。

是裂解还是溶原，这个选择造成的后果对噬菌体和宿主来说都很重要。溶原周期是入侵者按兵不动的状态，这给了细菌喘息的机会；而裂解周期则意味着细菌大限将至，以及新病毒的诞生。当处于溶原状态的噬菌体在细菌的染色体里安逸地沉眠时，它就被称为"原噬菌体"。因此，利沃夫对雅各布所说的噬菌体诱导，意思其实是设法把沉睡的噬菌体唤醒，就像是一种病毒闹钟（他发现只要用紫外线照射细胞就可以了）。

利沃夫和雅各布都不可能预见到，作为一个冷门领域，研究调控噬菌体行为的生物学系统居然直接跟一细胞问题扯上关系。从表面上看，这些结构简单的生物与远比它们精巧复杂的人体没有任何相似之处。但大自然懂得精打细算，它会反复利用同样的手段来解决生物在进化中遇到的各种问题，这种渊源将微生物和人类联系起来。出于这个原因，决定噬菌体是否应该休眠的那股力量与细胞社会给细胞分配位置的机制便有了确切无疑的相通之处。

## 阁楼

如果奥古斯特·魏斯曼是对的，即遗传物质的构成支配着细胞的命运，那么，胚胎发育会比现在更容易理解——新物种的出现完全是因为基因组发生了改变。但正如我们在上一章看到的，约翰·格登的发现表明，分化的道路并不是由细胞里还剩下哪些基因决定的，而是另有原因。大脑、肾脏、心脏和肺的细胞一点儿也不像，可它们携带的 DNA 几乎相同。这种基因组当量的现象带来了一个显而易见的疑问：既然人体细胞的基因构成千篇一律，为什么它们的形态和功能却五花八门？是什么导致每种细胞区别于其他类型的细胞？

答案是基因调控：在一个特定的细胞内，基因组的每个部分并不都是可以读取的，有些可以读取，而有些不可以读取。

你可以把胚胎发育想象成一场戏剧表演，基因组是剧本，而细胞是演职人员。早在排演开始之前，所有参与者（包括演员、制作人员、设计和导演）都会得到一份完整的剧本，以便他们能够知道舞台上每时每刻都在发生什么。对一个演员来说，光知道自己的台词是不够的，他必须对一切都了如指掌，因为角色的动机、欲望、恐惧，还有能力全都隐藏在剧本里。制作人员也必须有完整的剧本，因为他们要根据情景准备服装、布景、打灯和设计音效。剧本规定了情节的展开：故事从哪里开始，往哪个方向发展。

类似地，每一个发育中的细胞都会得到一份完整的剧本——基因组——并且终生携带。在细胞知晓自己应该扮演什么角色后，它会挑出遗传文本中特定的部分，像排戏的演员一样，在旁边的空白处标注笔记。细胞通过修饰基因组来学习台词，它们知道哪些部分应该重点关注，哪些部分应该忽略，这便是基因调控的本质。凭借贯穿整个胚胎发育过程的彩排，重要的台词渐渐得到强化，而其他演员的台词则慢慢被淡忘。等到动物出生时，每个细胞都学会了如何扮演相应的角色，它们在细胞的舞台上纵情发挥，你只需要根据细胞表达的基因就可以辨别它们的身份。

如果你问当时的利沃夫，噬菌体是怎样在裂解周期和溶原周期之间来回切换的，他绝对不可能想到是基因调控：在那个时代，遗传物质可以被调控简直是天方夜谭。这倒不是因为利沃夫质疑基因在生物学中的重要性，恰恰相反，正是因为基因在生物学家眼里过于重要，所以他们无法想象基因与细胞里其他平凡无奇的日常活动有任何关系。当时的人们认为，细胞的行为由且仅由酶（细胞用于催化化学反应的蛋白质）全权负责，基因不会直接参与这种"群众活动"。作为遗传物质，人们认为DNA的活动是被动的，它只负责启动神奇的发育过程，至于具体的过程是如何执行的，它并不会过问。

1950 年 9 月，雅各布出现在了利沃夫那间位于法国巴黎巴斯德研究所顶楼的实验室，那本是这栋建筑庄严的孟莎式屋顶下多余的空间，利沃夫给它取了一个外号，叫 "le Grenier"（阁楼）。阁楼与位于意大利那不勒斯的意大利国家动物学研究站很像，后者是科学研究的温床，半个世纪以前，杜里舒、博韦里和摩根等人就是从那里走出来的。阁楼里弥漫着一种紧张感和使命感，虽然空间逼仄，但充满活力的精神生活创造出属于自己的广阔天地——一个由好奇心和专业交流维系的领域。雅各布被这种氛围迷住了。

阁楼的走廊扮演了活动中心的角色：这是一片公共区域，白天，各个实验室的科学家经常聚到这里，分享他们最新的发现。但是，阁楼里还有另一处科学家聚会的地方，那就是雅各布的实验室，因为那里摆着阁楼里唯一一张足够所有人落座的大桌子。每天下午 1 点，阁楼的科学家都会带着玻璃水瓶及装满肉和三明治的午餐盒来到这里，在桌边占一个座位。

随即，讨论开始。先是有人提出一个想法，然后大家把它掰开揉碎，仔细审视每个细节，结果要么是把众人的观点整合起来，重新得到一个更成熟的新想法，要么是将它完全摒弃。每个想法都会有感兴趣的人，它会被揉搓、把玩、磨碎，层层过筛，直到变得无比细密，大家才会移步下一个话题。话题涵盖的范围很广，主题可以是科学、个人生活或者政治。话题的切换也很快，上一个话题还很严肃，下一个话题就变得无关紧要；或者前一秒还在集体讨论，下一秒就变成一对一的辩论。期刊论文、刚刚出版的新书、旅行见闻、战争回忆、研发原子弹的科学家扮演的角色和他们需要承担的职责、麦卡锡主义造成的恶劣影响、法国政治，这些都是阁楼午餐会上常见的主题。但只要时间一到下午两点，前抵抗军战士雅各布心里就只盼着一件事：大家最好赶紧走，这样他就可以继续做今天的实验了。[2]

就定义本身而言，胚胎发育是一种只有多细胞生物才有的特征。可是在 20 世纪 40 年代，生物学家却反其道而行之，他们放弃了前辈钟爱的海胆、蛙、蝾螈和果蝇，转而开始研究更简单的生物：细菌和寄生细菌的噬菌体。引领这种转变的人是马克斯·德尔布吕克，他本是加州理工学院的物理学家，后来改行成为生物学家。德尔布吕克提出，如果不知道最基本的生物学单位——细胞——内部的工作原理，我们永远不可能理解结构更复杂的动物。至于要研究哪种细胞或者哪种生物，他认为并不重要。事实上，越简单的生物学体系就越是理想。德尔布吕克相信，作为一种生物学体系，动物还是太庞杂了，不利于基础性研究。

生物学研究转向微生物还有更贴近实践层面的原因。培养动物细胞既麻烦又昂贵，哪怕今天也是如此，它需要成熟的培养条件，还要用到无菌技术（为了防止微生物混入）。相比之下，细菌的培养基很简单，只需要最基础的营养成分，比如糖、氨基酸和盐。有了这些物质，细菌就能以惊人的速度分裂：每 20 分钟完成一轮。这意味着单单一个细菌就可以在一天之内产生千万亿个后代（如果是噬菌体，这个数字还会更大）。

德尔布吕克的观点激励了 20 世纪中期的分子生物学家，他们靠微生物积累了大量令人印象深刻的研究成果。奥斯瓦尔德·艾弗里根据肺炎链球菌的致病性实验得出了 DNA 是遗传物质（"转化因子"）的结论，这个发现后来又被玛莎·蔡斯和艾尔弗雷德·赫尔希的噬菌体实验证实。德尔布吕克曾与生物学家萨尔瓦多·卢里亚一起，利用这些微生物证明了突变是自发产生而不是由环境中的选择压力诱导的，他们的工作为达尔文在近一个世纪前提出的自然选择提供了实验证据。

尽管噬菌体是一种相对简单的生物学体系，但不管是利沃夫还是雅各布都没有想到，研究 λ 的诱导（设法将细菌宿主内的它从休眠状态中唤醒）比预想的要复杂得多。问题非常多，但可用的工具非常粗糙落后。长期困扰他们的其中一个问题是，宿主在噬菌体诱导中扮演什么角色。无论怎么看，噬菌体都不像是有自己的意志，它们不太可能靠自己决定是沉睡还是醒来。更有可能的情况是细菌也参与了决策的过程，而且病毒和宿主之间存在某种相互作用，用来协调这种"决定"。雅各布决定把自己的精力投入研究作为宿主的大肠埃希菌。

1954 年，雅各布获得了博士学位，他的毕业论文是进入微生物学领域的"敲门砖"，只可惜文章本身并没有多少新颖的见解。毕业后，雅各布与巴斯德研究所的同事伊利·沃尔曼成为朋友。沃尔曼正在研究一种类似交配的细菌行为，这种行为被称为"接合"。接合现象是乔舒亚·莱德伯格和爱德华·塔特姆在 20 世纪 40 年代发现的，它让细菌得以通过交换遗传物质来应对环境压力。（这种共享遗传物质的方式是导致抗生素耐药性在细菌中蔓延的主要原因。）通常，这个领域的科学家把能够向其他细菌传递遗传物质的菌株称为"雄性"，把只能接收而不能传递遗传物质的菌株称为"雌性"。当时的人们对接合的认识还刚起步，但加州理工学院的沃尔曼除外，他一直与德尔布吕克合作，已经在这个领域有了不小的收获。

沃尔曼的洞见之一是他发现我们可以利用接合来绘制细菌的染色体图（类似摩根和斯特蒂文特在几十年前绘制的果蝇基因图）。这种实验需要研究者在雄性和雌性细胞混合后的不同时间点（10 分钟、20 分钟及 30 分钟后）人为地中断细菌的交配过程——沃尔曼把细菌接合称为"琴瑟和鸣"。只要观察有哪些性状在每次接合中断之后完成了转移，我们就能确定与这些性状对应的基因在染色体上的排列顺序。举个例子，假设性状 X 在 10 分钟内完成转移，性状 X 和 Y 在 20 分钟内完成转移，而性状 X、Y 和 Z 要 30 分钟才能完成转移，那么这三个性状对应的基因在染色体上的顺序肯定是 X–Y–Z。[3] 至于用来打断细菌接合的工具，则是一台由沃尔曼贡献的厨房搅拌机，那是他之前买给妻子奥迪尔的。[4]

雅各布与沃尔曼达成合作，在绘制染色体图所需的数不清的计算中摸着石头过河。在这个过程中，雅各布硬是挤出时间做了几个自己的实验，这些实验或许能解释噬菌体诱导。其中一个实验的结果尤其引人注目。当雅各布让携带着休眠噬菌体的细菌（雄性）与"纯洁的"细菌（未被感染的雌性）接合时，病毒几乎立刻苏醒过来。雅各布给这种现象取名"合子诱导"。利沃夫曾为发现紫外线能够唤醒休眠的病毒而激动不已，合子诱导无疑是一种不同于紫外线的新方法。但是，这个实验结果的意义不止如此，因为它表明，唤醒噬菌体的并不是闹钟：其实是分子镇静作用（细菌对病毒复制的抑制）的消退让原噬菌体苏醒过来。接合导致病毒的基因组进入了缺乏这种镇静作用的细菌内，所以它才会复活。雅各布想到，噬菌体之所以陷入沉睡，并不是因为它们"缺少"什么，而是因为溶原菌里有某些东西在强迫它们休眠。

这个事实值得被记上一笔，因为它总有一天会派上用场。但是眼下，雅各布既不清楚这种分子安眠药究竟是什么，也不知道它如何发挥作用。噬菌体的神秘一如往昔。

## 另一种选择

你得是一个厚脸皮的人，才能在阁楼生存：观点的碰撞非常激烈，有时还伴有人身攻击。但这种切磋的目的很明确，每一轮铺天盖地的批评都会催生有关新实验的点子，可以证实或推翻某个理论。每一次争论都意味着还有其他必须排除的可能性，这是一种透彻的分析，也是一种进步的方式。细菌和噬菌体的增殖速度很快（只要不到1 个小时就能翻倍），所以关于它们的情况每天都有更新：午餐时讨论完，下午就可以做实验，第二天早上检查结果，然后大家又在午餐时互相汇报最新的发现。这是一个假设、推翻，然后修正的循环。

与雅各布和利沃夫相距最远、位于走廊另一端的实验室里，还有另一名微生物学家——比雅各布年长 10 岁的雅克·莫诺。当时的他正在全神贯注地研究细菌的进食习性。莫诺在战争爆发前就完成了科研训练，所以他不像雅各布，吃了那么多战争的苦，走了那么多痛苦的弯路。莫诺步入科学世界的过程远比雅各布悠闲，从本科毕业后到开始攻读博前的几年时间里，莫诺几乎把同样多的时间分别花在尝试科学、音乐和航海方面。

　　成为研究生后，莫诺始终对细菌选择食物的倾向很感兴趣，尤其是它们对糖类等碳水化合物的反应。如果只给细菌提供一种单糖，不管是葡萄糖还是乳糖，它们的表现并没有什么特殊之处：细菌会以指数级的速度分裂，直到食物消耗殆尽。但如果莫诺同时给细菌提供葡萄糖和乳糖，就会出现一种有趣的规律：细菌会先增殖，然后暂停，随后又开始增殖。莫诺将这种规律称为"diauxie"（二次生长，这个词源于希腊语，"auxein"的意思是生长，"di"的意思是二）。

　　莫诺推测，细菌数量的两次增长分别与两种糖对应，这个想法后来得到了证实。细菌一开始只消耗葡萄糖，这是曲线的第一段急速抬升。一旦葡萄糖耗尽，生长曲线上就出现了一段增长停滞的时期。紧接着，细菌又开始消耗乳糖，直到乳糖耗尽。然而，莫诺最感兴趣的其实是两次增长之间的停滞期，因为它代表着从一种糖转向另一种糖的过程中，细菌的内部发生了某种分子机制的切换。细菌吃东西似乎不是囫囵吞枣，它们并不是只会稀里糊涂地见什么就吃什么，而是每次只吃一道菜。至于先吃什么后吃什么，它们有自己的"策略"。

　　经过深入研究，莫诺发现细菌在获得利用乳糖的能力之前会做一些额外准备。它们尤其需要合成两种特殊的蛋白质：一种是将糖从细胞外转运到细胞内的分子通道（通透酶），另一种是将乳糖分解成可用小分子的酶（半乳糖苷酶）。[5]这两种蛋白质缺一不可，否则细菌就无法吸收或者消化乳糖，即使乳糖再多也没用。

　　相比之下，利用葡萄糖就不需要做任何准备，因为这是细菌最喜欢的食物。出于这个原因，靠葡萄糖维持生命的细菌既没有通透酶，也没有半乳糖苷酶。站在细菌的角度，这种做法合情合理——为什么要费心费力地合成自己用不到的蛋白质呢？只有当乳糖成为唯一的食

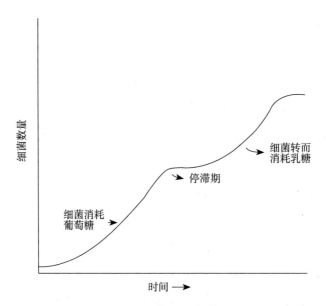

图 4-1 当有两种不同的糖（葡萄糖和乳糖）时，细菌会先消耗葡萄糖，然后通过改变自己的代谢方式，转而消耗乳糖。与这种摄食策略对应的生长模式被称为"二次生长"

物来源时，细菌才会从零开始合成这两种蛋白质，你也可以说是环境"诱导"了这两种酶的产生。总而言之，这个实验表明细菌会根据食物的情况执行相应的分子策略，这也算是微生物的一种进食逻辑。此后，我们将从这种机制中学到所有细胞（而不仅仅是细菌）做决策的方式。

1958 年夏，雅各布的思绪总是不停地回到噬菌体上。准备讲稿，四处举办关于细菌接合的演讲，他已经对这种大学学者的生活感到厌倦了。诚然，4 年来雅各布的日子算是过得不错：他与沃尔曼的合作成果斐然，自己也有了不错的名声。但有件事始终令他魂牵梦萦，当初正是这件事让他进入了利沃夫的实验室：噬菌体的秘密。他一直顾不上这件事。可是，无论他在研究细菌的接合现象上取得了怎样的成功，对解决噬菌体的问题来说都没有什么意义。

不过，这样的描述或许也不够准确，因为它忽略了雅各布和沃尔曼早年的一项成果：接合实验表明，噬菌体陷入休眠状态的原因并不是病毒的闹钟没有响，而是细菌给病毒下了安眠药。这个发现暗示了细胞内可能还有其他未被发现的分子调节系统——在遗传的剧本和细胞的演出之间发挥斡旋作用的中间人可能不止一个。雅各布在与沃尔曼合作的项目中过于专注，所以他当时没能按照自己的想法继续深究这些结果，而现在，他已经做好接受新挑战的准备。为此，他或许还需要一位新的合作者。

巧合的是，莫诺也在自己的研究里碰壁了。细菌接合现象的发现者、美国科学家乔舒亚·莱德伯格寄来一批突变的大肠埃希菌菌株，莫诺正在拼命地分析它们。莱德伯格的每个突变体都携带着一个有缺陷的基因，这个缺陷导致它们无法消化一种或多种糖。莫诺对那些不能以乳糖为食的突变体特别感兴趣，他把它们称为"*lac* mutants"（乳糖变种）。为什么细菌明明有能力同时吃下所有的糖，却非要采取分两次进食的策略，莫诺相信这些菌株是回答这个问题的关键。

莱德伯格的研究方法标志着生物学对突变的利用进入了全新的阶段。最早的突变体（胡戈·德弗里斯及托马斯·亨特·摩根研究的那些）帮助科学家建立了许多遗传的核心原则。而到了20世纪40年代，即使DNA还没有被证实是遗传分子，微生物学家也已经意识到，我们可以通过研究突变体，间接地研究细胞和生物体的功能。只要仔细分析某个基因缺失造成的后果，就能推断它在正常情况下可能扮演了怎样的角色。这就好比为了弄清一栋房子的电路，你可以每次拔掉其中一根保险丝，看看会有什么后果。

首先，莫诺从分析乳糖变种的基因入手，这些变种内的突变基因后来分别被命名为 lacY, lacZ 和 lacI。结果显示，有两种突变体（lacY 和 lacZ）完全不能消化乳糖，而第三种突变体（lacI）能直接利用环境中的乳糖，所以它的生长曲线上没有停滞期。至于这些现象的分子基础，则完全是一个谜。莫诺手头有一种可以用来测量半乳糖苷酶蛋白丰度的抗体，他决定用这种工具来研究这三个基因的功能。

起初，研究的进展很顺利。实验结果表明，有两个基因（lacY 和 lacZ）编码的产物正是莫诺在此前发现的两种对细菌利用乳糖而言不可或缺的蛋白质：lacY 编码的是通透酶，lacZ 编码的是半乳糖苷酶。所以，这两种突变体相对比较容易理解：其中任何一个基因的突变都会导致细菌无法摄取或消化乳糖，因此有这些缺陷的菌株不能以乳糖为生。

但是，莫诺始终不明白第三个突变基因（lacI）是怎么回事，它与基因、蛋白质和生物学功能三位一体的和谐图景显得格格不入。携带这个突变的菌株不需要乳糖分子的诱导就具备代谢乳糖的能力。利用能够识别半乳糖苷酶的抗体，莫诺发现 lacI 突变体的细胞内总是含有这种酶，哪怕周围环境里没有乳糖的时候也是一样。这根本说不通。莫诺此前所有的研究都显示，细菌只有在受到诱导的情况下，合成吸收和分解乳糖所需的酶，才能获得代谢乳糖分子的能力。可是，lacI 突变体却不需要诱导。

每天都在午餐时段听取莫诺研究汇报的雅各布看出，莫诺的工作同自己的工作有相似之处。他突然想到，*lacI* 基因在正常情况下的功能或许是阻碍半乳糖苷酶的合成。换句话说，*lacI* 基因很可能是一个抑制基因，正如在雅各布自己的实验里，噬菌体陷入休眠的原因是它们受到抑制。这两位科学家正在研究的很可能是抑制现象：莫诺发现的是某种抑制细菌消化乳糖的基因，而雅各布发现的则是某种抑制原噬菌体苏醒的分子。

雅各布带着自己的提议找到这位年长的同事：既然他们谁都没有能力独立研究这个问题，那为什么不合作呢？将莫诺收集的突变体和雅各布做细菌接合实验的技术结合起来，有可能真有机会解开谜题，阐明这些抑制效应的分子基础。

雅各布看着莫诺打开冷库的门，里面的架子上堆满了被霜覆盖的箱子，那是突变体安身的家，在过去一年多的时间里，莫诺一直在努力地研究它们。很快，莫诺就翻出了他想找的那只箱子。箱子里放着12支粗细与手指相当的试管，每支试管上都贴着指示试管内容物的标签——字写得很潦草，只有莫诺自己能看懂。这位微生物学家看了片刻，然后挑出了两支，那似乎就是他想找的东西。心满意足的莫诺把箱子放回冷库，转身走到实验台，雅各布正在那里等他。

这下，该轮到雅各布大显身手了。他做了一根细细的金属棒，金属棒的一端缠着一个小小的金属环。雅各布把金属环悬在火焰上消毒，确保上面不会残留任何来自前一次实验的细菌。然后，雅各布打开莫诺从冷库里拿出的其中一支冰冻的试管，直接把烧热的金属环伸进结冰的内容物里，融掉表面的一层冰。少量融化的液体（不足一滴）紧紧地附在了金属环上。每一微升液体内都含有数百万个仍处于冰冻状态的细菌，用这一滴溶液来培养细菌就绰绰有余了。雅各布把金属环伸进盛有培养液的烧瓶里搅动，然后接过莫诺拿出的第二支试管，重复整个操作过程。在恒温箱里放置几个小时后，培养液会变得混浊，此时就可以拿它来做接合实验了。细菌的交配仪式才是这个实验的重点，前面这些只是准备工作而已。

1959 年，雅各布和莫诺的合作蒸蒸日上。此时，有第三位科学家加入这两个巴黎人的研究团队，他就是来自加利福尼亚大学伯克利分校、正在享受学术休假的美国生物化学家阿瑟·帕迪，三人组成了一个令人肃然起敬的智囊团。在研究课题的过程中，三人还取得了不少技术上的突破，其中最重要的一个是一种名为 ONPG 的乳糖类似物，这种物质本身没有颜色，但在遇到半乳糖苷酶时会变成黄色。[6] ONPG 让衡量酶的活动变得容易了许多，科学家只需要在诱导的过程中检测酶的浓度即可。

即便如此，每轮实验依然需要一周时间的筹划，这迫使三位科学家不得不对实验的优先级加以排序。他们都同意，第一轮实验除了对照组，实验组应该由以下两种菌株组成：（1）正常（或者说野生型）的雄性菌株，只有在乳糖分子的诱导下才会产生半乳糖苷酶；（2）雌性菌株，既没有半乳糖苷酶基因（*lacZ*），也没有神秘基因（*lacI*）。如果采用阁楼那晦涩难懂的命名方式，实验组的搭配就可以表示成：

$$♂ \ lacZ^+lacI^+ \times ♀ \ lacZ^-lacI^-$$

雅各布、莫诺和帕迪在做实验时一言不发。每过 10 分钟，他们就会从接合实验里取样，然后送到楼下，利用 ONPG 测量半乳糖苷酶的水平。不出 2 个小时，实验结果就出来了。将实验组的两种菌株混合后，半乳糖苷酶的水平开始飙升，酶合成的速率峰值出现在接合开始的几分钟后。但过了半个小时，半乳糖苷酶的合成就停止了，在这个时间点之后，重新激活合成需要额外添加诱导物，也就是乳糖。[7]

面对这个看似无关紧要的实验结果，雅各布立刻意识到，一场天翻地覆的变化就要来了。

## 信使 RNA 的发现

给一个实验取名字是十分罕见的。但帕迪、雅各布和莫诺的研究实在太过重要，所以它成了例外。为了纪念这三位科学家，三人的研究被后来的人称为"PaJaMo 实验"。虽然实验的设计很简单，但对结果的释义相当费脑。（雅各布和他的两位同事常年研究突变、接合和诱导现象，所以理解这个实验的意义对他们来说会稍微容易一些。）

PaJaMo 实验得出了很多结论。第一个结论是基因是可以调控的。在三人开始做这个实验的年代，当时的主流观点认为，是乳糖分子直接与半乳糖苷酶和通透酶相互作用。比如，其中一种模型是这样的：半乳糖苷酶一直以一种没有活性的形式存在于细胞内，直到与乳糖发生某种化学反应，它才会被激活。不过，同雅各布此前所做的噬菌体的合子诱导实验一样，PaJaMo 实验表明半乳糖苷酶的诱导也发生在基因的水平上，因为细菌通过接合传递的并不是蛋白质，而是基因。

迅速出现的诱导现象是由基因造成的。

第二个结论与调控基因的方式有关，这个过程后来被称为"抑制"。其实，莫诺先前就知道 *lacI* 的功能是抑制半乳糖苷酶和通透酶的合成，可他一直不明白这个功能是如何实现的。现在，事情稍微有了一些眉目。接合导致含有 *lacZ* 和 *lacI* 的野生型基因组进入了原本没有这两个基因的细菌内。在 *lacZ* 完成传递后，由于这时候没有抑制因子（*lacI* 编码的产物），细菌会迅速合成半乳糖苷酶（也就是 *lacZ* 编码的产物）。随着时间的推移，细菌开始合成抑制因子（编码它的基因也是通过接合进入细菌内的），这可以解释为什么半乳糖苷酶的合成会在持续半个小时后停止。换句话说，*lacI* 基因似乎能直接对 *lacZ* 基因本身施加抑制作用，而不是抑制 *lacZ* 编码的蛋白质产物。至于具体的机制是什么，三人暂时还不知道。

最后，第三个结论关乎此前基因和蛋白质之间推测的关联。多年前，乔治·比德尔和爱德华·塔特姆已经证明基因与蛋白质存在某种一对一的关系，每种蛋白质都是由一个基因编码的，反过来，每个基因都编码了一个蛋白质。[8] 不过，这个石破天惊的发现并没有回答信息是如何从遗传蓝图（以核苷酸的语言书写）流向蛋白质产物（以氨基酸的语言书写）的。人们需要一种新的范式来解释遗传信息的这种转化，而 PaJaMo 实验则暗示，基因和蛋白质之间存在一种传递信息的媒介，一种介于核酸和氨基酸之间的信使。

如果你一时无法理解上面的内容，不用担心，因为雅各布当初也花了不少时间才得出这些结论。他确信这些实验结果具有重要意义，但要把各种碎片拼凑起来，还原基因调控（基因与蛋白质产物之间的分子关系）的全貌，这个挑战还是非常艰巨的。雅各布在脑海中想过无数种可能，思考怎样的模型才能解释他们的实验结果。但每一次，他都觉得中间信使的假说是最合理的。

1959 年秋，检验这些想法的机会出现了：一场科学会议即将在哥本哈根召开，当时最权威的生物化学家和遗传学家都会出席。虽然雅各布的想法还很不成熟，但他不是一个胆小怕事的人。他认为，如果想知道自己的媒介模型有什么可取之处或者致命错误，最好的办法就是遵循这么多年来他在阁楼工作期间的一贯做法：把自己的想法告诉最聪明的人，让他们来评判。

雅各布在一个人头攒动的房间里提出了自己的猜想，他认为存在一种短命且不稳定的"信使"（他把这种神秘的分子称为"X"），可以用它来解释半乳糖苷酶在 PaJaMo 实验里起初迅速激增，随后又逐渐减少的现象。这个假说是直觉的产物，主要建立在间接的证据之上。因此，雅各布本以为自己会面对众人铺天盖地的质疑和批评。

可是，房间鸦雀无声：既没人表示同意，也没人提出反对。

弗朗西斯·克里克和悉尼·布伦纳也在现场，他们听得专心致志。克里克在 6 年前确定了 DNA 的分子结构（著名的"沃森–克里克"双螺旋结构），作为那项研究的中流砥柱，此时的他早已成为知名的生物学家；[9] 至于布伦纳，我们将在下一章介绍他的故事，这时候的他距离成名还有几年的时间。但在那个时刻，这两个人的关注点都在同一个令雅各布感到为难的问题上：DNA 的指令是如何指导蛋白质合成的呢？克里克坚称遗传信息只能单向流动，它可以从 DNA 流向

蛋白质，而不可以反过来。但这个被称为"中心法则"的主张只关注
遗传信息流动的方向，并不能解释信息是如何流动的。尽管雅各布的
假说有漏洞，而且需要引入一种捕风捉影般的 X 媒介因子，但克里克
和布伦纳不得不承认它的确有可取之处。两人都想进一步了解雅各布
的想法。

　　第二年春天，布伦纳在剑桥大学主持了一场聚会，当时他刚刚获
得高级研究员的职位。受到邀请的人包括雅各布、克里克及其他知名
的生物学家。聚会的地点选在布伦纳任职的伦敦国王学院，气氛十分
轻松，每个人都可以畅所欲言，不用担心别人评头论足。任何有价值
的事实及全世界各个实验室做过的实验都在讨论之列，这些实验证据
犹如谋杀案的线索，而众人探讨的问题则是：从基因到基因的蛋白质
产物，如果中间有某种媒介，那这种媒介究竟是什么？

　　一个模型逐渐成形，令雅各布感到惊讶的是，X 分子居然是这个
模型的核心。有一点在众人的讨论中十分明确，那就是这种分子拥有
不同于绝大多数其他细胞成分的独特性质，它必须迅速被合成，然后
迅速被摧毁。布伦纳和克里克面面相觑，二人意识到有一种刚刚被发
现的物质正好具备这些性质：被一种噬菌体（与λ噬菌体类似，但并
非λ噬菌体）感染后，这种分子会立刻出现在细菌内。它是一种特殊
的核糖核酸（RNA，DNA的近亲分子），可是由于在RNA总量中占
的比例很小，所以一直没有引起人们的重视。[10] 但这种分子的行为表
现与X分子相符，所以布伦纳和雅各布给它取了一个很贴切的名字：
信使RNA（mRNA）。

　　随着讨论的继续，这两位科学家意识到他们得在加州理工学院
度过今年的夏天了：雅各布受到了马克斯·德尔布吕克的邀请，而布

伦纳则受到了刚刚加入加州理工学院的马修·梅索森的邀请。夕阳西下，其他科学家陆续退回布伦纳家的客厅喝饮料、听音乐，只有雅各布和布伦纳还在讨论如何设计实验，他们打算揭示mRNA在DNA和蛋白质之间扮演的媒介角色。

1960年夏，雅各布和布伦纳来到南加利福尼亚州，迎接他们的是梅索森。在听说雅各布的有趣的假说后，梅索森已经对自己的部分实验技术做了改进，以便能证实或者证伪X分子的存在，以及进一步探究它的性质。那是一段一波三折的日子，有失落，也有狂喜。当又一个9月来临时，这几位科学家已经得到了他们需要的所有证据。mRNA在克里克的中心法则里占据了不可撼动的地位，它的位置在基因及基因编码的蛋白质之间。

## 抑制因子

尽管这些发现非常重要，但它们只能解释PaJaMo实验的部分结果，也就是蛋白质的诱导必须以mRNA为媒介。而PaJaMo实验的另一个特点——基因调控是通过某种抑制因子实现的——却一如既往地令人感到困惑。雅各布的思绪在噬菌体和大肠埃希菌之间来回切换，他搜肠刮肚，想为这两种看似天差地别的生物学体系如何调节基因及相应的蛋白质寻找一种合理的解释。

通常的想法认为，诱导物会直接作用于蛋白质，刺激它们的合成或活性。但雅各布知道这种解释有不对的地方。其实，噬菌体和细菌随时做好了合成蛋白质的准备，它们就像停在山坡上的车，必须依靠分子刹车——某种抑制因子——才能待在原地。在细菌里，*lacI*扮演着这个分子刹车的角色，它的功能是制止半乳糖苷酶和通透酶的合成。但是当乳糖出现之后，刹车就松开了。而在噬菌体λ里，某种依然不为人知的抑制因子阻止了病毒蛋白质的合成，让噬菌体陷入溶原周期的沉睡中，直到原噬菌体的诱导因素——紫外线——将裂解周期的刹车解除。如果说诱导因素的作用只是让抑制因子失效，那这种"诱导"名不副实，它应该叫解除抑制。雅各布，包括其他所有人，都把问题想反了。

所有这些都有助于我们从概念上理解这些现象，但这依然不能解释抑制因子如何在分子的水平上发挥作用：它抑制基因合成蛋白质的化学机制究竟是什么？雅各布怎么都无法回答这个问题，他发现自己再次遇到概念上的瓶颈。

我在前面提到过，要"撤销"对一个事实的认知是多么的困难：比如忘记身体是由细胞构成的或者沙丘是由沙子构成的，哪怕只是暂时忘记。就基因调节的分子机制而言，道理也是一样的。之所以说到这个，是因为对解答基因如何实现开启和关闭，雅各布面临的挑战是他的认识里缺少一个关键的信息：作为基因的物理实体，DNA分子会参与自身的调节。这是我无法强迫自己忘记的又一个事实，而在1960 年，没有人能预见到这一点。彼时，几乎所有的生物学家和化学家都认为DNA是不可碰触的——"它是一种神圣不可侵犯的物质，动了它就等于动了生命本身"。人们都认为，以DNA为模板，每次只能合成一个蛋白质，这就像是版画印刷工人在制作限量版的印刷品，只能用原版一幅一幅地翻印。

雅各布知道这种想法肯定不对。在PaJaMo实验里，半乳糖苷酶被诱导的速度很快，根本不是这种慢吞吞的过程能相提并论的。诱导发生后，细菌能在极短的时间里合成数量远超想象的蛋白质，有一种以复制品为模板来复制复制品的模型，倒是与这个实验的结果相符。刚刚才被发现的媒介——位置介于基因和蛋白质之间的mRNA——也让问题变得更复杂了，因为它肯定要在基因调节的理论框架里占据一席之地。

但是，最终促使雅各布找到正确答案的是噬菌体和细菌的一个共同点，这个特征从前很少引起关注：事实上，二者可以同时合成不止一种蛋白质。以大肠埃希菌为例，诱导（通过加入乳糖）引起细菌合成通透酶和半乳糖苷酶，二者的合成几乎完全同步。而在λ噬菌体里，诱导的同步性甚至更加明显：当沉睡的噬菌体被唤醒时，新出现的蛋白质不是两三种，而是多达几十种。如果基因每次只能合成一个蛋白质，那就不会出现这样的情况。

雅各布的灵光乍现出现在最令人意想不到的场合：同妻子莉丝在电影院看电影时，他突然想到了合理的解释。这个真正的顿悟时刻，雅各布将它形容为"被熟视无睹的东西震惊"。要以如此有条不紊的方式发挥功能，抑制因子作用的对象只有一种可能，那就是DNA本身！终于，阻拦雅各布前进的概念瓶颈有了一丝松动的迹象。

"我觉得我刚刚想到了一件重要的事。"他对莉丝说完便离开了电影院。

现在，雅各布不得不从这个新想法的角度出发，重新构建整套体系。各种想法像洪水一样滚滚而来，但他最终还是找到了认识这种抑制因子的正确方式。更重要的是，这下mRNA也有属于自己的位置了：如果抑制因子能与DNA发生相互作用，那它就肯定会抑制相应的信使的合成。一种理论模型逐渐浮出水面：如果一个基因被关闭，那是因为抑制因子阻碍了mRNA的合成；而如果一个基因被开启，那是因为抑制因子消失了，mRNA得以被合成。抑制因子就像一种简单的开关，调节着基因的表达。这个模型仍需雕琢，至于它是否合理，莫诺是一个完美的测试对象。雅各布确信，年长的科学家会把这个理论视为异端，因为它与DNA不可碰触的性质相悖（虽然这个性质本身只是一种假设）。[11] 他知道，只要自己能说服莫诺，那他就能说服全世界。

正如雅各布所料，他的搭档对这个理论很抵触。但雅各布坚持不懈，他不断地找莫诺讨论，一次、两次、三次，就像当年他一遍又一遍地找利沃夫。终于，这位同事开始皱眉，莫诺的兴趣被激发出来。莫诺每提出一个反对理由，雅各布就用严密的逻辑补上漏洞。渐渐地，莫诺开始理解这个理论的本质，更重要的是，他领会了它的妙处。事已至此，争论的双方已经不是雅各布和莫诺了，而是莫诺和莫诺：莫诺同时站在这个问题的两边，在支持理论和反对理论之间寻求平衡。过不了多久，莫诺就会倒向雅各布。雅各布知道自己赢了。

## 化学环路

接下来的一个月，雅各布和莫诺用一系列结果确凿的实验完善了这个模型，为认识基因调控的原理建立了基本的理论框架。这个模型的核心观点直到今天依然是正确的，不仅如此，虽然研究的细节基于细菌和噬菌体，但基本的原理适用于地球上所有生命。

基因调控的第一步是转录，也就是将DNA转化成mRNA的过程。转录巧妙地利用了核酸"碱基对"的简洁与高效，这两个性质源于DNA的化学特性。DNA是由两条反向平行的链拧成的双螺旋分子，而使两条链紧紧结合的化学亲和力来自碱基的互补配对：胞嘧啶（C）与鸟嘌呤（G）相互吸引，腺嘌呤（A）和胸腺嘧啶（T）相互吸引。[12] 举个例子，假设DNA的其中一条链上有一段序列GAATTC，那么与它对应的另一条链上的序列一定是CTTAAG。在发生转录时，DNA的两条链互相分离，这让一种名为RNA聚合酶的蛋白质得以挤进DNA的两条链之间，然后这种酶会"读取"其中一条链上的序列。由此得到的产物是一个与DNA模板呈镜像对称的mRNA分子，整个过程与用底片冲洗照片类似。

雅各布和莫诺的模型最核心的一点在于，抑制因子调节的对象是转录：抑制因子能够与特定的DNA序列结合，阻止基因转录成mRNA。当基因处于关闭的状态时，抑制因子扮演的角色类似俱乐部的保镖，它们会拒绝任何试图靠近基因的RNA聚合酶。而在基因开启时，俱乐部的大门开启，RNA聚合酶可以为所欲为，最后产生许多的mRNA。[13]

至于更具体的实例，我们可以说回大肠埃希菌的取食习性，这种细菌只有在乳糖的诱导下才会合成用来吸收（通透酶）和消化（半乳糖苷酶）乳糖分子的蛋白质。在没有乳糖分子的时候，有一种抑制蛋白（*lacI*编码的产物）结合在编码通透酶和半乳糖苷酶的DNA序列上（分别是*lacY*和*lacZ*），它妨碍了RNA聚合酶的工作，所以细菌里没有这两种酶的mRNA。可是，当有乳糖分子存在时，哪怕量很少，糖分子也会与抑制分子发生相互作用，将后者从DNA上拽下来。这样一来，RNA聚合酶就能接触到 *lacY* 和 *lacZ* 并合成许多mRNA分子。（噬菌体体内有一套类似的系统，一种由病毒编码的蛋白质会结合在噬菌体基因组的DNA序列上，阻止mRNA合成，而这些mRNA对病毒的复制来说是不可或缺的。紫外线的照射——正是利沃夫发现的"原噬菌体的诱导"——能够摧毁这种抑制蛋白，使这些基因及它们编码的致死性蛋白质得以表达。）

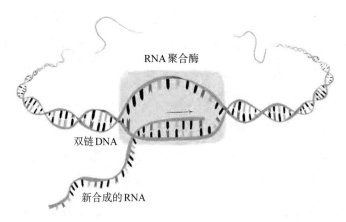

图 4-2　"转录"是指根据DNA模板合成信使（mRNA）的过程。一旦DNA双螺旋分子的两条链发生分离，RNA聚合酶就能以其中一条链为模板，合成镜像对称的复制品。DNA的序列里含有引导RNA聚合酶的信息，所以转录才能在恰当的位置启动和结束。一旦合成完毕，mRNA就会被转移，从细胞核进入细胞质，然后在那里被翻译成蛋白质

　　雅各布和莫诺的模型打开了潘多拉魔盒，里面冒出了更多的新问题：如果抑制因子调控基因的方式是关闭基因，那么会不会有能直接启动基因的蛋白质，也就是"激活因子"？（有的。）是不是有的DNA序列只会作为抑制因子和激活因子的附着位点，而不会像基因那样，参与蛋白质的编码？（是的。）动物细胞内是否有类似微生物

的基因调控系统？（有的。）这个模型能否解释为什么手握统一剧本的细胞却可以分化出不同的身份？（能部分解释。）

事实证明，从植物到动物，所有的生物都在转录调控上耗费了惊人的能量。基因组不仅编码了为数众多的转录抑制因子，细胞里往往还有数量相当的转录激活因子，后者的作用是通过增强RNA聚合酶的活性，来启动基因的表达。调控转录的抑制蛋白和激活蛋白被统称为"转录因子"，这类蛋白质存在的目的很简单，它们要么是为了启动基因的表达，要么是为了使基因陷入沉默。人类的基因组含有多达1 500种转录因子，占整个基因组的5%~10%。考虑到转录因子的功能仅仅是调控其他蛋白质的合成，这个比例可以说是很高。

如果我们后退一步，就会发现对生命来说，这种在调控上的巨大投入是有必要的。一套静态的基因组只能包含固定的遗传指令，这会导致细胞无法应对多变的环境，或者无法与其他细胞交流。如果没有一套能够灵活变通的基因组，我在前文介绍的可塑性——无论是胚胎在损失部分细胞后仍然可以正常发育，还是细胞自发地组成细胞社会——都将沦为镜花水月。转录调控是细胞适应环境变化最普遍，也是最古老的方式。因此，你能想到的几乎每一种生物学过程——从生长到自我修复，从感觉到记忆——都与不同的DNA序列以不同的速率被转录成mRNA有关。

转录只是细胞调控基因组信息的途径之一。转录完成后，下一步是翻译——将mRNA上的核酸碱基序列转化为蛋白质里的氨基酸序列。从 mRNA 到蛋白质的过程甚至比从 DNA 到 mRNA 的过程还要复杂，因为 DNA 和 RNA 的核苷酸只有 4 种，而蛋白质的氨基酸多达 20 种。因此，碱基对（碱基的配对方式保证细胞能以 DNA 为模板，精确地合成 mRNA）在翻译中扮演了另一种不同的角色。事实上，"翻译"这个术语可谓非常贴切，因为根据 mRNA 的信息合成氨基酸链确实很像一种分子层面上的语义转换。[14]

从基因的核酸序列到蛋白质的氨基酸序列，为了解释两种分子之间的对应转换关系，物理学家乔治·伽莫夫在 20 世纪 50 年代中期提出了一个理论模型。伽莫夫推断，由 3 个连续的核酸碱基构成的体系（或者说编码，比如 AAA、ATA、ATT，等等）有 64（$4 \times 4 \times 4$）种不同的组合，足以涵盖作为蛋白质基本单位的 20 种不同的氨基酸。这似乎是最符合实际的情况，因为两个核苷酸只有 16（$4 \times 4$）种可能的组合，少于 20 种氨基酸；而 4 个或者 4 个以上的核苷酸似乎又显得过于冗余（$4 \times 4 \times 4 \times 4 = 256$）。

事实上，对翻译的过程来说，"3"正是那个魔法数字。基因在被转录成对应的 mRNA 分子之后，另一种名为"核糖体"的复合体便开始扫描 mRNA 上的信息，它的目标是寻找一个特殊的、由 3 个字母组成的单词，那是蛋白质合成的起始点。类似的 3 个字母的组合被称为"密码子"，它决定了应当把哪一个氨基酸添加到不断延伸的蛋白链上。继雅各布和莫诺公布他们的发现之后，包括马歇尔·尼伦伯格、海因里希·马太、哈尔·葛宾·科拉纳和菲利普·莱德尔在内的一众科学家只用几年时间就成功地把 DNA 上 3 个字母的密码与相应的氨基酸对应起来。他们的研究成果堪称现代版罗塞塔石碑，这种"遗传密码"高度保守，它在生物学中的核心地位犹如牛顿的万有引力定律之于物理学。

遗传密码的阐明标志着分子生物学的诞生，因为从此以后，我们只要知道对应的DNA，就有可能破译蛋白质的氨基酸序列。生物化学家研制出了更好、更快的DNA测序和操纵技术，让我们能够以前所未有的视角深入认识细胞内部的工作方式。（目前，确定基因的DNA序列比确定蛋白质的氨基酸序列要快得多。）无论科学家看向哪里，他们总能发现更加微妙的分子差异：仅仅一个碱基的不同就能改变一个氨基酸，如此微小的差别却有可能对蛋白质、细胞、组织和生物体造成深远的影响。

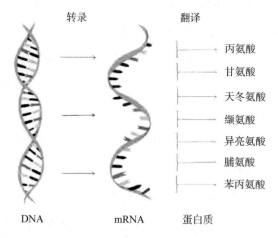

图4-3　基因用3个字母构成的密码子对编码蛋白质的信息做加密。一旦基因被转录成mRNA，另一种分子机器（核糖体）就会把核酸上的字母（每3个一组）转化为构成蛋白质的20种氨基酸。氨基酸首尾相连，形成一条分子链，每种蛋白质的氨基酸序列都不尽相同。有3个密码子（TGA，TAA，TAG）不编码任何氨基酸，它们的功能是终止氨基酸链的延长。如果把蛋白质比作氨基酸写成的句子，那么这3个"终止密码子"就相当于末尾的句号

从古到今，遗传多样性历来是生物学家最好的工具和老师。达尔

文因惊叹于物种的多样而踏上了求索的旅行，孟德尔根据植物的尺寸和颜色总结出了遗传定律。但是，这种多样性的基础始终不为人知：是什么造就了物种的多样性，又是什么造就了它们身上无数的细胞社会。不管培养多少奇形怪状的果蝇或者功能异常的微生物，如果光是依靠这样的研究方式，生物学家永远不可能前进半步——在遗传学的研究中，生物学家缺少探究因果关系的有效手段。

与基因和基因调控有关的新科学将彻底改变这个局面。有了分子生物学的工具及破解细胞语言的入门指南，科学家终于得到了合适的工具，来研究遗传的剧本如何让细胞做好迎接未知的准备。终于，遗传学和胚胎学在 20 世纪 70 年代"双剑合璧"，这让我们开始认识到，大自然为解决一细胞问题做了哪些精巧的安排。

# 第 5 章

---

# 基因与发育

> 你们已经从蠕虫变成了人，但你们基本上还是蠕虫。
>
> ——弗里德里希·尼采，《查拉图斯特拉如是说》

发育的硬币有两个面：一面是"什么"，另一面是"如何"。"什么"是描述性的：它描绘了细胞为细胞社会所做的贡献，无论这种贡献是什么。相比之下，"如何"要探讨的则是深层的原因：神奇的胚胎发生涉及哪些化学和物理过程。"什么"与我们眼睛的所见有关，而"如何"则关乎背后的机制——神秘莫测的"机器的幽灵"[1]如何为惰性的元素赋予生命。正是为了回答"如何"这个问题，亚里士多德才想出了"隐德来希"，这几乎已经触及神秘力量的范畴（因为它能将潜质变成实质）。

---

① 机器的幽灵出自英国哲学家吉尔伯特·赖尔于 1949 年出版的《心的概念》。赖尔想用这个概念指出身心二元论属于范畴错误。——译者注

在 19 世纪末之前，博物学家和哲学家的关注点几乎只有"什么"，他们的目标是对自然世界做简明的分门别类。实验胚胎学的先驱（比如鲁、杜里舒和施佩曼）是第一批探究"如何"的人，他们发现了发育的基本原理，从胚胎到发育成熟的过程由此变得清晰。但真正将"如何"置于聚光灯下的是下一代科学家，他们对生命的化学原理与对生物学的表象同样感兴趣。就算用来研究胚胎发育的实验对象是根本不会经历胚胎发生的微生物也没有关系，因为他们知道，时至今日，动物与单细胞祖先的联系依旧非常密切。

莫诺曾宣称："大肠埃希菌有的东西，大象肯定也有。"

20 世纪 60 年代，分子生物学家通过阐明遗传密码掌握了细胞的语言。不过，他们起初几乎没有可以解读的东西。就连成就生物学中心法则（遗传信息从 DNA 流向 mRNA，再流向蛋白质）的那个实验，用的也是人工合成的核酸。可是，为了认识发育，生物学家需要真家伙：那些驱使细胞改变自己的角色和位置的天然 DNA 序列。他们得再等一等，因为革命性的 DNA "重组"技术还要再过 10 多年才会出现，这种实验技术让科学家能够随心所欲地分离、测序、批量复制和转移任何他们想要的 DNA 或 mRNA 片段。

对不同的人来说，"遗传学"可以有不同的含义。笼统地说，遗传学可以指代任何与遗传或者 DNA 有关的事物。当儿子和妈妈的眼睛长得一模一样时，我们可能会把这种相似性归因于"遗传学"。类似的例子还有某些家族"代代相传"的癌症。除了相似性，遗传学也可以用来强调差异性。长久以来，包括种族、体型、性取向、个性和犯罪倾向在内的各种特征都被认为有"遗传"基础，这种认识是错误或者不准确的，除了便于孤立和贬低某些人群，没有任何其他的用处。群体遗传学家研究的是突变基因（或者说等位基因）在一个物种内的传递，而分子遗传学家的研究重点则是遗传物质本身。

对我们接下来要探讨的内容而言，"遗传学"的含义与上面所说的完全不同：它指的是利用可遗传的突变来研究生物学。换句话说，遗传学在这里代表一种研究方法。这种方法给生物学研究带来了意料之外的洞见，它的强大和美妙源于它几乎不需要什么先验知识。这种遗传学研究方法背后的逻辑很简单：通过观察异常情况来认识正常情况。如果一个基因的突变（基因型发生改变）导致一种新的或者不同的性状出现（表型发生改变），那么这个基因就一定与这个性状有某种关联。于是，生物学研究变成了一个反向推论的游戏：表型的突变成了某种标识，我们可以通过它们发现隐秘的细胞学过程，揭示隐藏在其背后的分子原理。

你可以想想托马斯·亨特·摩根那石破天惊的发现。摩根用了几年时间才找到"白眼"的突变体，而这只特殊的果蝇为"染色体是基因的物理载体"提供了切实证据。不过，摩根的发现还有另一个鲜为人知的意义。"白眼"突变体的眼睛没有颜色，这恰恰意味着果蝇经典的红色眼睛来自未突变或者说野生型的"白眼"基因。（摩根没有合适的工具对果蝇的眼睛颜色做更深入的研究，但几年后，其他科学家发现"白眼"基因编码的蛋白质能把红色色素运送到果蝇正在发育的眼睛里，这可以解释为什么这个基因的缺失会导致眼睛白化。）简而言之，遗传学为我们提供了一个答案，而这个答案的具体含义需要由遗传学家来理解和释义。

这样的研究方法能让我们得出五花八门的结论，因为它的目标不是验证假设，而是提出假设。因此，这场遗传学探险——寻找能够导致明显畸形的突变——能取得怎样的成果是不可预测的，它既有可能给我们带来某种符合主流观点的模型，也可能将现有的理论推翻，造成混乱的局面。这种研究方法不是为胆小怕事的人准备的，而对有胆识、有抱负的科学家（比如，我即将介绍的那些）来说，遗传学让他们得以拨云见日，揭开胚胎发育和一细胞问题的终极奥秘。这是回答"如何"问题的一个切入点。

1978 年，革命性的 DNA 重组技术仍处于研发之中，艾瑞克·威斯乔斯与福尔哈德正在德国海德堡刚刚成立的欧洲分子生物学实验室筹备他们的果蝇实验室。威斯乔斯是美国人，他在美国耶鲁大学获得博士学位，随后又分别在瑞士的巴塞尔和苏黎世做过博士后研究，当他 41 岁时，他搬到了德国海德堡。威斯乔斯出生于美国亚拉巴马州伯明翰市，年少时曾幻想长大后当一名艺术家。不过，堪萨斯大学的暑期参观项目让当时正在上高中的他相信，科学研究同样可以成为他挥洒创造力的领域：虽不同于视觉艺术，但做科研也能让他以新的视角看待世界。福尔哈德在法兰克福长大，比威斯乔斯年长 5 岁。她很早便对自然心生爱慕，12 岁那年，她宣称自己将来要当一名生物学家。与同样从小热爱大自然且经常在野外撒欢的约翰·格登一样，福尔哈德上学时总是心不在焉（"显然很懒惰。"[1] 这是一位老师对她的评价）。两人相似的另一点是，福尔哈德也在实验室里（而不是教室里）找到了自己热爱的事业。

威斯乔斯和福尔哈德的相遇发生在二人师从沃尔特·格林学习期

间。格林是研究果蝇的知名生物学家，他当时就怀疑，如果有朝一
日，迅速且便宜的基因测序技术得到普及，那么发育的研究就会迎来
天翻地覆的变化。而眼下，跟果蝇打交道的遗传学家需要做的仅仅是
瞧瞧这种昆虫有什么突变，给异常的情况分类，完全不用操心具体的
分子机制。或许，这样的情况会一去不返。格林预测，DNA 测序技
术终将成为连接"什么"与"如何"的桥梁。

威斯乔斯和福尔哈德一拍即合。两人都认同格林将遗传学当成一
种方法并用它来研究发育的设想，不仅如此，由于专业背景不同，二
人互补的专业技能正好是把格林的设想化为现实所需要的：威斯乔斯
有研究果蝇的丰富经验，但他缺少分子生物学的背景，而福尔哈德恰
巧是一名身经百战的分子生物学家——她的博士论文以 RNA 聚合酶
（转录的引擎，雅各布和莫诺曾预言了它的存在）为主题。但是，福
尔哈德对研究脱离生物体的分子感到厌倦。格林的实验室主要研究突
变基因，福尔哈德发现她可以把自己的分子生物学专长应用到胚胎发
育的前沿研究。当这两位科学家可以在海德堡联合成立一间实验室
时，他们毫不犹豫地抓住了这个机会。

两人对图式形成尤其感兴趣，所谓图式形成，是指细胞在胚胎中
实现正确落位的过程。半个世纪以来，科学家已经鉴定出许多与构建
形式有关的基因，这些基因的突变会导致翅膀、腿或躯干的畸形。而
威斯乔斯和福尔哈德想对发育有更为全面的认识——画出一张身体构
建的分子蓝图。在格林实验室狭窄的走廊上，在晚饭时间漫长的谈话
中，二人谋划着如何才能在他们的实验室里实现这个目标。当然，他
们的计划里也包括我们上面所说的遗传学研究方法。在二人的设想
中，他们或许能鉴定出所有与果蝇发育有关的基因，而不只是其中的

一小撮。

这是一个冒险的研究计划。两位科学家都已经 40 多岁了，如果这时候还没有自己的实验室，他们很可能这辈子都不会再有了。在大部分人的眼里，这是学术生涯中压力最大的阶段，此时的科学家已经没有经验丰富的研究生或博士后导师为自己保驾护航了，他们必须证明自己的价值和独立性。如果无法在这个关键时期得到足够的助力——发表论文和获取经费，这些东西相当于给科研生涯续命的氧气——他们的未来就很难有什么希望。威斯乔斯和福尔哈德完全可以继续安心地当他们的助理教授，选择一个普普通通的课题，像温水煮青蛙一样在博士后项目里慢慢地积累经验，其实谁也不会在他们背后指指点点，说三道四。但他们的心里有更大的想法，不成功，便成仁。

## 脑袋、肩膀、膝盖和脚趾

黑腹果蝇是研究动物发育的理想素材。这种昆虫足够复杂，具备所有动物胚胎发生应有的共同特征，与此同时，相对简单的结构又方便科学家开展详细的研究。在分子水平上，果蝇和哺乳动物有很多相似之处，因为细胞社会形成的过程在进化上是保守的。当然，二者的差别也很大。其中一个差异出现在受精发生后不久，此时的胚胎还处于发育的极早期阶段。蛙和哺乳动物（在进化上更"高级"的物种）的受精卵会立刻开始不停地分裂（卵裂），与它们不同，果蝇胚胎的细胞数量在受精完成后的几个小时内并不会增加，只有细胞核在不断复制。因为这些不断增殖的细胞核外没有成形的膜将它们包裹起来，所以果蝇胚胎的早期发育可以说是发生在一个细胞内。由此得到的细胞被称为"合胞体"：一大堆细胞核挤在卵细胞内原本属于细胞质的空间中。只有当胚胎里的细胞核数量达到约 6 000 个时（这总是发生在第 13 轮核分裂的时候），细胞核的边界才会开始形成，质膜随即将合胞体分隔成一个又一个单独的细胞。而在细胞开始自立门户之前，果蝇的胚胎则被称为"合胞体胚盘"。[2]

虽然看上去没有任何成形的结构，但这种胚盘的内部已经悄悄地组织起来了。这个核袋看似混乱不堪，实则每个区域都有各自的"空间信息"：不同的空间位置对应着果蝇成虫的不同部位，空间位置决定了细胞将来扮演的角色。令人惊讶的是，这种空间信息出现的时间比细胞边界的形成还早。换句话说，早在单个细胞形成之前，每个细胞核的未来就已经注定。如果位于胚盘这一头的细胞核将来会变成果蝇的头部，那么位于另一端的细胞核就会变成果蝇的生殖器，而介于两者之间的细胞核则分别是果蝇的胸部和腹部。这种双翅目昆虫全身的规划——脑袋、肩膀、膝盖和脚趾——早在合胞体胚盘的细胞核里就已经显露端倪。

乍看之下，这种预设图式的存在犹如先成论和魏斯曼镶嵌模型的复辟，毕竟它们都认为动物的结构在受孕的那一刻就被确定了。从汉斯·杜里舒开始，众多的生物学家已经证明发育的过程受到后天的调控，并不是生来便注定，这导致镶嵌模型理论基本在 19 世纪晚期就被抛弃了。所以，如果我们只要根据细胞核在合胞体胚盘内所处的位置，就能精确预测它们的命运，那么从表面上看，这显然是违背了可塑性的原则。

为了走出这种自相矛盾的境地，首先我们必须理解"命运"这个词在发育中的含义。《牛津英语词典》对"命运"一词的定义是根据某些哲学和流行的信仰体系,使得一切事件或者某些特定的事件在永恒的尺度上表现为预先注定且无法改变的原理、力量或者作用。因此,当莎士比亚笔下的尤利乌斯·恺撒问出"天意如此,夫可违否"时,答案是显而易见的。命运,无论是在文学里,还是在日常生活中,都被认为是一种不可改变的命中注定,是预言者刻在石头上的金科玉律。命运代表不可违背。

可是在胚胎里,命运却有着不同的含义。它代表一个组织或细胞在不受其他因素干扰时的默认结局。不过,发育中没有所谓的不可避免的命运,因为一旦条件发生变化(比如,细胞发现自己来到一个新环境),那么此前所有的预测都必须推倒重来。因此,胚胎的命运形容的是一条可以预见的轨迹,而这条轨迹本身是可变的。本质上,这与我们在杜里舒的海胆实验及施佩曼的蝾螈实验里看到的没有什么区别。虽然合胞体胚盘的每个细胞核都有各自明确的未来,但这种明确的未来始终在随条件发生变化。

在发育的更晚阶段、每个细胞核都被自己的质膜包裹起来后,果蝇的幼虫便诞生了。(你可以把昆虫的幼虫理解成为变态做准备的幼体或者毛毛虫,它是介于胚胎和成虫之间的过渡阶段。)与不具备形态的合胞体胚盘不同,幼虫的结构高度有序,包括 1 个头部和 11 个体节。每个体节都有自己独特的身份:距离头部最近的 3 个体节将变成果蝇的胸部,而距离头部最远的 8 个体节将变成腹部。构成这些部位的细胞在成熟的过程中逐渐失去自己的可塑性,而当发育进入幼虫阶段时,绝大多数细胞社会里的细胞都已经各自投身到特定的工作里。

细胞和人一样,随着年龄的增长,路也越走越窄。

## 海德堡筛查

　　在摩根发现"白眼"突变体后近 70 年的时间里，科学家又找到了几十个果蝇的变种。所有这些遗传性异常——果蝇的眼睛、翅膀、腿，以及身体其他部位出现不同寻常的形态或颜色——都为窥探胚胎的秘密提供了新的窗口。其中最怪异的一类突变是"同源异形突变"，它们会导致身体的某个部分被另一个部分替代，产生畸形的果蝇可能会多出一对翅膀，或者原本应该是触角的地方长出了腿。

　　然而，当我们想知道是怎样的遗传原理在塑造动物的形态时，摩根这种寻找突变体的研究方法就显得非常无力了。首先，这种研究方法过于枯燥。逐只检查实验动物的突变需要耗费大量的耐心和时间。不仅如此，这种研究方法只能找出那些允许果蝇存活并发育到成虫阶段的突变。任何在幼虫阶段或者幼虫之前的胚胎发育阶段起关键作用的基因都无法通过这种方法加以研究，因为这些基因突变会导致胚胎无法存活，研究人员自然没有机会看到相应突变造成的结果。因此，威斯乔斯和福尔哈德不太可能用这种标准的研究方法找出他们感兴趣的基因（他们想研究的是那些奠定果蝇身体结构基础的基因）。如果

正常果蝇　　　　　　　双胸突变

图 5-1　同源异形突变导致身体的一部分被另一部分替代。在双胸突变的果蝇中，原本应该长出平衡棒（一种用于平衡昆虫身体的附肢）的胸节却长出一对额外的翅膀

这两位海德堡的科学家希望弄清楚究竟是哪些无比重要的基因在调控胚胎的图式，那么他们就必须另辟蹊径。

这简直是强人所难：他们如何才能鉴定那些根本就无法让果蝇顺利诞生的基因突变呢？

这两位海德堡的科学家想出了一种巧妙的办法。与其设法避开这个难点（有的突变会导致胚胎死亡），不如直接研究致死性突变本身。他们发明了一种方法，专门用来寻找那些会导致果蝇活不过幼虫阶段的致死性突变。这个策略并不完美，因为并不是所有导致胚胎死亡的基因都会参与胚胎的塑造。举个例子，有些基因编码的蛋白质产物广泛地参与各种生物学活动，对维持细胞的存活至关重要，这类基因的突变同样会导致胚胎在发育的早期死亡。尽管如此，在这些胚胎致死性突变中，肯定有威斯乔斯和福尔哈德想找的基因：它们能够说明果蝇的形态从何而来。

这个研究要解决的第一个难题是如何培养突变体。像摩根那样，等着突变自然发生实在是太慢了（想想摩根熬了多少年才等到第一只白眼果蝇的出现）。所以，威斯乔斯和福尔哈德采用了爱德华·刘易斯发现的技巧，刘易斯是一名研究果蝇的遗传学家，这三个人后来一起被授予了诺贝尔生理学或医学奖。刘易斯发现，只要将果蝇暴露在甲基磺酸乙酯里，就可以使它们产生突变的精子。甲基磺酸乙酯是一种有毒的化学物质，能结合在DNA上并把鸟嘌呤（G）变成腺嘌呤（A）。福尔哈德和威斯乔斯也选择用这种方式处理果蝇，但刘易斯筛选的是成虫的表型，他们要找的则是哪些突变会影响果蝇的幼虫，尤其是那些导致发育终止的突变。

在筹备基因筛查的过程中，两位科学家只能猜测他们需要经手多少突变个体，但二人得出的估计数字大得惊人。果蝇的基因组含有超过 15 000 个基因，根据概率律，福尔哈德和威斯乔斯计算出需要 40 000 种独立的突变体，才能保证他们的分析能够涵盖每个基因的至少一种突变。如此庞大的工作量势必需要借助一批全新的技术才能完成。好在甲基磺酸乙酯每周都能催生数以千计的突变精子，至少在培养突变体的速度和数量上，它是合格的。

为了管理这种规模的研究项目，两位科学家搭建了一套粗糙的"高通量"管道系统，这让他们可以同时孵化、操纵和存放几十种突变的果蝇品系。除此之外，他们还采取了其他巧妙的研究方法。二人选择的突变诱导法完全以精子的突变为基础，因此只能得到杂合的后代（具体而言，这种后代携带着一个来自父亲的突变基因和一个来自母亲的正常基因）。可是，如果某种表型只会在纯合的后代（也就是携带两个异常基因的果蝇）身上出现，那么这两位海德堡的科学家就必须让杂合的果蝇互交，等第一代果蝇（F1）产生第二代（F2）和第三代（F3），他们才能从这些果蝇中筛出突变基因的纯合体。只要每次都把前一代果蝇保留下来，并将不同批次的果蝇分开饲养，那么即使纯合的突变体无法存活，研究人员也不用担心，因为他们手里总是有这种突变的杂合子。

果蝇幼虫的体表覆盖着一层相当不显眼的透明角质，这种雪茄形的几丁质外壳由一节一节的体节构成，扭动和伸展时的样子犹如中世纪骑士的盔甲。随着幼虫的发育，新形成的组织会紧紧地贴在角质层上，并在上面留下铭文般的印记。这种印记精确地反映了幼虫的细微结构，比如体表的毛，甚至是皮肤的褶皱。在威斯乔斯和福尔哈德这些训练有素的人眼里，角质层是一种可靠的媒介，它忠实地记录了胚胎的外形在发育过程中出现的所有差错。

海德堡筛查的前期筹备耗时将近两年，而研究的实施只用了几个月：这个研究非常简单直接，使用无数管子，繁育无数果蝇，需要无比耐心。两位科学家使出浑身解数，尽可能地在实验里引入自动化，但筛查里仍有一个环节必须靠实验人员亲力亲为，那就是检查幼虫是否有异常。研究人员只需要重点关注胚胎能否存活，而不用管细枝末节，只要发现死亡的胚胎，他们就可以顺藤摸瓜，找到那些无法活到成熟的突变体。从这里开始，科学家要做的仅仅是寻找那些死法"有趣"的胚胎。

每天，两位科学家都面对面地坐在一架双目显微镜的两侧，他们的任务是一个接一个地检查突变的角质层，快速鉴别它们的表型。如果图式正常（绝大多数突变体属于这一类），那么这种果蝇就会被略过；如果图式异常，相应的果蝇就会被保留。两位科学家意见相左的情况很少见，就是在这样的工作流程下，他们一共筛查了大约 18 000 种胚胎致死性的突变品系，并从中收获了 120 个基因，这些基因的突变都会导致果蝇的角质层发生某种有意义的形态改变。[3] 按照果蝇套房的传统，海德堡实验室发现的这些突变体都应该有一个写意的印象派名字，这种名字要能够形象地反映它们独特的畸形，比如"驼背"和"小不点"，威斯乔斯和福尔哈德希望他们筛选出的这些基因就是动物形态的"主控开关"。

以今天的眼光看，这个结果最惊人的地方竟然是两位科学家发现

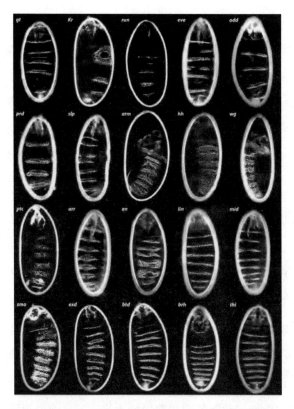

图 5-2　海德堡筛查根据果蝇幼虫的体节在角质层上留下的异常印记筛选出的各种突变。如果你对这些图式的尺寸没有概念：每个幼虫的长度大约三四毫米（经许可转载）

的基因如此之少，因为我们很容易理所当然地认为，与果蝇形态构建有关的基因在基因组里占的比例肯定远比这要高。你可以把果蝇的身体想象成一座城市，有许多复杂的建筑结构要从零开始拔地而起。在那里，城市的规划者和土木工程师负责推动城市的发展，监督基础设施的建设，相关的工作包括供气和供电、城市区划、废品管理、通信、公共交通、道路修建和食品供应。而在胚胎内，项目管理和基础设施建设的工作则落到了图式基因的肩上。城市建设需要数以千计的规划者和工程师，可果蝇只靠约 120 个公职人员就能在不到 24 小时的时间内完成任务。或许罗马不是一天建成的，但构建果蝇的幼虫的确只要一天就足够了，参与这项工程的是一小群遗传精英。[4] 事情可以不必如此，然而大自然就是要这么勤俭节约，它把规划身体布局的任务交给了一个小型委员会，任凭斗转星移，沧海桑田，每个成员的职能只能随时间的流逝缓慢地升级和微调。

## 从果蝇到蠕虫

与此同时，英吉利海峡对面的悉尼·布伦纳也在用相同的遗传学方法研究他的课题。我在前文提过布伦纳，他曾帮助弗朗索瓦·雅各布证明了 mRNA 是联系基因和其蛋白质产物的媒介。在有了这个重大发现之后，布伦纳将研究的重心从分子转到胚胎。但与海德堡的两位科学家不同，布伦纳对行为和形态更感兴趣。

20 世纪中期，欧洲各国和美国的生物学家是前沿领域的绝对主力，在南非长大的布伦纳显得格格不入，尽管如此，他也有自己的优势：布伦纳过目不忘，他的理解能力和记忆力无人能及。强大的自学能力和局外人的身份让他能够看到其他人遗漏的关联。布伦纳曾考上南非金山大学医学院，但他很早便放弃了当医生的想法。研究人类生理本质的基础科学更能激发他的想象力和热情。毕业后，布伦纳获得了前往英国做科研的机会，他也在那里度过了整个职业生涯。正是在英国，他成了知名的分子生物学家（那年夏天，他和雅各布一起去加州理工学院的经历功不可没）。20 世纪 70 年代早期，布伦纳认为分子生物学关注的问题越来越狭隘，导致这个领域变得像错综复杂的兔子洞。如果你想探究的是与发育的"如何"有关的那些问题，那么单独研究DNA和RNA的分子生物学就快走到头了，这就是布伦纳的想法。布伦纳在基因和蛋白质产物之间架起桥梁，如果接下去又由他来研究基因和功能的关系，那就再合适不过了。

促使布伦纳从生物化学转向发育生物学的正是威斯乔斯和福尔哈德一直思考的那个问题：基因是如何控制发育的？但是，布伦纳的目标更具体，某种程度上也可以说是更大胆，因为他把目光投向了生物体最有趣，也是最复杂的部分：神经系统。究竟是什么构建和塑造了了不起的神经元网络，它是一切生物行为产生的基础吗？布伦纳认为，神经系统的源头肯定是基因，只要找到正确的做法，自己就能找出是哪些基因在发挥作用。

实验对象的选择非常关键。布伦纳在研究分子生物学时用过的微生物应该不行，因为除了吃和睡（这些只对雅各布和莫诺的研究有用），它们没有任何复杂的行为。可是，拥有复杂大脑和行为的动物——比如哺乳动物和两栖动物——同样不适合。就连只有几千个神经元的果蝇，对这样的研究来说也显得过于复杂了。布伦纳推论，理想的生物应该具备下面几个特征：紧凑的基因组、简单的解剖学结构，但依然要足够高等，能够表现出可测量的行为。1970 年，布伦纳终于找到了他的实验对象：一种其貌不扬、名字拗口的杆状线虫，它的学名叫秀丽隐杆线虫（*Caenorhabditis Elegans*）。

在布伦纳选中秀丽隐杆线虫之前，人们对它知之甚少。这种蠕虫通体透明，身长只有一毫米，具有其他动物都有的行为，包括进食、移动、呼吸和繁殖。但和果蝇不同，我们不需要担心蠕虫会飞走，它们的饲养成本也可以忽略不计，只要在培养皿里放一些琼脂，这种寿命只有 3 周的蠕虫就能开开心心地过完一生。它们的繁殖能力惊人（一条线虫能产生数百个后代），以大肠埃希菌为食。就作为实验动物的标准而言，秀丽隐杆线虫的饲养难度最低。但是，秀丽隐杆线虫最吸引布伦纳的一点其实是它们的行为。这种蠕虫的行动很好预测：它们会蠕动着身体，发现奖励就靠近，遇到危险就逃避，如此原始的行为模式让它们很适合作为遗传研究的对象。

布伦纳任职的机构是享誉世界的英国剑桥分子生物学实验室，可惜的是，并非所有在那里工作的人都像他一样对线虫感兴趣。到处都有人开他的玩笑，"悉尼的蠕虫"尽人皆知，大家都很尊重布伦纳，但尊重里带着隐隐的怀疑，这就导致了一种围观的心态。对布伦纳的怀疑是有道理的。布伦纳本可以研究现成的实验对象，比如果蝇和蛙，这能为他节省许多工作量，可他偏偏要从零开始。对布伦纳来说，这是一个机会。他认为针对行为的遗传学研究必须从简单的生物入手，而线虫就是他能找到的最简单的生物了。[5]

布伦纳的遗传学研究方法很像海德堡的那两位科学家，他也像他们一样，用甲基磺酸乙酯诱导突变，但双方有一个主要区别。[6]布伦纳要找的不是异常的形态，而是异常的行为：那些不再以优雅的姿态从琼脂上滑过的线虫——这个物种的学名正是源于它们曼妙的身姿。

布伦纳找到了很多行为异常的线虫：有的不停地转圈；有的失去了流畅的姿态，摇摇晃晃、步履蹒跚；还有的瘫痪在原地，一动不动。根据这些突变体，他一共鉴定出了 77 个相关基因，这些基因的突变都能导致线虫的行动失去协调性。布伦纳把这些突变体统称为"*unc* 突变"——"*unc*"是"uncoordinated"（不协调的）的缩写——并按照顺序给它们编号（比如 *unc-1*、*unc-2*、*unc-3*，等等）。此时，线虫作为一种实验动物的价值有待评估，它可能不会像蛙或果蝇那样成就重大的科学发现。话虽如此，可是情况似乎非常乐观。在某种程度上，*unc* 基因对线虫神经系统的发育和功能而言的确是不可或缺的，虽然布伦纳也说不清它们的工作原理是什么。要确定这些或者其他在发育中扮演重要角色的基因（比如海德堡筛查鉴定出的 120 个与形态有关的基因）到底有什么功能，我们还需要等待技术的跟进。

## 完整的谱系图

布伦纳在 1974 年对 *unc* 突变做了描述，可他的研究几乎石沉大海。[7] 由于无法确定这些突变体与什么基因有关，布伦纳不得不承认，除了满足人们的好奇心——一种生理机制未知的无脊椎动物的运动障碍——它们暂时没有什么价值。但布伦纳不是一个游手好闲、坐以待毙的人，他还有很多事情可以做。线虫有一些最基本的特征依然像一个神秘的黑盒子。比如，人们对线虫的基因组和细胞解剖学几乎一无所知。倘若想让秀丽隐杆线虫成为像果蝇一样重要的实验生物（这是布伦纳的愿望），就得有人来阐明它的基因组和细胞结构。

许多人认为布伦纳是在浪费时间，但著名的弗朗西斯·克里克不这么认为。克里克在有关 mRNA 的研究中近距离地见识过布伦纳的才华，而且他和这个年轻的同事一样，对行为和神经系统很感兴趣。在造访位于美国加利福尼亚州拉荷亚区的索尔克生物研究所时，克里克找到了一个能助布伦纳一臂之力的合适人选：充满活力的化学家约翰·苏尔斯顿。在与克里克共进晚餐时，苏尔斯顿听到眼前这位大名鼎鼎的科学家介绍布伦纳打算用蠕虫研究行为的计划。他起初心生怀疑，可听着听着，一开始的怀疑逐渐变成兴趣。或许，布伦纳的设想有点儿不靠谱，可苏尔斯顿并不讨厌他的想法，反而听得有些入迷。

"做别人都在做的事，没什么意义。"苏尔斯顿认为。[8]

没过几天，事情便有了进展——在没有见过对方的情况下，约翰·苏尔斯顿决定把命运交给悉尼·布伦纳及很少被人关注的蠕虫。几个月后，苏尔斯顿收拾好自己的全部家当，从美国加利福尼亚州南部诗情画意的海滩边搬到了英国南部阴沉沉的天空下。

在苏尔斯顿加入之前，布伦纳几乎只关注有运动障碍的突变体——那些摇摇晃晃、身体僵直，或者表现出其他运动功能问题的线虫。这些早期的努力并不涉及线虫的基因组，也就是存放所有指令的保险库。两人都认为，凭借与核酸化学相关的专业背景，苏尔斯顿的第一个实验项目应该是研究线虫的基因组。

其实这非常简单直接。所谓研究线虫基因组的化学组成，就是精确测量每只幼虫平均含有多少DNA，然后除以幼虫的细胞总数。苏尔斯顿通过这种方式算出，秀丽隐杆线虫的基因组容量大约是 8 000 万个碱基（记作 80Mb），这差不多是大肠埃希菌基因组的 20 倍、果蝇基因组的 1/2，或者人类基因组的 1/40。[9]

在逐渐熟悉线虫这种实验动物后，苏尔斯顿发现了一个令他感到困扰，而布伦纳似乎没那么在意的事实：蠕虫的运动靠的是细胞，而不是基因。虽然从根本上来说，的确是DNA序列塑造了胚胎和胚胎组织，但负责执行推、拉、伸长和收缩这些动作的其实是线虫的细胞。动物的细胞构成了一个整体，它们的行动建立在社会成员之间频繁的沟通上，这与对邻居相对冷漠、只知道各自过活的微生物完全不同。发生在细胞之间的对话可能会让蠕虫做出推或拉的动作，也可能会让它们的身体伸直或弯曲、伸出或者缩回。如果谈及细胞沟通的重要性，哪个部位都比不上神经系统，那是运动神经元、感觉神经元和肌肉细胞共同作用的地方。苏尔斯顿认为，研究运动却对触发运动的细胞一无所知，犹如研究交响乐却不知道交响乐团有哪些乐器，很难说会有什么成果。

为了能够直接观察参与运动的细胞，苏尔斯顿把注意力转向显微镜的研究。他遇到的第一个难题是技术性的，原因是他想观察运动的过程。显微镜是为了观察静态物体而设计的，苏尔斯顿要观察的对象是鲜活的、会生长、会运动的蠕虫，生物的天性导致它们总是在显微镜的载玻片上左右扭动、翻滚、卷曲，或者滑动。

为了解决这个问题，苏尔斯顿把线虫放进充满大肠埃希菌的琼脂。这让线虫如鱼得水，因为它们不需要怎么蠕动就能吃饱和生长，如此一来，苏尔斯顿就尽可能地把它们限制在了显微镜的视野内。他的另一个创新是给显微镜的目镜加上了十字准星，这让他得以跟随线虫移动，就像第二次世界大战中的投弹手用十字准星锁定目标。连苏尔斯顿都没有意识到，他已经从化学家变成了蠕虫神经科学家，因为他能够根据这种无脊椎动物的行为诊断出或已知或未知的运动障碍。

如果用线虫实现他们的研究目标，苏尔斯顿相信对所有参与运动的细胞，以及它们的位置加以详细归类（类似于细胞版的物种分类）是必不可少的先决条件。为了完成这种分类，他开始以表达的蛋白质为依据，甄别细胞的种类。例如，当苏尔斯顿用甲醛固定液处理线虫时，能够合成神经递质多巴胺的细胞会发出磷光，这让它们与背景中的虫体形成鲜明的明暗对比，犹如漆黑的街道上一盏盏明亮的路灯。其他的处理方式和染料也可以让不同类型的细胞发光。

在苏尔斯顿着手编写这本细胞百科的过程中，他突然想到自己或许不需要拘泥于已有的细胞类型。苏尔斯顿在先前的研究中得知，成年线虫全身上下大概有 1 000 个细胞，这些细胞全部来自一个合子。在所有条件相同的情况下，一个细胞只需要经过大约 10 轮分裂就能产生 1 000 个细胞（$2^{10} = 1\ 024$）。苏尔斯顿设想，只要有足够的耐心，那么跟进合子细胞的每一轮分裂也并非不可能。这种做法能让他弄清成虫身上每一个细胞的"前世今生"。

细胞的传代和人类的血脉传承一样，也被称为"谱系"，而追溯细胞的谱系则被称为"谱系追踪"。这并不是一个新概念：早在 19 世纪晚期，爱德华·康克林等博物学家就曾以无脊椎动物为对象，研究过那些在发育早期发生分裂的细胞的命运。[10] 只不过，从来没有人想过梳理整个生物体的细胞谱系。如果用人类的家族打比方，这就好比收集并整理一个生活在 400 年前的人的所有后代的身份信息。苏尔斯顿的优势在于他的研究不需要借助任何史料。因为蠕虫的发育只持续几天时间，他只需要盯着细胞一轮一轮地分裂，看看每个细胞在做些什么，以及它们的后代会变成什么。

　　苏尔斯顿正是这么做的，从观察线虫的幼虫开始。他会连续几个小时坐在显微镜旁边，观察细胞的分裂和分化，观察它们逐渐形成可辨别的结构。观察每个细胞会在什么时候做些什么实在太艰苦了，以至于椅子的轮子把水泥地面压出一道凹陷。苏尔斯顿还有一个搭档，名叫鲍勃·霍维茨。霍维茨本是数学家，后来改行研究分子生物学，他是才加入线虫课题组的新成员。苏尔斯顿和霍维茨成为好友，在接下去的几个月里，他们一丝不苟地观察每一个细胞从幼稚发育到成熟的过程，并共同绘制秀丽隐杆线虫幼虫的细胞谱系图。

　　二人的努力换来了三个惊人的发现。第一个发现，每一条秀丽隐杆线虫的细胞数量都是完全一样的，这着实出人意料。在从卵内破壳而出时，每条幼虫都由 558 个细胞构成，而每条成虫则由 959 个细胞构成。看起来，线虫似乎无法容忍数字的偏差。[11]

　　第二个发现跟恒常性有关。线虫之间不只是细胞总数相同，就连每个细胞是从哪里来的也是相同的。某个位置上的某个细胞在一个胚胎里的表现与同一个位置上的同一个细胞在另一个胚胎里的表现如出一辙。大自然塑造动物的方式可谓丝丝入扣，周而复始，每个个体的发育都完全一致，至少线虫是这样的。[12]

　　第三个发现与细胞数量的减少有关，某种程度上，这是最出人意料且最重要的一点。细胞的死亡在整个动物界随处可见，它是成体和胚胎组织都有的特征，过去认为这是磨损和消耗的被动结果。可从细胞的谱系图上看，这种认识是不对的。苏尔斯顿在不同的线虫个体身上观察到，每次死亡的总是相同的细胞，而且它们的死亡总是发生在同样的时间点。这种毁灭细胞的现象完全不是随机的，而是程序性的。除了固定不变的细胞增殖和分化模式，秀丽隐杆线虫的细胞谱系还有第三种固定的过程：细胞死亡。

在梳理完从幼虫到成虫的细胞起源后，苏尔斯顿又把目光投向了发育的早期阶段，他要把这张谱系图一直回溯到那只有一个细胞的起始点。这个研究的难度更高，需要课题组刚刚招募的几位新同事的协助。经过几个月高强度的观察，他们完成了这张谱系图，用图示的方式展示了线虫的发育过程，从一个细胞（记作"P0"）到两个细胞（"AB"和"P1"）再到四个细胞（"ABa""ABp""EMS""P2"），以此类推。他们密切跟踪每一代细胞，直到发育完成。[13]

他们再次看到，每条线虫的细胞发育轨迹都是一模一样的——天生如此且丝毫不差。换句话说，你可以在成年线虫的959个细胞里随便指一个，约翰·苏尔斯顿都能告诉你这个细胞是从哪里来的，而且精确到某一次分裂。只要秀丽隐杆线虫这个物种还存在一天，它的细胞谱系（从合子到成熟个体的发育过程）就是一样的。

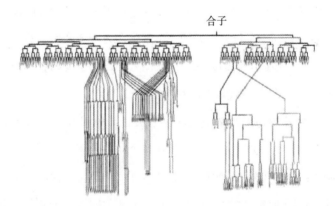

图5-3　从合子到完全成熟的个体，秀丽隐杆线虫完整的细胞谱系图。每一个成体细胞（位于每条谱系线的末端）的来源都可以回溯，一直追溯到胚胎的第一次细胞分裂

## 从突变到功能

我们已经看到，遗传学研究的美妙之处在于，只要正确的工具在正确的人手里，它就能解答与发育的"如何"有关的问题。可是在重组DNA技术面世的 20 世纪 70 年代晚期之前，要根据基因的突变推测它的功能几乎是无解的难题。筛查和确定突变基因在染色体上的相对位置是一回事，可要从物理上理解导致表型突变的DNA、阐明它们的序列却是另一回事。如果没有一种能够检验动物基因组 G、A、T、C组成的技术手段，那么遗传学家就不可能轻易确定究竟是哪个基因导致了某种突变的表型。

能够从物理上分离和操控基因，并对它们加以测序的重组DNA技术改变了一切。[14] 这正是科学家急需的工具，在经过多年的等待之后，他们终于可以把手伸向突变背后的遗传物质——那些导致形态、运动或者细胞谱系异常的分子错误。从前只注重归档动物反常特征的发育生物学，如今变成了高强度的逆向工程研究：从突变反推基因，从基因反推DNA序列，根据DNA序列推断蛋白质的氨基酸序列，再根据蛋白质的氨基酸序列推断它的功能。终于，研究"如何"的时代来临了。

海德堡筛查实验发现的每一个突变体都是潜在的信息宝库。可是，要在分子层面上鉴定所有相关的基因（推断它的DNA序列，确定它编码的蛋白质有怎样的分子功能），工作量远远超出了个人乃至整个实验室能够驾驭的范围。后来，海德堡的两位科学家各奔前程（福尔哈德去了图宾根，威斯乔斯去了普林斯顿），大量新一代研究生和博士后涌向二人的实验室，于是福尔哈德和威斯乔斯把研究其中一小部分突变体的任务交给了这些新生代。时光飞逝，这些学生后来也有了自己的实验室，由此形成了一条延续至今的科研谱系。

随着这些新生代科学家发现的数据和成果越积越多，由海德堡筛查实验发现的基因所编码的蛋白质逐渐被分成不同的类别，它们的活性都与塑造果蝇的身体有关。其中相对较大且相对有趣的一类是转录因子（能与DNA结合并调控其他基因表达的蛋白质）。居然有这么多负责调控形态的基因兼具调控其他基因的功能，这反映了发育的经济与高效：用少量上游的指令触发下游的基因活动，以此撬动整个基因组，实现级联式的信息流动。

当科学家对这些转录因子基因，以及与它们关系密切的基因做更为深入的研究时，他们发现有的基因编码了一种独特的蛋白质结构域——它的长度大约是70个氨基酸，这种结构域是其他转录因子所没有的。干扰这些基因的表达会导致同源异形突变（身体的一部分被另一部分替代，比如我们在前面看到的双胸果蝇）。因此，编码这种蛋白质结构域的DNA序列被称为"同源异形框"。后来，科学家发现带同源异形框的基因还表现出另一种独特的性质：在果蝇的基因组内，这些基因首尾相接，整整齐齐地排成一列，它们在染色体上的排列顺序正好与它们负责塑造的身体部位对应。[15]

其他基因编码的蛋白质则有不同的功能。有的是分泌蛋白质，负责介导细胞与细胞的交流；还有的只存在于细胞质内，负责将细胞表面的信号传递给细胞核。不过，最惊人的发现不止这些，当科学家把其他生物的DNA序列与果蝇做对比时，他们发现了一个改变我们对发育和进化认识的基本事实。从鱼到家禽，海德堡筛查发现的每一个果蝇基因在这些作为比较对象的动物体内都有对应的版本，几乎没有例外。我们之所以认为这些物种的基因之间存在某种关联，是因为它们的核苷酸和氨基酸序列过于相似，绝不可能是单纯的巧合。包含同源异形框的基因（简称"*Hox* 基因"）在染色体上的排列方式非常独特，即便是这种基因，也同样有跨物种的相似性：它们在染色体上的排列顺序相同。我们把这样的现象称为"直系同源"。物种不同但基因序列和蛋白质功能却很相似的现象在动物界非常普遍，人类也不例外。我们用"功能保守性"来形容这种现象。

随着科学家开始从进化的角度比较发育的机制——这个领域有一个高深莫测的名字，称为"进化发育学"——大自然会通过增加某些基因的数量并重新赋予它们新的功能，让生命之树抽出新的枝丫，这已然成为显而易见的事实。尤其是参与早期发育的基因（包括海德堡筛查发现的那些），经常出现数量倍增的情况。比如，果蝇的基因组只有 8 个 *Hox* 基因，而哺乳动物的基因组有将近 40 个 *Hox* 基因。

因此，威斯乔斯和福尔哈德发现的基因不仅是果蝇用来规划身体结构的蓝图，它们也是整个动物界通用的蓝图。事实上，一项比较果蝇基因组和人类基因组的研究发现，至少 75% 的人类致病基因有对应的果蝇基因版本。[16] 其中一些基因通过指导细胞的沟通发挥功能，这些基因的名称——*hedgehog*（刺猬）、*notch*（V 字形缺口）、*wingless*（无翅）和 *armadillo*（犰狳）——反映了当它们发生突变时，果蝇的身体会出现怎样的畸形。还有一些基因，比如含有同源异形框的 *ultrabithorax*（双胸突变）和 *abdominal B*（腹部突变 B），则具有调节其他基因表达的功能。

大自然构建人体的方式与它塑造一只果蝇的方式似乎没有什么区别，尽管这两个物种早在 6 亿年前就走上了不同的进化之路。

秀丽隐杆线虫也有类似的情况。

曾在细胞谱系的研究中协助过苏尔斯顿的鲍勃·霍维茨意识到，同样的遗传学研究方法也可以用来鉴定那些控制细胞命运的基因。霍维茨通过推论认为，这些基因或许能让我们对生物的进化保守性有更深刻的认识，于是他提出了新的筛查实验。正如前文所说，悉尼·布伦纳在 10 年前就想出了诱导秀丽隐杆线虫突变的办法。如今，霍维茨将利用同样的手段寻找突变体，只不过这次要找的突变影响的既不是形态，也不是运动，而是细胞的谱系。霍维茨和苏尔斯顿已经仔细地鉴定了每一个线虫细胞的命运，而霍维茨感兴趣的是那些导致发育提前或延迟，抑或完全不按正常图式推进的突变。

苏尔斯顿接受了霍维茨的提议，随后两人一起制订了实验的方案。他们将从线虫的生殖系统入手，因为它的细胞构成——肌肉细胞、外阴细胞和神经元——很好辨认。不仅如此，只要这三类细胞中的任何一类发生缺失，就会导致同一种明显的表现：线虫无法产卵。起初，霍维茨和苏尔斯顿找到了 24 种符合筛查标准的突变，这证明了遗传学的研究方法确实可以用来寻找能够影响细胞谱系的基因。

1978 年，霍维茨从英国剑桥搬到了美国马萨诸塞州的坎布里奇，他在麻省理工学院拥有自己的实验室，并且迫切地想要知道这些突变基因的功能。（与此同时，苏尔斯顿的研究兴趣已经转向线虫的基因组，他后来完成了秀丽隐杆线虫的测序。这是世界上第一种完成全基因组测序的动物。）同样是受先前研究的启发，霍维茨还设计了新的筛查实验，用来鉴别在更早的发育阶段发挥作用的基因。此后 15 年，霍维茨找到了数百个能够影响线虫细胞谱系的突变。霍维茨和他的继承者们发现的基因编码了各种各样的蛋白质：有的会被细胞分泌出去，有的则会留在细胞质内，还有少数是转录因子。这种情况与海德堡筛查的结果非常类似。有意思的是，他们发现有的线虫基因不编码任何蛋白质，相反，以这些基因为模板转录出的"非编码"RNA（不携带蛋白质信息的RNA分子）发挥着调控其他基因表达的功能。[17]

但是，最有趣的（同时也是霍维茨之所以获得诺贝尔奖的贡献）是那些影响细胞死亡的突变。这些突变体不是缺少了本应该有的细胞，而是增加了本应该没有的细胞。苏尔斯顿和霍维茨的谱系研究表明，细胞死亡是一种正常且刻意为之的过程。确切地说，刚刚诞生的秀丽隐杆线虫身上有 131 个细胞永远不可能活到虫体成熟的时期，这是它们预先就被设定好的命运。霍维茨的筛查实验明确了这种"蓄意的"死亡之舞的遗传基础：一类负责杀死细胞或者防止细胞被杀死的基因。同海德堡筛查实验找到的基因一样，线虫的细胞死亡基因遍布整个动物界，每个物种都有各自的诱导细胞死亡和防止细胞死亡的基因，这些基因的活动是正常发育的保障。

随着时间的推移，霍维茨的学生及其他研究这些基因的科学家终会发现，细胞的程序性死亡，或者说细胞凋亡，并不是胚胎的专利：成体组织一样会利用这种机制来维持机体的平衡。比如，当免疫系统想要消灭被病毒感染的细胞时，它最青睐的方式就是启动细胞的凋亡程序。反过来，如果身体有某个部位正处于应激状态，那么抗凋亡的机制就会发挥作用，阻止细胞死亡。总而言之，受到调控的细胞死亡——无论是正向调控还是负向调控——在植物界和动物界可谓无处不在。

到了 20 世纪 90 年代，发育生物学、遗传学、分子生物学和进化生物学基本上已经融合在一起。虽然这些学科的科学家使用的工具不同，但他们都在为解决一细胞问题添砖加瓦。而利用上面所说的遗传学方法研究线虫和果蝇，他们多少得到了一些答案：少数基因的产物——转录因子、可溶性蛋白质、细胞内信息分子和非编码 RNA——承担着构建身体的职责，不管是鱼、恐龙，还是猩猩，概莫能外。勤俭节约的大自然在生物体的发育中反复利用相同的设计理念，不断地复制和编辑比秀丽隐杆线虫和黑腹果蝇本身更古老的遗传程序。

物理学家理查德·费曼曾说："凡是我不能创造的，就是我还不理解的。"用这种标准来衡量知识显得十分苛刻，发育生物学家还远远做不到这一点。[18] 正是因为科学家在线虫、果蝇和其他生物中做了很多遗传学的筛查实验，因此就算不是所有，我们也已经发现了大部分在发育中发挥通用功能的基因，而且对它们的蛋白质产物是如何工作的也有了粗浅的认识。由此可见，我们并不欠缺对这些基因本身及其产物的认识，真正让我们感到迷惑的是发育的宏观图景：基因如何通过合作编制出一张错综复杂的网络，并在此基础上造就身体城市和细胞社会。从这种意义上来说，对"如何"的问题，我们或许才刚刚触及一点儿皮毛。法国科学家兼哲学家让·罗斯丹有一句话说得很准确，那就是："生物学家会死，而青蛙永存。"[19]

# 第6章

———

# 请指点我，拜托了！

形式永远服务于功能，这就是法则。

——路易斯·沙利文，《高层办公楼的艺术性考量》

我们生活在三维世界。所有的物体，无论是死是活，都分顶和底、前和后、左和右。在这样的空间里，新形式的可能性几乎是无穷无尽的，生物的进化充分地利用了这一点。细胞的形态和大小多种多样，它们可以散开形成组织平面，也可以聚集成管状。它们可以深入无人之境，或者定居在人来人往的闹市。细胞可以伸出或者收回肢体，可以压缩，也可以膨胀；能像波浪一样移动，也能守在一个地方，哪里都不去。正是这些属性的叠加造就了生物体的形式，而正是体型、身材比例和灵活性等形式决定了一种动物究竟是会健康长寿，还是会沦为其他动物的午餐。

在胚胎发育的早期阶段，当我们只是一团球形的细胞时，标准的维度并不存在。为了进入三维世界，胚胎必须做很多铺垫，只有这样才能把器官摆到正确的位置上，让它们拥有合适的相对大小。形态的涌现就是如此循序渐进，每一步都建立在前一步的基础上。与计算机程序不同，胚胎细胞的定位没有 $x$–$y$–$z$ 空间坐标系作为参照，所以细胞与细胞之间的关系就成为全部依据：细胞只能通过它们与其他细胞的关系"得知"自己的位置。

我们在前文中看到，胚胎里有巨量的细胞对话——细胞通过分子信号交流自己的位置及其他信息。但是，胚胎细胞能否立足并非只关注是否有信号分子，信号的强弱也同样重要。假设有一个细胞为传送分子信息分泌出某种蛋白质或者其他携带大量信息的分子，那么距离源头越远，这种信号分子的浓度就变得越低。靠近信号分子的细胞将收到强烈的信号，而远离它的细胞将收到微弱的信号，这会导致不同的结果。就像你能通过手机信号的格数判断自己距离基站有多远，动物身体里的细胞也能根据信号分子的浓度确定自己距离信号的源头有多远。这种信号强度随距离而变化的现象经常被称为"浓度梯度"，相应地，具有指示距离远近功能的分子则被称为"形态发生素"。除了这种"可溶性因子"（从源头向周围弥散的分子），细胞彼此的直接接触或者机械力（在不同的方向上推搡或者牵拉）也可以影响细胞的命运。

到目前为止，我们在考虑一细胞问题时只把关注点放在赋予细胞新身份的分化过程上，这导致另一个同样重要的问题被忽略了：为什么细胞不仅知道自己应该变成什么，还知道自己应该去哪里？生物体的图式早在发育初期便已经敲定，细胞的准确落位使组织具有了成熟的形态，再加上与之相伴的细胞分化，胚胎的既定命运就这样在预设图式逐渐化为现实的过程中一步步被兑现。这种雕琢胚胎的过程被称为"形态发生"——胚胎如何获得三维特征是一个迷人且神秘的科学问题。

生物学家刘易斯·沃尔珀特曾说过："我这辈子最重大的事不是出生、结婚或者死亡，而是原肠作用。"显然，这个宣言不是认真的，但它依然凸显了原肠作用在发育中的里程碑地位——这是未分化的细胞纷纷开始明确自己应当归属于哪种组织的转折点。在这个过程中，可塑性，或者说细胞改变自己身份的能力开始急剧下降，正如布里格斯、金和格登在他们的细胞核移植实验里看到的那样。而在命运发生改变的同时，胚胎细胞的空间分布也会发生翻天覆地的变化，这是细胞为构建成熟的生物学形式迈出的第一步。

哺乳动物的受精发生在输卵管里，输卵管过去也称法氏管。[1] 只有一个精子能进入卵子，由此得到的合子拥有成对的染色体，科学家把这样的胚胎称为"二倍体"。合子形成后便开始发生卵裂，在完成两三轮分裂后，此时的胚胎就成了呈球体的桑葚胚（morula，源于拉丁语 morum，意思是"桑葚"），含有 16~32 个细胞。这个几乎无法用肉眼看见的胚胎继续沿输卵管前进，直到进入子宫。由于母亲激素的作用，覆盖在子宫内壁表面的子宫内膜细胞已经做好迎接胚胎到来的准备。接下去的步骤是着床，胚胎被安全地植入母亲体内，生长、发育，直至出生的那一天。

此时的胚胎已经发育成了囊胚，它呈空心的圆球状，由大约 100

个细胞构成，哺乳动物的囊胚被称为"胚泡"。胚泡有两类区别明显的细胞。第一类来自内细胞团，这种分布不对称的细胞会先后发育成胎儿和动物个体；另一类来自滋养外胚层，它构成胚泡的外表面，会发育成胎盘。胚胎的着床及后期胎儿从母体获取营养，靠的都是滋养外胚层的衍生结构。

在胚胎为原肠作用做准备的过程中，内细胞团的细胞逐渐平铺成一层，这个结构被称为"上胚层"。上胚层的表面逐渐出现一道浅浅的压痕，这道压痕会不断凹陷，最后变成一条凹槽，它被称为"原条"。原条将附近的几十个细胞吞没，犹如黑洞吞噬天体。当这些细胞重新出现在原条的另一侧时，它们已经改头换面。原肠作用相当于胚胎发育版本的成人礼——它就像霍格沃茨魔法学校中的分院帽——穿过原条的细胞只有 3 种结局，它们将归属于 3 个胚层中的一个，而这 3 个胚层分别是外胚层、中胚层和内胚层。[2]

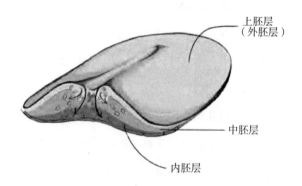

图 6-1　在原肠作用期间，上胚层细胞沿原条（中间的凹陷）迁移，随后分别形成 3 个胚层。位于最底层的细胞形成内胚层，留在最上层的细胞形成外胚层，介于二者之间的细胞形成中胚层

我们可以把胚层比作现实中的学校，3 个胚层分别相当于胚胎版

本的四年制大学、专科学校和神学院。四年制大学的毕业生成为企业
家的可能性比成为牧师的可能性更高，专科学校的毕业生成为技术员
的可能性比成为教授的可能性更高。同样的道理，每个胚层的细胞
对应该走上什么样的道路也有各自的倾向。另外，正如居民的出身和
背景越多样，社会就会越有活力，人体的绝大多数部位也同时含有
来自这 3 个胚层的细胞。将这些多样的细胞成员（刚刚从原肠作用
"毕业"）组织起来，把它们组成协调的功能单位，这正是形态发生的
目标。

## 上和下，里与外

在动物的胚胎和成体内，细胞可以被粗略地分成两大类，分别是
上皮细胞和间充质细胞。绝大多数上皮细胞来自内胚层和外胚层，它
们的标志性特征是能够紧密地排列在一起，形成屏障。皮肤的角质层
位于动物的体表，它也是视觉特征最典型的上皮组织。不过，动物的
内脏一样是上皮细胞的主场，它们覆盖在管腔的表面，构成了内脏与
外界的过渡层。[3] 虽然间充质细胞（肌肉、骨骼、肌腱和软骨之类的
东西）没有这种分隔内外的能力，但它们的重要性不比上皮细胞差，
因为间充质细胞不仅是身体的黏合剂，还是驱动肢体行动的引擎。

绝大多数器官都来自两个乃至全部的三个胚层，同时由上皮细胞
和间充质细胞构成。以肺脏为例，肺的气管来自内胚层。这些管道的
功能是运输气体，吸收氧气，排出二氧化碳。虽然气管的内表面由上
皮细胞覆盖，但包裹气管的组织是起源于中胚层的肌肉，以及起源于
外胚层的神经。在平时随意的谈话中，发育生物学家可能会说某个器

官来自某一个胚层，比如他们会说肺是"内胚层的衍生物"。这只是一种简化的说法，它只考虑了一种组织最重要的细胞成分的来源：就肺而言，最重要的细胞当然是来自内胚层的上皮细胞，如果没有它们交换氧气和二氧化碳，动物就活不下去。而对其他的器官来说，三个胚层的重要性也不一样。比如，我们可能会说心脏和肾脏"是间充质细胞的衍生物"，而大脑和皮肤则"起源于外胚层"。当然，这些器官的实际构成更加复杂。

上皮细胞最突出的特征是它们能紧紧地黏附在相邻细胞上。这种细胞与细胞之间的连接由黏附复合物介导——多种蛋白质聚集起来，几乎能够阻止任何东西从细胞之间通过，无论是脂质、氨基酸，还是离子，甚至包括水。因此，物质穿过上皮细胞屏障的途径只有一条，那就是细胞的内部，而不是细胞之间。允许特定的成分从细胞内部通过是一种主动的过程，由细胞表面的转运蛋白和通道负责，这些分子门户的功能是挑选和决定哪些物质可以通过。为此，上皮细胞必须具备区分上和下（细胞的顶部和底部）的能力。以肠道为例，小肠上皮细胞的顶部应当位于肠腔，它是直接与食物的消化产物接触的那一面。营养物质被细胞顶部质膜上的通道吸收，再被运送到（穿过细胞质）细胞的底部，然后从那里进入循环系统。只有经过适当消化的物质才能穿过上皮屏障。上皮细胞是身体的海关官员，它们只允许获得批准的对象出入。[4]

细胞是如何在发育的胚胎里找到路的？是什么东西驱使着上胚层

细胞，让它们向原条移动，并在原肠作用结束后将它们引向最终的目的地？复杂的组织（比如肺的气管，还有心脏的生物电传导系统）是如何获得各自精巧的构造的？另外，神经元如何知道只有把轴突伸向这个方向而不是其他方向，才能形成合适的突触？简而言之，究竟是什么东西在驱使形式的雕琢？

组织的塑造需要建立在细胞与细胞的交流之上，这样说应该不会令你感到惊讶。我们已经见识过某些颇具戏剧性的实例了，比如施佩曼和曼戈尔德在胚胎组织中观察到的诱导现象。他们在实验中发现，胚胎上有一个区域（"背唇"）内的细胞能发出一种信息，导致接受这些细胞的受体胚胎出人意料地长出双生体。不过，发育的诱导现象并不是非得如此戏剧性，绝大多数发育都很常规，造成的结果也平平无奇。尽管如此，从伤口愈合到心跳加速，再到突然想起再喝一杯咖啡，几乎所有的生理过程都以与此类似的分子对话为基础。

施佩曼和曼戈尔德并不清楚细胞对话的基础是什么，而今天的我们已经知道，这些无处不在的谈话是通过"信号通路"实现的——与负责塑造生物体的基因一样，信号通路也是一种在进化上十分保守的分子级联系统，它能够调节和影响早期胚胎的外形和图式。有的信号通路需要对话的双方（都是细胞）直接接触，就像人和人当面交谈；有的信号通路可以在距离相对更远的细胞之间起作用，这类信号会形成浓度梯度，不只靠分子本身，还靠信号的强度来传递信息。甚至，有的信号通路可以跨越极远的距离，比如胰岛素和生长激素等能够随血液循环到全身的内分泌物质，这让它们基本不受距离的限制。

如果我们把这些交流模式想象成各式各样的广播媒体——报纸、电视、电话，或者无线电——那么马歇尔·麦克卢汉对社会的看法也同样适用于胚胎:"媒介就是信息。"每一种分子信号对细胞来说都有不同的含义,虽然我们可能会以为,细胞用来传递指令的信号分子应该有数百种之多,可实际上,胚胎只有十几套专门负责交流的信号系统。[5]

沟通的语境同样关键。我们用感受态来描绘细胞能否对某种信号做出反应,以及具体做出哪种反应。构成肾脏的中胚层细胞和构成脊髓的外胚层细胞可能会从相同的发育信号里读出完全不同的意义。这是因为细胞的表观遗传修饰(它让每个细胞的基因组变得独一无二)决定了细胞会如何响应某种信号。(你可以想象老师说"把教科书翻到第 65 页"的情景,同样是这句话,在卫生健康课和微积分课上造成的结果就是不同的。我们会在后文介绍更多关于表观遗传的内容。)

最后,胚胎还有其他方法来提高信号的多样性和复杂性,其中一种方法是采用信号的组合。比如,一个细胞对信号 A 的响应方式会因为它是否同时受到信号 B 的刺激而有所不同。几乎所有细胞对话都有的另一个特征是信息的互惠:细胞的交流是双向的,一个细胞在接收到其他细胞发出的信号后会做出回复,由此形成一种在时间和空间上高度精确的互动。而且,细胞对这种分子备忘录的释义同样与地点有关(取决于细胞在三维空间中的位置),所以胚胎细胞才能实时推断出自己身处何方,以及应该前往何处。

这种信息交互的典型实例是哺乳动物胚胎做出的第一个"决定",它发生的时间远比原肠作用早。胚胎从桑葚胚变为胚泡的时间大概是在胚胎细胞完成 5 轮卵裂之后，这个时候，桑葚胚的一侧形成了一个名为胚泡腔的空腔。这个细胞呈不均匀分布的胚胎由两种细胞构成，分别是内细胞团和滋养外胚层，它们产生的后代的命运差异悬殊。（我们先前说过，内细胞团的衍生物将有幸成为胎儿和动物个体，而滋养外胚层则会变成胎盘，在妊娠期间发挥至关重要的作用，然后在胎儿和动物个体出生后被废弃。）[6]

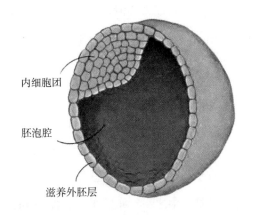

内细胞团

胚泡腔

滋养外胚层

图 6-2　哺乳动物的胚泡含有大约 100 个细胞，它们围绕在充满液体的胚泡腔外。内细胞团的细胞将发育成胎儿和动物个体，而滋养外胚层的细胞则会发育成胎盘

在长达数十年的时间里，内细胞团和滋养外胚层分化的分子基础，以及分化的时间顺序，一直都是发育生物学研究的核心问题。20 世纪 60 年代晚期，波兰生物学家安杰伊·塔尔科夫斯基和乔安娜·鲁布莱夫斯卡提出一种他们称为"内-外模式"的模型，来解释哺乳动物的早期发育。[7]这个模型假定细胞在桑葚胚里所处的位置——要么位于胚胎的内部，挤成一串葡萄的样子；要么平铺在胚胎的外表面——决定了后代的命运。根据这个模型，桑葚胚里的细胞将形成内细胞团，而位于外表面的细胞将形成滋养外胚层。

　　将近 20 年后，小鼠胚胎学家罗杰·佩德森通过追踪单个桑葚胚细胞的发育证实了这种位置和命运的关联，他的研究方法与约翰·苏尔斯顿及其同事们研究秀丽隐杆线虫的发育时采用的方法很像。[8] 佩德森发现，在发育进入 16 个细胞的阶段之前，胚胎里没有内细胞（在 8 个细胞的阶段，细胞的排布方式导致它们都是向外的）。佩德森用一种染料标记了在 16 个细胞阶段位于胚胎外表面的细胞，他后来发现，这些细胞有很大的可能性（但并不绝对）变成滋养外胚层。随着时间的流逝和胚胎的成熟，类似的倾向变得越来越明显，以至于到了最后，细胞的位置（内或者外）对细胞的命运发挥了决定性作用。

　　这些发现引发了两个问题：首先，细胞怎么会（在分子的水平上）"知道"自己是位于细胞团的内部还是外部？其次，随着时间的推移，它们的命运如何从充满可能性渐渐变成被注定？

　　早期的桑葚胚有十几个细胞，为了思考上面的第一个问题，你可以暂时把自己想象成是其中之一。如果你位于细胞团的内部，就意味着你被其他细胞团团包围，犹如站在一群人的中间。如果你位于细胞团的外部，那么你只有一面与其他细胞相邻，而另一面却不相邻，你的 1/2 身体紧紧地贴在一层屏障上，那是名为"透明带"的保护层，它相当于哺乳动物的蛋壳。

　　这种局部解剖的差异会产生不同的分子后果，而负责具体落实后果的是一种在进化上非常古老的信号系统，它被称为 Hippo 信号通路。每当有细胞接触到其他细胞，位于细胞表面的受体就会激活 Hippo 信号通路。随即，相关分子前往细胞核，导致决定细胞命运的转录因子发生改变。当 Hippo 信号很强时（桑葚胚的内部正是这种情况），细胞便会表达一种名为 OCT4 的转录因子；当 Hippo 信号很弱时，细胞就转而表达另一种名为 CDX2 的转录因子。这两种转录因子调节着其他数以百计的基因，它们的综合效应决定了一个细胞究竟是变成内细胞团还是滋养外胚层。因此，OCT4 和 CDX2 被认为是细胞命运的"主控器"。

第二个问题源于这样一种现象：随着胚胎的成熟，位于外表面的细胞变成滋养外胚层的概率变得越来越大（与此同时，位于胚胎内部的细胞变成内细胞团的概率也越来越大）。这个问题的答案也与我在前文介绍过的细胞的可塑性有关，这种特性的基本规律是，随着发育的推进及细胞倒向特定的命运，细胞的可塑性会逐渐降低。就胚泡的情况而言，我们可以从分子层面解释这种现象——它涉及正反馈回路和负反馈回路。好巧不巧，作为内细胞团和滋养外胚层分化的主控器，转录因子 OCT4 和 CDX2 也会互相调控。具体途径是，OCT4 能激活自身的表达，同时抑制 CDX2 的表达。反过来，CDX2 也能促进自己的表达，并且抑制 OCT4 的表达。由此造成的效果是，一旦胚胎细胞向其中一个转录因子倾斜，会向内细胞团或者滋养外胚层倾斜，随着时间的推移，细胞会越来越"固执"，最后一条路走到黑。虽然这种分子机制是胚泡发育所特有的，但类似的反馈回路在胚胎的发育和分化过程中俯拾皆是，它们能在一定程度上解释细胞如何从拥有无限可能性（"可以"饰演多种角色）到最后确定自己的身份（只能忠实地扮演一种角色）。

可是，这又引发了另一个类似先有鸡还是先有蛋的问题：在这种倾向出现之前，胚胎细胞又是什么情况呢？内细胞团是偶然进入桑葚胚内部的吗，抑或被另一种更早的信号告知它们应该去哪里？虽然内–外模式的模型在一定程度上解释了细胞如何变成内细胞团或者滋养外胚层，但我们很快就会看到还有其他因素影响着细胞的命运，而且它们起作用的时间更早——很可能是在合子发生第二轮或第三轮卵裂的时候。这不得不让人怀疑我们的细胞是否真的有自由意志，怀疑它们的命运是否真的不受拘束。难道它们也像海鞘或者线虫的胚胎细胞那样，只不过是剧中的演员，所有角色的结局从一开始便已经注定？

## 思考其他的可能性

如果你曾经从头到腰紧接着又从腰到头地抚摸猫（很可能引起猫的不悦），那么你肯定能直观地理解形态发生的另一个特点，这个特点被称为"平面细胞极性"。我在前文说过，上皮细胞懂得如何区分顶部和底部，但它们的本体感受能力不止于此，上皮细胞也知道前和后的区别。平面细胞极性让皮肤上的毛发能够指向同一个方向，除此之外，它还保证了肠道能把食物推向正确的方向，以及内耳中的毛细胞可以按恰当的方式排列，从而让我们产生平衡感（其他作用还有很多）。[9]

如果细胞能分辨前和后、顶和底，那它们也能区分左和右吗？这要看具体是谁的细胞。许多动物是完美对称的，身体的左侧和右侧没有任何区别。但也有一些生物，包括人类在内，具有"偏侧性"——表现为某些器官位于身体的右侧（比如肝脏），而另一些器官则位于身体的左侧（比如脾和心脏）。这种不对称性出现在发育早期，大概在原肠作用前后，原因是原条附近有一些特化的细胞，它们所在的区域被称为"原结"。这些特化细胞的表面长着螺旋桨似的结构，名为"纤毛"。但纤毛只能沿一个方向旋转，也就是顺时针方向。

纤毛的单向旋转带动了位于上胚层上方的液体（富含信号分子），使它们沿着从右向左的方向流动。正是这种流动方式让信号分子按特定的浓度梯度分布，成为塑造身体三维结构的次级信号。

除了日常生活中常见的 3 个标准维度，胚胎还有其他的空间关系（或者说空间轴）需要操心。比如径向轴：在管状的结构中，细胞与管腔中心的相对位置关系会影响它的形态和功能。肠道就是一个很好的例子，从肠腔到肠道外壁，随着距离增加，细胞的分化表现出明显的层次。最靠近管腔中心的是黏膜层，来自内胚层的上皮细胞负责吸收食物中的营养物质及向肠道中分泌润滑液。位于黏膜层下方的是黏膜下层，由起源于中胚层的血管和结缔组织构成，它负责汇集刚刚被吸收的营养物质，然后迅速将其转入血液，以便输送到全身各处。黏膜下层的下方则是起辅助作用的肌肉层和神经，它们通过协调的活动把食物从食道推向结肠（多亏平面细胞极性，肠道的蠕动是单向的）。

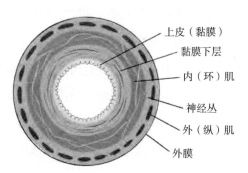

上皮（黏膜）
黏膜下层
内（环）肌
神经丛
外（纵）肌
外膜

图 6-3　管状器官具有径向轴，例如肠道。一个细胞的身份及功能由它与管腔中心和外膜的相对位置关系决定

肠道的分层并非出于巧合，而是新生肠管的上皮细胞释放的信号分子向周围（未分化）的间充质细胞扩散造成的结果。这里所说的信号分子属于hedgehog蛋白质家族，该蛋白质家族的第一个成员正是在海德堡的果蝇筛查实验中发现的。此前，我曾用基站的距离和手机信号的强度打过比方。类似地，间充质细胞也能根据hedgehog信号的强弱"判断"自己离肠腔的中心有多远。距离最近的细胞接收到的hedgehog信号最强，这促使它们变为黏膜下层；而距离相对较远的细胞收到的信号较弱，于是它们就变成了肌肉。在收到上皮细胞发来的这种分化信号后，间充质细胞也礼尚往来，释放一种不同的信号分子，反作用于上皮细胞，督促上皮细胞继续沿自己道路的分化成熟。

这种沟通方式被称为"上皮-间质通信"，它与组织形成过程中的另一条轴有关：近端-远端轴，这条轴代表细胞距离躯体中心的远近——近端靠近身体，远端远离身体。上肢是这种形式的典型例子，你只要看看自己的手臂就会发现，从近端的肩膀到最远端的指尖，上肢的每个部分都有各自的结构和功能。肩膀和上臂灵活有力，让手臂能够完成提、推、拍打和挥舞等动作。相比之下，手掌和手指的构造更注重精细的操控，比如在设备上输入这段文字或者对蛙的胚胎做显微手术。下肢的大腿和脚掌也有同样的区分。

类似于肠道，手臂的形态分化也和它的前体细胞接收到的信号的相对强度有关。器官形成于身体的内部，而四肢则是从肢芽（一种位于胚胎表面的小细胞团）里长出来。起初，肢芽由两个部分构成：一团未分化的间充质细胞，以及覆盖在这团细胞表面的、一层来源于外胚层的上皮细胞。与肠道的情况一样，对话由上皮细胞发起，间充质细胞随即做出反应，它们根据上皮信号的强度，重新认识自己在时空中所处的位置。随着对话的继续，其他细胞纷纷加入其中，细胞之间的对话遍布尚在发育的附肢的每个角落。当每根手指和每个脚趾都明确自己的使命后，对话就化为行动，也就是细胞的生长和分化。上臂的近端形成肌肉，构成肩带的一部分，而远端则负责形成手掌、手指和数目众多的腕骨。当然，神经也不能少。下肢的形成与上肢类似。等到手臂和腿形成的时候，上皮细胞和间充质细胞的对话（整个发育过程的触发因素）早就被淡忘了。

想要让别人从A点挪到B点，你可以尝试两种办法：要么说服对方，让对方主动从A点前往B点；要么由你亲自动手，把对方从A点搬到B点。形态发生需要借助信号通路——比如Hippo和hedgehog——来引导细胞移动，可是，它最终仍然要靠力的作用（推、拉、扭转和流动）来塑造组织的外形。无论是组织自己产生的内力，还是外部施加的外力，如果没有力，细胞就不会挪动半步。

在最简单的情况下，细胞的移动方式是膜上形成一个小突起，这个小突起碰到什么，它们就附着在什么上面。在有其他信号参与的情况下，细胞可能还会动用内置的滑轮系统——细胞骨架——把自己拉向附着点。通过反复伸出质膜并拉动自己（就像攀岩一样），就算是小小的细胞也能穿越很长的距离。

还有些情况下，细胞会以群体的形式移动，犹如中场休息结束后纷纷回到剧场内的观众。这样的群体行动在发育的过程中非常常见，尤其是当组织需要延长而不是加宽的时候。胚胎有很多方式实现这一点，其中比较常见的是一种被称为"会聚性延伸"的现象。[10] 要理解这个过程，你可以想象有一群人分别站在一条线的两侧。然后，假设有许多绳索把分列于两侧的人两两串联在一起。随着一声令下，所有人都开始拉拽自己的绳子，把站在对侧的人拉向中间的线。两边的人都开始向中间"会聚"，可是中线上空间有限，于是人群就被迫沿着垂直的方向"延伸"。

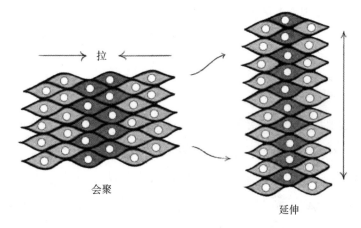

图 6-4　在发生会聚性延伸时，细胞用力地拉拽相邻细胞，把它们拉向中间。随着正中的位置变得越来越拥挤，可供细胞落脚的空间不足，组织便在力的作用下，沿垂直的方向延伸。这种方式能让身体的某些部位随着发育的推进而变长

　　这个例子展现了"内力"是如何塑造胚胎的：细胞通过相互拉拽或者在表面上爬行而赋予组织外形。但是，组织形态的塑造同样离不开"外力"，这方面的例子可以参考哈佛大学生物学家克利夫·塔宾在鸡胚肠道形成研究中的发现。塔宾的课题组发现，肠道周围的组织（肠系膜）会向生长中的肠管施加张力，造成肠道不断地向自己的方向回卷。这些力在发育的过程中对肠道施加了持续的影响，并导致绒毛的形成。[11] 绒毛是肠道表面的微小突起，能够增加肠道上皮的吸收

面积。液体也能提供力的作用，典型的例子是心脏，血流让心脏的腔室以恰当的方式形成；还有肾脏错综复杂的过滤系统，这张滤网的发育离不开流动的液体。

如果我们再次用崛起的城市来类比胚胎，那么每个器官都相当于一处建筑工地。我已经介绍了，在原肠作用开始之后，我们的细胞会重新落位、被某些信号吸引，或者被它们的邻居推来搡去。在此期间，细胞始终通过与周围的环境保持频繁的联系而对自己是谁（身份）及自己在哪里（空间位置）保持清晰的认识。然而，在原肠作用结束之后，我们这个建筑工地的比喻就不再成立了。因为建筑是由成群结队的工人建造的，而我们的器官却不同，塑造它们的正是构成它们的材料。科学家对这个过程的分子机制知之甚少，但少数几个特殊的例子能让我们对生物组织的这种自组织性如何发挥作用有个大致认识。

## 黏性的作用

一个世纪前，发育生物学家惊奇地发现，胚胎知道如何通过采取行动来自我纠偏。于是，他们把胚胎称作一台能够自我组装的机器。如今我们知道，细胞与细胞之间的互动（告诉它们应该变成什么及应该去哪里）是胚胎这种自我调控特性的基础。细胞会走哪条路取决于它们一路上接收到了哪些信号。即使秀丽隐杆线虫具有看似不变的细胞谱系，也无法免受这种影响：线虫的发育看上去千篇一律，但那仅仅是因为它们的细胞总是在对同样的刺激做出应有的反应。

除了这些信号，还有另一种作用力在发挥作用：差异黏附（不同细胞之间的亲和性不同）也在组织的形成中扮演着重要角色。这个过程由黏附分子驱动，黏附分子是一类位于细胞表面的蛋白质，相当于细胞的尼龙搭扣。黏附分子有很多家族，每个家族都具有独特的亲和性。当一个细胞上的黏附分子与另一个细胞上的黏附分子脾性相投时，这两个细胞就会相互吸引，犹如极性相反的两块磁铁。（有一种黏附分子叫E-钙黏蛋白，它能将两个相邻的细胞紧紧地焊在一起，这是上皮细胞形成的屏障能够密不透风的主要原因。）如果少了这种相互吸引力，细胞就会形同陌路。

第一个证明仅靠差异黏附本身就足以塑造组织的实验出现在1955年，这个研究由美国纽约州罗切斯特大学的生物学家约翰内斯（汉斯）·霍尔特弗雷特和他的学生菲利普·汤斯完成。两位科学家通过显微解剖，将蝾螈的胚胎肢解成单独的细胞，并让这些胚胎细胞自

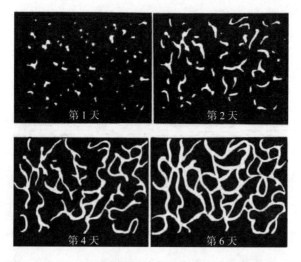

图6-5　细胞与生俱来的亲和性让它们可以通过协作和自组织形成结构。比如，分散的内胚层血管形成细胞通过自组织形成毛细血管（细小的血管）。在被放入明胶培养基后，很快，内胚层细胞便不受拘束地漂了起来，且每个细胞各自为政。但在接下去的几天里，在没有外界帮助的情况下，细胞们纷纷找到了自己的邻居，并重新排列成空心管结构，与体内正常的血管几乎完全一样

由地漂浮在液体表面，任凭它们聚散。胚胎细胞逐渐聚集成一大团。然而，等到霍尔特弗雷特和汤斯仔细检查的时候发现，这团细胞的结构很有条理：它由 3 个胚层组成，内胚层细胞聚集在最底层，中胚层细胞位于中间，外胚层细胞位于最顶层。[12] 换句话说，分属 3 个谱系的细胞天生就会被同类细胞吸引，这导致已经分开且相距很远的细胞能够再次聚到一起，重现胚胎在原肠作用结束时的基本形态。

这种细胞以可预测的方式同其他细胞联合起来的现象被称为"自组织"，它不光出现在针对胚胎发育的研究中，还适用于组织工程学研究，比如内皮细胞（血管内表面的细胞）的自组织行为。同上皮细胞很像，内皮细胞也依靠紧紧地相互黏附形成一道屏障，阻止血细胞和血浆穿透血管壁。惊人的是，如果你取一小块内皮细胞，放任它们自由地漂浮在凝胶上，这些细胞能找到彼此并形成微型的毛细血管，仿佛一片片活的磁瓦。

## 管腔的形成

让我们稍微花点儿时间，来看一种很特别的解剖学结构：管腔。我已经在前文介绍过肠道及肠道周围的组织了，但其他空心的管腔——比如，动物的毛细血管、气管，还有尿道——也同样重要。错综复杂的管道增加了表面积，提高了可用于气体交换的细胞数量（肺）、营养的吸收速度（肠道），以及废物的排泄效率（肾）。除此之外，管腔便于物质的运输，这是血管的主要功能，其他的例子还包括脑室和肝脏的胆管。

最容易理解的一种管腔形成现象被称为"分支形态发生"，这一过程类似于生长中的树干的分支。在哺乳动物中，肠道是最早开始发育的管腔，内胚层通过自我卷曲变成圆柱形。随后，围绕在这条管腔周围且与它相连的其他器官（肺、肝脏和胰脏）就可以出芽并独立发育。肺是自然界最经典的分支形态发生的实例，肺起初只是肠道上的一个小突起，离未来的喉部很近。这个缺口的尺寸之于身体，犹如高岭上的球洞之于高尔夫球场。一小块中胚层组织对覆盖在它上方的内胚层细胞传话，让它们向外移动，这才导致原本平坦的上皮组织凹陷了一块。随着这个口袋形的细胞团越拉越长，尺寸越来越接近成熟的组织，新的信号开始出现在这条仍在延长的管腔的两端，引发二级分支的形成，然后是三级分支的形成，以此类推。在人体内，这个过程最终的产物是数百万条气管和负责气体交换的肺泡。如果把所有肺泡铺开，它们的总面积比羽毛球场还大。[13]

分支形态发生造就了肺、肝脏、唾液腺和其他器官内部的分叉结构，但它并不是管腔结构形成的唯一方式。大自然还有其他手段，比如上皮细胞的卷曲折叠，这个过程就像是把一张方形的纸卷成烟。[14]作为神经系统的前身，神经管也是以这种方式形成的，而卷曲过程中发生的错误会导致神经管缺陷，比如脊柱裂。

管腔既能形成，也能堵塞。管腔堵塞的现象在胚胎发生中很少见，但是在成体体内很普遍。心脏病是因为冠状动脉发生了堵塞，胰腺炎和胆管炎是因为胰管和胆管发生了堵塞，肺栓塞是因为肺动脉发生堵塞，脑积水是因为脑室堵塞，窒息是因为气管堵塞，这些都是管腔阻塞引起的后果。医生处置这些情况的办法是移除或者绕过阻塞，而大自然有自己的处方，它的治疗方案是生成新的管道。在循环系统里，新血管的形成让血液能够绕过堵塞的大血管，这种现象被称为

"侧支化"。包括血管侧支形成在内，大自然动用了胚胎发育的机制，以便解决身体在出生后遇到的问题。

到这里为止，我们已经探讨了许多胚胎在获得终极形态之前必须构建的结构，包括特殊表面、组织层次、管腔和附肢。在组织形态和细胞的身份一起从无到有的过程中，这些活动与细胞的分化相辅相成。不过，构建身体的过程还有第三个要素，而我们对它的认识远比之前介绍的细胞分化和形态发生要少。这块缺失的拼图就是每种生物特征性的尺寸和结构比例，如果缺少这个要素，我们的组织将无法正常发挥功能。

## 尺寸的重要性

当我们面对其他生物时，最先注意到的经常是对方的尺寸。紧接着，我们会反射性地想到那个古老的问题：是我能吃了它，还是它能吃了我？哺乳动物成体的体重差异很大，最小的小臭鼩仅重 1.5 克，最大的蓝鲸重 150 000 000 克，二者相差一亿倍。然而，无论成体的体型如何，所有动物都是由大小相仿的受精卵发育而来的。决定生物体和器官尺寸的指令一定藏在动物的基因组里，但它们的真面目是大自然隐藏最深的秘密之一。[15]

虽然细胞的尺寸略有差异，但这种差异不可能影响动物的体型。细胞的数量才是决定生物体及组织大小最重要的因素。这个变量受到多个因素的影响，包括循环系统内的激素，比如生长激素和胰岛素样生长因子（IGF）。对人类来说，缺少生长激素会导致身材矮小，而对狗来说，IGF 对应基因的可遗传突变造就了体型较小的品种，例如吉娃娃、博美犬和玩具贵宾犬。[16]营养也是影响因素之一，无论是在出生前还是在出生后，营养不良都会导致生长障碍。

可是，这些因素都无法解释为什么从小臭鼩到蓝鲸，在如此巨大的跨度中，每一种动物的体型分布却显得如此局限。生物学家达西·温特沃思·汤普森曾指出："我们提到东西的尺寸时，是将它与它应有的样子做比较，例如小象和大猫。"[17]营养不能解释这些差异，因为一只肥硕的老鼠终究只有老鼠那么大，它只是更胖一些。另外，包括IGF在内的激素或许能解释同一物种不同个体的体型差异，可它们不能说明为什么整个动物界的动物有大小之分。事实上，动物的体型并不是由这些因素决定的，而是以一种我们目前未知的方式被刻在了动物的遗传密码里。

值得注意的不仅仅是生物体整体的大小，还有各个部位的比例。人类的臂展大致与身高相当，肝脏的重量几乎占体重的2%。我们的身体呈左右对称，所以右臂和左臂的长度差不超过半英寸①。身体各个部分的比例因物种而有差异，但在同一个物种内又能保持惊人的一致。那么，如此精确的体型、对称性和比例是如何实现的呢？

答案可能是基因和环境共同作用的结果：生物学的事大多如此。科学家围绕这个问题做了很多研究，其中最叫人长见识的要数罗斯·哈里森在20世纪20年代做的一系列实验，10年后，维克托·特威蒂和约瑟夫·施温德拓展了他的研究。他们的实验是使两种钝口螈的肢芽（将来会发育成四肢的原始组织）相互调换，其中一种钝口螈（虎纹钝口螈）的体型较大，另一种钝口螈（斑点钝口螈）的体型较

---

① 1英寸 = 2.54厘米。——译者注

小。实验的细节不尽相同，但总而言之，无论肢体是否被移植到其他
物种身上，它们的大小都不会改变。换句话说，早在四肢开始发育之
前，被移植的细胞就"知道"肢体应该长多大。[18] 哈里森把这种特性
称作移植物的"生长潜力"，它反映了移植细胞的一种内在属性。尽
管如此，也有其他实验发现了能够影响移植物发育的外在因素（比如
宿主的营养状况）。可见尺寸的调控是又一个先天因素和后天因素携
手合作的例子。

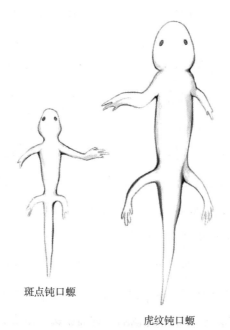

斑点钝口螈

虎纹钝口螈

图 6-6　当小钝口螈（斑点钝口螈）和大钝口螈（虎纹钝口螈）的肢芽被相互调
换时，肢体成熟后的尺寸只与它们的来源有关，而与移植物的受体没有关系。这
表明在一定程度上，组织的尺寸是由它自身决定的

在我自己当年做的博士后研究里，我发现类似的二元机制（遗
传与环境的影响）掌控着胰脏和肝脏的大小。利用某些遗传学技术，

我可以人为地改造妊娠中期的小鼠胚胎，让胰脏或肝脏缩小到正常尺寸的 1/3，而不影响胚胎的发育和出生。令人意外的是，这两个器官（它们在内胚层上起源的位置离得非常近）应对肝脏进行缩小改造的方式非常不同。肝脏能意识到自己的体积缩水，所以用提高生长速率的方式作为代偿，等到小鼠出生时，肝脏的体积已经恢复到正常水平。相比之下，胰脏没有任何弥补的打算，在小鼠出生时仍然只有正常胰脏的 1/3，而且会终生保持这个尺寸。[19] 这些器官在胚胎阶段的生长模式预示着它们将如何在动物的余生中控制自己的生长。如果肝脏的一部分被外科医生切除，剩下的部分会继续生长，直到整体恢复到手术前的大小（我将在后文介绍器官再生的时候重新回到这个话题）；而胰脏在接受相同的切除手术后将无法恢复原样。

动物的体型会影响生物学特性，包括寿命。2 000 多年前的亚里士多德曾注意到，生物体的大小和寿命有关：体型越大的动物活得越长。我们不清楚这是为什么，但有一种理论把体型和寿命的关系归因于代谢。因为代谢率与体型呈反相关，无论是小鼠、人类还是大象，动物在死亡时消耗的总能量大致相当（按平均每克组织计算）。[20]

尽管非常重要，但尺寸控制（科学家对这个生物学问题的叫法）始终是生物学研究中最欠缺的领域之一，原因很可能是动物的体型受到太多因素的影响。就连前文说过的遗传学研究方法——曾在筛查研究里立下过汗马功劳，帮助科学家找到了绝大多数与发育有关的基因——在研究尺寸控制的问题上也一筹莫展。[21] 如果想理解动物是如何调控体型和各个部位的比例，我们需要新的工具，更重要的是，我们需要新的概念。在这一点成为现实之前，尺寸控制将一直是自然界为数众多的黑箱之一。

## 运动的胚胎

我们对胚胎发生的大多数认识都建立在研究发育过程的截面之上：发育生物学家挑选发育到不同阶段的胚胎（无论是野生型还是突变型），然后针对每一个个例，开展细致入微的分子学研究。但在 10 年前，加州理工学院生物物理学家斯科特·弗雷泽的一场讲座改变了我对形态发生的看法，他只强调了发育的一个方面：时间。

同很多富有潜质的科学家和工程师一样，年轻时的弗雷泽会花几个小时的时间摆弄电子设备——把音响等装置拆开，然后用创造性的方式把它们组装起来。本科时，他开始研究生物膜的物理性质，直到有一天，用弗雷泽自己的话说，"只是因为往显微镜里多看了一眼"。在这个一眼误终生的剧本里，弗雷泽看到的东西是胚胎，他发现自己被胚胎的美丽和韧性深深吸引了。从那一刻起，弗雷泽就成为一名发育生物学家，他开始用自己掌握的学识设计新一代的显微镜。

虽然弗雷泽的显微镜令人大开眼界，但最让我印象深刻的并不是技术上的巧思，而是一个简单的事实：他提出，仅仅通过观察胚胎的静态图像（胚胎学家经常这样做）并不能帮助我们对胚胎的发育建立完备和正确的认识。为了说明自己的观点，弗雷泽向讲座现场的听众展示了一组在某一次橄榄球比赛上拍摄的彩色照片，照片的内容分别是：（1）戴着头盔的球员满场奔跑；（2）球员们叠在一起，聚成人堆；（3）有一名球员的一条腿发生了过度拉伸；（4）身穿不同球衣的球员分列两侧，互相鞠躬致敬。随后，弗雷泽指出显而易见的一点：不懂橄榄球的人很难通过这几张照片弄清比赛的规则，他们甚至可能无法关注到这些照片的重点。

  紧接着，弗雷泽播放了几段画质很差的短视频，每段的时长都不超过 10 秒钟。这些视频展示的分别是开球、给球、擒抱和弃踢。通过这种方式，图片有了背景，使人看出其中的因果关系。额外的时间维度为图像赋予了方便观众理解的框架，这是静态照片至今都无法展现的。

  "哪怕是一场烂比赛的烂录像，它能告诉我们的东西也比照片多得多。"弗雷泽说。

  确实如此：学习比赛规则最简单的方式就是看其他人怎么比（或者亲自上阵尝试）。可是，我们很少用这样的方法研究发育，绝大多数情况下，我们只是从进展到某个阶段的胚胎上分离和提取出没有生命的物质，然后根据它们研究发育的过程。这种相对静态的研究手段也有可取之处，它让我们能够深入剖析发育的机制。但是，当我们的眼里只有这些发育的截面时，难免会遗漏某些东西。

  录制高分辨率的动态影像（这种方法被称为"活体成像"）能够弥补上面所说的不足，可要实现这种技术却困难重重。首先，胚胎摄影师必须清晰地拍摄每一个细胞的活动（特写镜头），同时还要兼顾视野的广度（广角镜头）。不仅如此，活体成像的成本很高，为了保证成像的信息量，拍摄的硬件及其他资源必须针对每次实验做相应的参数调整和优化。不过，最大的障碍可能要数没有合适的显微镜物镜，用弗雷泽的话说，拍摄胚胎的"光学环境相当恶劣"。哺乳动物的胚胎最难拍摄，因为它们在发育的大部分时期都受到子宫壁的保护。只要这些技术障碍被扫清，胚胎摄影就能彻底改变我们对形态发生的认识。

  这种技术的另一位先驱人物是尼古拉斯·普拉赫塔，他是我在宾夕法尼亚大学的同事，从事哺乳动物早期发育的研究。我在前文介绍过，哺乳动物胚胎所做的第一个"决定"是明确哪些细胞将成为内细胞团（未来的胎儿），哪些细胞将成为滋养外胚层（未来的胎盘）。我们知道桑葚胚细胞所处的位置（在内部或是在表面），以及 Hippo 信号的强度都在这个过程中发挥作用，但它们并不是决定结果的唯二因素。通过拍摄 4 细胞、8 细胞及 16 细胞期的胚胎，普拉赫塔和他的课题组发现，某些胞浆蛋白（角蛋白-8 和角蛋白-18）的继承情况是预测细胞命运的可靠指标。[22] 具体而言，继承这两种角蛋白的细胞会变成滋养外胚层，而缺少这两种角蛋白的细胞则会变成内细胞团。（后续的实验表明，角蛋白与细胞的命运不仅仅是相关的，当研究人员向某些细胞内添加或者从另一些细胞里移除这两种角蛋白时，细胞的命运会发生改变。）某些蛋白质的不均衡分布会引导细胞走上特定的道路，与此相关的证据不在少数，这只是其中一个例子而已。如果没有活体成像技术，科学家很难得出这样的结论。

　　在确定秀丽隐杆线虫的细胞谱系时，约翰·苏尔斯顿紧紧盯着每一次细胞分裂，我们可以从他的故事里看出，光靠观察就足以获得海量信息。令人惊叹的是，当年苏尔斯顿和同事要花几个月的时间才能完成的任务，今天的我们借助新的图像处理手段和复杂的分子工具，只需要几天就可以完成。[23] 就胚胎研究的未来而言，这些都是好兆头：俗话说，一图胜千言。那么我们也可以说，一段影片胜过 1 000 张图片。

　　这本书以一细胞问题（每个动物个体的生命都始于一个细胞，这是一个既不可思议又无可置疑的事实）作为开头，在前面几个章节中，我们稍微体会到大自然在用怎样的办法解决这个问题。我们看到基因为细胞的分化提供了基本框架，而基因调控则为细胞释义可遗传的指令保留了些许回旋的余地。我们知道了胚胎如何利用细胞与细胞的交流来制衡强大的命中注定，保证自己具备随机应变的适应能力。最后，我还在刚刚介绍了细胞拥有一定的方向感，这让它们得以构建三维的组织，比如眼睛、肾脏和大脑。

当然，我只是讲了一点儿皮毛。尽管引导发育过程的分子信息算不上特别多（转录因子和信号分子的数量总共不过数百），但细胞真正在意的是这些指令的叠加效应。因为分子信息的每一种组合方式都具有独特的意义，所以细胞必须在茫茫数万亿可能性中不断地探寻，找到自己应该在细胞社会里扮演的那个角色。因此，作为一个研究领域，发育生物学正在经历变迁：从只关注单一的基因和单一的信号通路，转变为考虑基因组成的网络和蛋白质的"互动组学"，牵一发而动全身的连锁效应是后者的突出特点。从更整体的视角看待细胞、组织和器官，这个领域被称为"系统生物学"，它要靠大量的计算机和数学建模来模拟单个细胞的处理能力。如果读到这里，你发现自己对所有这些过程如何被整合到一起——换句话说，所有这些几乎如同魔法一般的化学反应如何维持生命的存续——感到好奇，那么你就已经踏入我们目前已有的认知领域，超越这个范畴的任何认识都有赖于新的发现。

除了依然没有头绪的那些奥秘，有一件事已经非常清楚了：胚胎发育是研究人类疾病的重要窗口。刺激成纤维细胞生长的胚胎信号既能让组织变得结实，也能引起成年人的纤维变性，还能在器官衰竭后促进瘢痕组织的生成。一个合子能够分裂成新生儿身上的数十亿个细胞，同样是这种强大的分裂能力，如果在不恰当的情况下被激活，就会导致癌症。调节细胞程序性死亡的基因可能引起形形色色的疾病，比如神经退行性变性疾病、心脏病和自身免疫病。到头来，细胞这些非凡的能力既是我们的福气，也是我们的灾祸：大自然总是用与构造身体如出一辙的手法来摧毁身体。

　　发育生物学是一种记叙性研究，正因为如此，它并不需要论证研究的实用价值。如果非要为研究胚胎找一个正当的理由，那么就是：通过研究发育的过程而获得的医学知识极具实用意义，无一例外。虽然远远不够完善，但我们对发育机制的认识已经足够让它们有用武之地了。针对胚胎的研究兼具基础研究的美感和应用科学的实用性，这也正是它的魅力所在，接下来，我将对这两个特点做更为深入的探讨。

幕间插曲

# 成熟

　　走进生物医学研究的大楼，你首先注意到的肯定是气味。我工作的地方是一栋落成于 20 世纪 90 年代的 14 层高楼，你甚至不用进门就能闻到里面的味道：无菌饲料的独特气味混合着从地下室的动物部（饲养小鼠等实验动物的地方）散发出来的垫料味。但这种既像烤煳的馅饼，又像干草的香气仅仅是开了个头。里面还有很多其他的味道等着你，有的是腐臭，有的很香甜，还有的像防腐剂。

　　首先是酵母实验室，到处弥漫着类似酿酒厂的水果香气。这种芳香来自酿酒酵母（*Saccharomyces cerevisiae*），它是一种把 DNA 保存在细胞核里的单细胞生物（这与细菌不同）。拥有细胞核让酿酒酵母跻身真核生物（*eukaryotes*，希腊语，意为"真的核"）的行列，相比大肠埃希菌，酿酒酵母跟人类的亲缘关系更近，这意味着它是研究基因调控、细胞分裂和代谢等细胞常见特征的理想实验素材。

　　接下去，我们来到培养动物细胞的实验室。为了保持环境的无菌状态，这里有淡淡的漂白剂和乙醇的气味，你一定不会闻不出来。很多实验都需要在指定的"组织培养室"里开展，这些工作区域被安排在远离实验室主体空间的地方，以免娇气的动物细胞受到细菌、酵母、真菌或者其他微生物的污染。

最后是发育生物学实验室，它的布置由研究的胚胎类型决定。果蝇实验室、非洲爪蟾实验室和小鼠实验室在基本设施、饲料及其他配套物料方面均不相同。当然，这些实验室的气味也不一样：果蝇实验室里飘着一股玉米粉的味道；蛙类实验室闻起来像水族馆；至于小鼠实验室，我们在进门的时候就体验过了，它的气味混合了啮齿动物的垫料和饲料的味道。

在实验大楼参观时，我们会感觉自己像一名研究裸露岩层的古生物学家，每一个岩层的化石都相当于生物进化史的一个章节。但是，与地质发掘现场那些按年代分布的生物遗骸不同，生物医学研究的实验对象可没有那么讲究次序。一个研究鱼类的实验室可能被夹在两个用哺乳动物细胞做研究的实验室之间，研究细胞信号的科学家与研究癌症或者神经退行性变性疾病的科学家可能是经常见面的邻居。乍看之下，这些课题组有不少区别（比如气味），但它们的相似性比差异性更多，因为生命的生物学本质建立在相同的化学基础之上。因此，无论探究的问题是什么，生物医学科学家常用的实验工具就是那些：冰箱、离心机、水浴锅、保温箱、显微镜、移液器，还有成袋的塑料管。

到这里为止，你会感觉自己跟古生物学家还有一个相似之处：无论是我们还是他们，关注点都是发掘历史。具体而言，研究物种进化的学生通过分析动物的遗骸，确定新物种如何从原先存在的物种进化而来；而作为研究胚胎的学生，我们的目标是理解受精卵如何"演变"成动物幼崽。诚然，这两个学科使用的研究工具和学术概念都不一样。进化生物学家利用石化的骨架确定物种在进化上的分支点，而我们则是利用细胞谱系。我们不会把新形式的出现归因于自然选择，而是将其视为细胞通信的结果。两种研究的时间尺度也差异悬殊。不过，无论是研究生物的进化历程还是发育轨迹，我们都是在通过追溯既往来获取新知。

到了这里，我们与化石猎人就分道扬镳了。双方最明显的区别是：作为发育生物学家，我们的研究对象是今天仍然存活的生物。这是一种无上的荣幸，也是一份沉甸甸的责任：对那些用动物，尤其是用脊椎动物做实验的人而言，严肃地承担这份责任是头等大事，他们必须人道地对待实验动物，并且认可它们做出的牺牲。但我们和古生物学家在研究方法上可能还有另一个更为重要的区别：我们的征途既通往未来，也指向过去。进化生物学家永远无法超越历史的记录（石化遗骸、DNA序列、地质环境），而我们则不然。事实上，我们认为胚胎能够指引我们前进，它蕴藏的知识可以重塑个人及社会的未来。如今的我们将理解胚胎的智慧并用其造福普罗大众视为己任。

生物学家及科学史学家斯科特·吉尔伯特在最近发表的一篇文章中提出，现代生物学的所有分支——从神经科学到遗传学——全都源自针对胚胎的研究。[1]"发育最早被视为进化的驱动力。"吉尔伯特强调。他指出，在19世纪晚期，"进化"这个词既可以用来形容胚胎的发育，也可以形容物种的进化。19世纪出现的其他基础性概念，比如细胞学说，同样是从胚胎学里诞生的，包括所有细胞都来自其他细胞这个论述，也是罗伯特·雷马克在观察蛙类胚胎的卵裂时想到的。[2]

很快，其他学科跟进。细胞免疫学的鼻祖是俄国动物学家埃利·梅奇尼科夫，他在研究海星的幼虫时注意到细胞会吞噬其他细胞，这种被称为"吞噬"的现象是细胞免疫过程的重要特征。西奥多·博韦里和托马斯·亨特·摩根都是地地道道的胚胎学家，他们发现染色体编码了与发育有关的性状，由此引领分子遗传学领域。现代病理学的奠基人鲁道夫·魏尔肖观察到肿瘤的产生"与胚胎的发育一样，受同一套法则的调控"，他的发现揭示了癌症与胚胎的密切联系。[3] 另外，神经生物学的核心范式——神经元可以伸出突起，与相距很远的目标细胞建立联系（突触）——是胚胎生物学家罗斯·格兰维尔·哈里森通过研究蛙的早期胚胎提出的，他还在这个过程中发明了培养动物细胞的方法。

吉尔伯特将胚胎学视作现代生物学研究的源泉，这种看法不仅贴切，而且与我们的主题相关：到目前为止，我介绍的所有与发育有关的内容，都是为接下去的章节做铺垫。胚胎利用大自然精心设计的工具来调节细胞分化、基因表达、细胞通信和形态发生，借此克服一细胞问题。实验室和诊所借用了同样的工具，这让科学家和医生能以前所未有的方式效仿和改进大自然的手艺。对这种兼具保护性和创造性的力量，我们刚刚有了一些粗浅的使用心得。

# 第 7 章

## 干细胞

错误……是通往发现的大门。

——詹姆斯·乔伊斯,《尤利西斯》

欧内斯特·麦卡洛克与詹姆斯·蒂尔是截然不同的人。从小,欧内斯特·麦卡洛克就被朋友和同事称呼为"圆滚滚"·麦卡洛克,他身材魁梧,勤奋好学,有幸在多伦多最好的私立学校就读。麦卡洛克是一个不修边幅的人,除了标志性的蝴蝶结,什么也不在意,衣服上经常满是上课时沾到的粉笔灰。他的脑袋像一口炖锅,各种各样的想法在里面翻滚,相比于实用的方法,麦卡洛克对高深的概念更感兴趣。相比之下,蒂尔在加拿大偏远的萨斯喀彻温省的一家农场中长大。他天生热爱户外活动,更像一个运动员而不是知识分子,可他在工作场合却总是穿着得体,保持一丝不苟的形象。如果说麦卡洛克是一副学者的派头,最喜欢探讨诗歌或历史,那么蒂尔就是一个实用主义者，他最擅长的是动手解决问题。

对不认识麦卡洛克和蒂尔的人来说，很难想象这样的两个人能找到什么共同语言，更别说他们居然合作了一辈子。而事实是，他们的差异反而是各自的优势。麦卡洛克着眼于森林，他总是在思考宏大的概念和命题，而蒂尔是一个细腻的人，他的眼睛永远盯着森林里的树。当麦卡洛克的思维过于发散时，蒂尔总是会把他拽回安全的地带。麦卡洛克知道自己可以毫无顾忌地思考任何异想天开的主意，因为他知道有蒂尔为自己把关。这点在实验研究里显得格外重要，在科研的道路上，二人完美互补。

促成二人相识最主要的原因是原子在 20 世纪 50 年代后期展现出的威力。投到日本广岛和长崎的两颗原子弹让世人看到了铀原子核和钚原子核裂变的恐怖。当时，蒂尔和麦卡洛克都是科研界的新人，麦卡洛克已经当了将近 10 年的医生，刚刚转行进入实验室工作，蒂尔则刚刚带着物理学博士学位走出研究生院。尽管二人都缺乏科研经验，但他们的学术背景与加拿大一个新成立的研究单位非常契合，这个单位的目标是寻找辐射中毒的治疗方法。喜欢幻想的麦卡洛克和务实能干的蒂尔正是在这个部门工作期间发现了一种全新的细胞：它像合子一样，能沿许多不同的路径发生分化。[1] 从那以后，研究这种细胞在发育、组织的功能和癌症中扮演的角色便成了一个很有前景的课题。

大约在 5 亿年前（具体时间可能有 5 000 万年的误差），大自然启动了一项宏大的试验。到那时为止，地球上的生命一直以单细胞生物的形式繁衍生息，蓝细菌、古菌、藻类、真菌及其他生物都过着活跃但各自为政的生活。单细胞生物的生命力很顽强，从灼热难耐的热泉喷口到冰冷刺骨的苔原，到处都能找到生命的踪迹。在极端的环境条件下，生命只靠稀少的有机分子和阳光就能维持生机。独立性是这些生物唯一的共同点，每个个体都能自己照顾好自己。

随后，在一个被称为"寒武纪大爆发"的地质时期，生命形式迸发出了前所未有的多样性，大自然试图借此改变现状。实际上这是一场试验，目的是测试更复杂的生物——由许多细胞而非单一细胞构成的生命体——能否像它们的祖先一样繁荣昌盛。这并不是大自然第一次试探生物学的极限，在此之前它就尝试过多细胞性，只可惜每次都不得要领，为数不多的几种多细胞生物也只是昙花一现，它们的血脉没能延续下来。而作为大自然在多细胞性上的又一次尝试，寒武纪的生物大爆发同样面临转瞬即逝的风险。可是出于某种原因，这次生物大爆发却没有以失败收场，数以百万计的物种（包括现存的和已经灭绝的动物）都是寒武纪大爆发的成果。

早期的多细胞生物体型很小，外形酷似蚯蚓，用蠕动身体的方式爬行，以铺满海床的细菌为食。随着时间的推移，更复杂的生物开始出现，比如棘皮动物、原始螺类、三叶虫和甲壳动物，它们的后代逐渐占领了整个海洋。多细胞性让生物拥有一个个能够开展内部协作的细胞集群，这正是器官的雏形，它们帮助生物体寻找食物、识别危险、同化营养及移除废物。最重要的是，多细胞生物比单细胞生物走得更快，行得更远，这个特点让它们的后代得以在几亿年后爬出海洋。[2] 进化有了颜料最全的调色盘，从此挥洒自如。

多细胞生物出现的时间很晚（距离地球冷却到适宜生物生存已经过去了几十亿年），足见构建多细胞这种生命形式有多么困难。最大的麻烦不是细胞增殖，因为大自然早在寒武纪大爆发之前就解决了细胞分裂的机制问题。最头疼的问题是细胞的多样性。在单细胞世界中，生存的终极目标仅是复制原始细胞，单一性（就细胞层面而言）是可以接受的。对多细胞生物来说，追求多样性就成了优先事项。无论是较早出现的吸收、分泌、感觉和移动，还是稍晚才出现的视觉、听觉和交流，执行这些另类和复杂的功能都离不开类型各异的细胞，单一性很难担此大任。从单细胞到多细胞的飞跃需要分裂和分化的协调配合，在细胞数量增加的同时，细胞的种类也要变得更为多样。简而言之，进化面对的最大困难正是我们在书的开篇就抛出的一细胞问题。而大自然的应对之道则是一种兼具分裂和分化能力的特殊细胞：干细胞。

## 钴炸弹

故事发生在 1958 年，那是一个科学与社会的关系显得异常复杂的时代。许多人认为，技术的发展将破解人类由来已久的问题，揭开人类身上最大的奥秘。从前那些能够置人于死地的疾病，如今已经可以用全新的抗生素治好，甚至可以用疫苗提前预防。科学和技术的进步给农业生产带来革命，让世界能够养育呈爆炸式增长的人口。科学家在常人难以想象的微观尺度上研究物质的本质，与此同时，研究星星的天体物理学家则在探测宇宙起源时遗留的回声。科学就像一口取之不尽的泉眼，源源不断地向外冒着新知识，这些知识似乎将理所当然地增进人类的健康，改善人们的生活质量。

但是，技术的进步也造成了一种危险和恐怖的氛围。距离第二次世界大战结束已经过去了 10 多年，那场浩劫无疑让人们看到了技术的破坏力。投在日本的两枚原子弹导致约 20 万人死亡——其中一部分被当场炸死，另一部分死于由爆炸和辐射造成的损伤。在紧随其后的冷战里，各国围绕花样百出的破坏性武器展开了军备竞赛，让地球不止一次走到湮灭的边缘。如果说科学是治疗社会顽疾的关键，那么它同样也可以成为毁灭世界的元凶。

这种模棱两可的二元性在研究辐射的领域体现得淋漓尽致，科学家一边测试原子的杀伤能力，一边研究它在治疗疾病上的应用。德国物理学家威廉·伦琴在 1895 年报道了 X 射线的存在，他是世界上第一个发现射线的人。很快，伦琴石破天惊的发现就后继有人了，在接下去的几年里，亨利·贝克勒尔发现了铀的放射性，皮埃尔·居里和玛丽·居里发现了镭元素和钋元素。[3] 进入 20 世纪，医生已经开始尝试用这些物质散发的看不见的射线来治疗疾病了。他们的患者罹患的疾病不同，从红斑狼疮到结核病再到癌症，可谓应有尽有。医生发现射线能够提高某些癌症患者的生存率，可是很快人们又发现，射线也能导致癌症。早期的治疗方法非常笨拙，给病人造成的不良反应与实际的治疗效果不相上下，于是，这个领域一度陷入停滞。

情况在第二次世界大战结束后发生了转变。有一个名叫哈罗德·约翰斯的 35 岁加拿大物理学家开始测试一种新的材料：一种名为钴–60 的放射性金属。钴–60 是钴的人造同位素，同样作为放射源，它比此前一直是主流的镭的用途更广泛、更可靠，而且更便宜。[4] 经过对实验条件的摸索，约翰斯和他的课题组在 1951 年治疗了他们的第一个患者：一位身患宫颈癌的母亲。结果，他们完全清除了一种原来无法治疗的肿瘤。这个成功让约翰斯声名鹊起。1958 年，他被批准在加拿大安大略癌症研究所用钴-60 治疗癌症患者，安大略癌症研究所当时刚刚成立。后来，约翰斯的治疗方法被称为"钴炸弹"，它成为将核技术用于和平目的的标志性技术。

与我们此前介绍的其他知名科研机构所追求的目标相比，背靠多伦多玛嘉烈公主癌症中心的安大略癌症研究所显得独树一帜。无论是意大利国家动物学研究站，还是法国巴斯德研究所，这些机构所做的研究全都出于纯粹的学术目的，力求以最高的水平深耕基础科学。而安大略癌症研究所肩负着双重使命，除了推动科学知识的进步，安大略癌症研究所的科学家还必须开展有应用价值的研究。有的科学家认为，这种"应用科学"不够纯粹，或者说不够高尚，但约翰斯没有这样的心理包袱：探究科学问题，关心人类的健康，他不认为二者有什么矛盾的地方。约翰斯的专业是物理学，堪称基础科学中的基础科学，作为"万物之理"（就算不是事实，至少也是一个贴切的比喻），物理学是彰显基础研究何以能够造福人类的绝佳范例。

希望和恐惧并存，约翰斯正是在这种充满冷战特色的时代背景下，着手在安大略癌症研究所内建立物理学部门，他的主要目标是研发更好的用于治疗癌症的辐射疗法。而同样重要的另一个目的则是设法减轻辐射的不良反应，这不仅能提高患者对辐射疗法的耐受力，也能在世界爆发核战争时拯救更多的生命。约翰斯相信，想要实现这些目标就得招募各个专业领域的科学家——临床医生、生物学家和物理学家——并强制要求他们一起开展研究。对泾渭分明的科学界来说，这种多学科混合的研究方式十分异类，但正是因为这样的理念，才有

了麦卡洛克和蒂尔这对不可思议的黄金搭档：他们是约翰斯最早招募
的成员。

　　在进入安大略癌症研究所工作之前，麦卡洛克已经当了将近 10
年的医生。行医已然成了他家的一门家族生意。麦卡洛克的父亲和两
个叔叔都是医生，他也追随上一辈的脚步，从多伦多大学的医学院
毕业后，成为一名血液学专业（血液病）的全科医生。虽然工作很
忙，但麦卡洛克并不觉得充实。在内心深处，麦卡洛克是一个知识分
子，他学识渊博，无论是糖尿病神经病变还是笛卡儿的哲学思想都如
数家珍，对罗马的历史就像对肺结核一样熟稔于心。早在参加医学
院组织的实验室轮转培训期间，麦卡洛克就对研究产生了兴趣，到
20 世纪 50 年代后期，麦卡洛克对科研的兴趣已经发展成为强烈的渴
求。当加入安大略癌症研究所的机会出现在眼前时，麦卡洛克立刻
就抓住了它。科学满足了他对思考高深理念的渴望，麦卡洛克把科学
看作人类与大自然的斗智游戏，而想象力是唯一能限制一个人发挥的
因素。

　　詹姆斯·蒂尔加入安大略癌症研究所的经历非常不同。他比麦卡
洛克小 5 岁，在萨斯喀彻温省的农场中长大，务农的经历（他有时需
要从早上 5 点开始干活，一直干到晚上 9 点）使他成为一个强健和专
注的人。蒂尔成绩优异，老师们都看出他头脑灵活，善于分析。大学
毕业后，蒂尔被耶鲁大学竞争激烈的生物物理学博士项目录取。从耶
鲁大学毕业的蒂尔本来可以在美国获得心仪的工作，但他对北方故土

的情结很深，哈罗德·约翰斯正是因为发现了这一点，才相对容易地把蒂尔"诱惑"回加拿大。后来，哪怕是在和麦卡洛克一起潜心研究干细胞奥秘的时期——这是他事业最繁忙的时节——詹姆斯·蒂尔依然会在每年秋天返回故乡，帮家人完成秋收。

尽管钴炸弹取得了初步成功，但这种治疗方法的毒性依然强烈。不仅如此，也没有人能说清它的原理。过去大家都认为，癌细胞对辐射的敏感性比正常的细胞高，而临床上的发现正好与这种共识不谋而合。当治疗成功时，钴炸弹不仅能清除肿瘤，对正常组织造成的连带伤害也相对较少。可是在 1956 年，一位名叫特德·普克的美国科罗拉多州生物学家挑战了这种看法，他的做法是将正常的细胞和癌细胞分别暴露在各种剂量的辐射之下。普克宣称，正常细胞和癌细胞的致死辐射剂量相近，这个实验结果表明正常细胞应该具有同癌细胞一样的辐射敏感性。普克的说法遭到质疑：如果癌细胞和正常细胞的敏感性相同，为什么辐射疗法对身体的伤害相对较低呢？

这个疑问引起了麦卡洛克的兴趣，他怀疑问题出在普克实验用的细胞，它们是用恒温箱培养的：这种实验被称为"体外试验"（in vitro，拉丁语，意思是"在玻璃里"），它有可能导致我们对细胞的敏感性产生错误认识。相比之下，所有支持癌细胞对辐射更敏感的证据都来自针对患者的研究，在这种情况下，受到辐射的细胞都位于活体内，所以这种实验被称为"体内试验"（in vivo，拉丁语，意思是"在活的东西里"）。从来没有人直接在活的动物体内监测过细胞对辐射的敏感性，麦卡洛克认为，这是他开启实验室生涯的理想起点。而在约翰斯的设想中，他的团队就应该研究这种关乎基础科学和临床应用的课题。

为了保证跨学科合作，约翰斯给自己的课题组定了一个规矩：任何想研究辐射的生物学家都必须跟物理学家搭档。（约翰斯相信，物理学家在定量研究上的造诣远胜于生物学家，因此，这种强制的合作关系能够保证团队收集的数据拥有最高的质量。）于是，蒂尔便成为麦卡洛克的物理学家搭档，而麦卡洛克则成为蒂尔的生物学家搭档。两人一拍即合，只是谁也想不到，这次合作会把他们带向完全不同的方向，最后的结果与最初的问题没有半点儿关系。

## 寻找化验的方法

生物学是化验的科学。所谓化验，是指一整套收集数据的实验体系。称器官的重量是一种化验，确定标本的蛋白质含量是一种化验，类似的例子还有测定细胞的生长速度和死亡率，或者构成基因的核苷酸序列。化验的技术含量有高有低，可以在普通的尺度上，也可以在复杂的微观尺度上。但是，所有的化验方法都有一个共同特点：测量的过程和结果要可以重复。鲁棒性是化验方法最重要的特征，因此化验的方法必须严格根据探究的问题量身定制。蒂尔和麦卡洛克想测量辐射如何杀伤生物体内的细胞，这意味着他们必须专门研发一种属于他们自己的化验方式。

想初步认识辐射会对生物体造成怎样的影响，麦卡洛克只需要看看日本的原子弹受害者就可以了。在日本广岛引爆的原子弹"小男孩"和长崎引爆的原子弹"胖子"造成的死难者中，有超过 1/3 的人不是被炸死的，他们在两三个月后死于一种恐怖的组织退行性综合征，这种综合征被称为"辐射中毒"。在所有受累的器官中，血液系统的损伤最为严重，因为一旦患者出现严重的贫血症（携带氧气的红细胞出现衰竭），那么死亡就无可避免了。因此，在担心冷战随时可能转变为热战的时代背景下，研究辐射的生物学家便把研究的重点放在了血液系统上，他们希望能找到一种办法，减轻辐射对血液造成的毒害效应。弄清辐射如何破坏血液系统不仅是学术界关心的问题，它的意义已经上升到了国家安全的层面。

第二次世界大战期间，一位名叫利昂·雅各布森的美国芝加哥内科大夫被任命为曼哈顿计划的主任医师。曼哈顿计划是一个旨在利用原子裂变来研制武器的秘密军事项目。雅各布森的日常工作是监督项目参与者的健康，因为他们需要接触放射性物质。而在这份工作之余，雅各布森也有自己的研究项目：利用动物做一些永远不可能在人类身上开展的实验。在雅各布森开展自己的研究时，人们早就知道血液的生成（或者造血）发生在骨髓里——长骨中心那些肉酱般的浆状物质。但随着研究工作的推进，雅各布森开始怀疑骨髓是否是唯一能够产生新血细胞的地方。有可能当骨髓因为出现异常而力有不逮时，其他器官也能临危受命，填补造血空缺。雅各布森不仅仅是怀疑，其实他心里已经有了这种"候补"系统的人选：一个没有那么重要的腹部器官——脾脏。

雅各布森要做的第一件事是定义辐射的致死量，即会对血液系统造成无可挽回的致命损伤并将其完全摧毁的辐射剂量。经过反复测试，他发现对绝大多数实验动物而言，这个剂量都介于 4~9 戈瑞

（Gray，简称Gy，衡量辐射吸收量的标准单位）。[5]可是，如果他用致死剂量的辐射照射小鼠，与此同时用铅板保护它们的脾脏，实验动物就能活下来。脾脏通过某种方式抵消了辐射对血液系统造成的致命损伤。

雅各布森的发现引起了在战争爆发之前就逃亡美国的德国科学家埃贡·洛伦茨的注意。雅各布森相信自己的发现可以用一种"体液因子"（今天，我们可能会把同样的东西称作"激素"）来解释：他假定脾脏分泌了一种分子，这种分子被输送到骨髓，通过在那里发挥保护作用，让骨髓能够继续造血。洛伦茨的看法不同。他相信雅各布森的发现暗示了脾脏本身就是造血细胞栖身的场所。洛伦茨推论，骨髓可能是造血最主要的场所，但它不一定是"唯一"的场所。也许还有其他的地方，比如脾脏，可以在非常时期充当造血的工厂。

这个假设又引发了另一个问题：如果造血细胞既可以存在于骨髓，又可以存在于脾脏，那是不是意味着它们能在生物体内自由移动？验证这个猜想的终极手段是将一个动物个体的骨髓移植到另一个动物个体身上，并且能亲眼看到移植的骨髓帮助受体重新建立血液系统，这正是洛伦茨的做法：他先用辐射重创了一只小鼠（受体小鼠）的骨髓，然后从另一只小鼠（供体小鼠）身上抽取骨髓并将其注射给受体小鼠。洛伦茨的猜想被证明是正确的：接受细胞移植的小鼠逃过了必死的命运。

这种名为骨髓移植的技术让我们看到了一个关于血液系统的重要事实：生成血液的细胞是可以迁移的，哪怕经过抽取、实验操作和移植，它们依然保留着分化的能力和正常的功能。这种特性甚至不受物种的限制，比如在某些情况下，用兔子的骨髓也能挽救受致死剂量辐射照射的小鼠。后来，骨髓移植成为我们治疗白血病等血液疾病的王牌，但对蒂尔和麦卡洛克来说，它的价值更加朴实无华：这正是他们急需的化验手段，可以用来测量辐射对活体的血液系统造成多少损伤。

## 脾上的结节

麦卡洛克夜不能寐，因为他在实验室里看到了令他百思不得其解的东西。就在 10 天前，他和蒂尔完成了一次普通的骨髓注射实验，他们把成千上万个细胞注射进了被辐射照射过的小鼠的血液。两人的目标是绘制一条"生存曲线"———张能够精确显示受到致死剂量辐射照射的小鼠究竟需要多少个细胞才能免于一死的图表。只要知道了这个标准，他们就可以衡量各种干预手段的效果了。比如，先用不同的化学物质对移植细胞或者受体做预处理，然后再看这种处理方式能否提高动物在受到辐射照射后的生存概率。但是，想让这种实验成为现实可谓任重道远。眼下，骨髓注射只能作为一种对照，用来改进活体的辐射化验技术。实验的步骤相对来说很简单：用辐射照射受体小鼠，给它们注射不同数量的细胞，然后静观其变。一个月后，如果小鼠还活着，就说明它得到的细胞数量已经足够用来重建骨髓了；如果小鼠死了，那就说明细胞的数量不够。无论小鼠是死是活，作为实验的一个步骤，小鼠的脾脏都会被检查。这些实验非常枯燥、耗时，多次重复后，甚至显得有点儿无聊。

1960 年，多伦多一个寒冷的周日，麦卡洛克照例来到实验室工作。他和蒂尔正在做一个小实验，每个周末，他们都轮流到实验室检查小鼠的情况，并为下一周的实验做准备。距离处死和检查实验动物还有 20 天，所以对麦卡洛克来说，这本应该是轻松的一天。研究人员通过之前的实验得知，想确定移植是否成功需要整整一个月的时间。可是，不知道出于什么原因，麦卡洛克却在这个周日打破了惯例：他决定提前检查动物的情况，这比实验原本定下的检查日期早了将近 3 周。

在安大略癌症研究所工作的两年期间，麦卡洛克始终对小鼠和人类在解剖学上展现出的亲缘性惊叹不已：二者的器官，无论是位置还是功能，都显得非常保守。虽然小鼠的心率可能是人类的 5~10 倍，呼吸频率通常是人类的 10 倍，但在细胞的水平上，这些物种差异便不复存在了。心脏的收缩细胞（心肌细胞）泵血的机制在这两种生物中几乎完全相同，不仅如此，啮齿动物和灵长类实验动物的肺泡腔表面都被一层薄得难以想象的液体覆盖，这层液膜将危险的外界与精致脆弱的生物体分隔开来，而且两种生物液膜的分子构成是一样的。不管麦卡洛克从这些实验动物身上得到了怎样的启示，在他的脑海里，他显然认为这些成果可以被应用在人的身上。

或许正是伴着这样的想法，麦卡洛克开始忙碌起来。他给每只小鼠注射了致死剂量的麻醉剂，然后着手解剖小鼠的尸体。突然，他被什么东西吸引住了。那是小鼠的脾脏，正常情况下，脾是一个表面光滑的长条形器官，色泽鲜红，可是眼前的脾脏布满结节。麦卡洛克又解剖了一只小鼠，然后是第三只。每只小鼠的脾脏都长着同样的灰色椭圆形结节，少则一两个，多则 8~10 个。这些结节体积很大，模样古怪，以至于麦卡洛克起初以为它们可能是恶性肿瘤，是从身体其他部位转移到脾脏，并在那里落地生根的侵袭性癌细胞。可是，脾脏里出现转移癌的情况并不常见，况且这些小鼠都没有患上癌症的迹象，至少麦卡洛克没有发现。事情一定还有其他隐情。

无视这些结节，把它们当成不相关的反常现象，只要麦卡洛克想这么做，简直再容易不过了。毕竟，研究人员想在这个实验里看到的结果只有两种：要么是实验小鼠活着，要么是它们死亡。小鼠的生死仅仅是衡量辐射敏感性的侧面指标。因此，脾脏上的结节与麦卡洛克和蒂尔本来想要解答的问题毫不相关。如果麦卡洛克是在移植的 30 天后才做的实验（他本应该这么做），那时候脾脏的外观又会恢复正常。届时，他的解释很可能是：这些结节只是怪异的偶发现象，与他和蒂尔手头的重要研究没有什么关系。如果麦卡洛克这样想，那他就应该忘掉自己看到的东西，早点儿下班回家，舒舒服服地享受温暖的炉火。

幸好，这并不是"圆滚滚"·麦卡洛克的想法。他的眼里容不下不符合预期的实验结果，就像英语老师无法容忍任何一处错误的动词词形变化。即便如此，我们仍不禁要问，有多少发现本来可以被人们知晓，却被热情过头的科学家亲手埋没了。我本人就犯过这种视而不见的错误：有好几次，我把不利于结论的实验结果放到了一边，事后却发现，当初被我归咎于技术错误的结果其实是非常重要的原创发现。没错，总体而言，出人意料的发现（一个极度偏离预期的实验结果）是错误的概率远比它是突破的概率高得多。但总有那么一些时候，这种意外的情况可以成为我们窥探未知的孔隙。正如科幻作家艾萨克·阿西莫夫所说："在科学中，一个预感自己即将有重大发现的人能说出的最激动人心的话并不是'尤里卡①！'，而是'这太不合理了……'"阿西莫夫说对了，但前提是当事人足够聪明或者足够勇敢，并能刨根问底。

麦卡洛克不仅没有无视脾脏上的结节，反而打算进一步研究。他完成了小鼠的尸检，仔细地记下每只小鼠的结节数量。随后，他打开实验室的笔记本，里面有蒂尔写的关于注射操作的细节。麦卡洛克比较了两组数据，一组是蒂尔注射的细胞数量，另一组是自己刚刚数完的脾脏上的结节数量，二者的规律无比清晰，两组数据的关联近乎完美：蒂尔注射的骨髓细胞越多，麦卡洛克看到的结节数量也越多。他不知道这意味着什么，但二者有很强的关联性，绝不可能是偶然。

第二天早上，走进安大略癌症研究所的麦卡洛克朝蒂尔挥舞着手中的图表。他承认自己提前结束了实验，然后对自己看到的东西及结论做了一番描述。他的物理学家搭档不得不同意，这种关联十分有趣，而且不可能是巧合。这下，该轮到物理学背景的蒂尔发威了。他想起了雅各布森在战争期间做的实验：这位身处曼哈顿计划中的医生曾用铅板遮挡小鼠的脾脏，让辐射中毒实验的小鼠幸免于难。那么，会不会是脾脏，这个功能未知的长条形器官，一直在扮演造血工厂的角色，而每个结节都是量产血细胞的独立位点？

蒂尔和麦卡洛克的实验设计与雅各布森有一个关键的区别。由于多伦多的小鼠被暴露在致死剂量的辐射中，骨髓被完全摧毁，所以它们无法靠自身修复自己的血液系统。因此，新的血液系统只能来自捐

---

① 尤里卡，原是古希腊语，意思是"好啊！有办法啦！"，指突然在某一时刻理解了以前难以理解的问题或概念的现象。——编者注

献的骨髓。在为期一个月的标准版实验里，注射的细胞会前往受体的骨骼，并在那里重新启动造血。然而，由于提前终止这种修复过程，麦卡洛克发现的会不会是骨髓细胞的中继站？会不会是注射的细胞在脾脏停留了足够长的时间，开始就地产生新的血液，所以才导致脾脏出现许多结节？这种猜测能很好地解释现象出现的时间顺序：脾脏的结节出现在接受辐射照射的 1.5 周之后，正值小鼠对新血液的需求达到顶峰之际；随后，结节在 3 周后消失，这时候的骨髓已经重新成为造血最主要的场所。

在解剖的过程中，麦卡洛克挑选出几个结节，并把它们放入甲醛，将所有的组织细胞都固定在原本的位置上。此时，他和蒂尔开始为深入研究这些结节做准备：他们打算用一种精密的切割设备（超薄切片机）把结节切成像纸一样的薄片，并借此分析它们的细胞构成。整个实验过程用时不足一天，当组织的切片被放在显微镜下观察时，事实就像麦卡洛克衣领下系的领带那样一目了然。这些结节（研究人员称之为"细胞集落"）真的是造血工厂，细胞聚集成形似骨髓的群落，而且非常活跃。

麦卡洛克偶然发现了一种全新的生物学现象，一种他直到一天前都还不知道的现象，解释这种现象成为头等大事。每个细胞集落是由一个细胞还是由许多细胞发展而来的？显然，前一种情况更令人激动，因为它意味着只需一个细胞就足以得到构成血液系统的所有成分。这个想法很激进，因为在当时，合子是唯一一种已知的、能够生成多种细胞的细胞。即便如此，麦卡洛克依然坚定地认为，每个细胞集落都来源于一个细胞。

## 一种特殊的细胞

凭借将近 80 岁的平均寿命，人类在动物的寿命排行榜上位居中游。动物的寿命差距极大，一边是只能活几天到几周的线虫和果蝇，另一边则是寿命超过一个世纪的鲸和蛤蜊。对寿命很短的小型动物来说，大自然不需要做太长远的考虑，这些动物的器官只要能够正常运作到它们产下后代即可。但是，对那些能活几年甚至几十年的大型动物，进化需要额外考虑的一点是：细胞更新。

无论是由于日常生活的损耗还是程序性细胞死亡，大多数细胞的寿命都是有限的，而长寿的生命体需要一种万无一失的方法补充它们耗尽的细胞。细胞更新的速度在不同组织间差别很大——从细胞能存活几十年的大脑到大多数细胞只能存活一两周的肠道。正是在这些细胞快速更新的组织中，干细胞源源不断地提供新成员。

"干细胞"这个术语是德国动物学家恩斯特·海克尔在 19 世纪晚期提出的。海克尔是汉斯·杜里舒的论文导师，他最著名的主张是"个体发生是系统发生的重演"[6]。这是一种夸张的论断，认为胚胎会在发育的过程中依次经历该物种在进化上经历过的各个阶段，如同一层一层地添砖加瓦，直到个体最终成形。海克尔对干细胞（或者"*stammzellen*"[7]，这是海克尔的叫法）的看法同样不落窠臼，在他的眼里，干细胞是所有动物和组织的建立者：它就像一颗原始的种子，萌发出了整棵生命之树。

20 世纪初，另一位德国博物学家恩斯特·诺伊曼给这个术语赋予了不同的含义。诺伊曼的定义更简单："干细胞"指任何能够产生多种其他类型的细胞的细胞。血液是由许多不同的细胞成分共同组成的，从负责运输氧气的红细胞、抵抗感染的白细胞，到负责形成凝块的血小板，这些都是骨髓的产物。诺伊曼是率先认识到这一点的人之一。事实上，因为几年如一日地盯着骨髓的片子看，诺伊曼已经对上述三种血液细胞的来历有了自己的看法。他在1912年提出猜想，认为所有的血液细胞都是同一种祖先细胞产生的后代，他把这种祖细胞称为"大淋巴细胞性干细胞"。

要证实这种猜想，就必须把这种可能存在的细胞分离出来，然后证明它们的确具有发育上的潜力，可是诺伊曼并没有这样的技术，所以他无从证明自己的理论。除此之外，诺伊曼的模型与传统的认识相悖，主流观点认为红细胞、白细胞和血小板分别具有独立的起源。大淋巴细胞性干细胞的概念因此遭到冷落，无人问津的局面直到将近50年后，才被"圆滚滚"·麦卡洛克改变。

如果蒂尔和麦卡洛克的直觉是正确的——脾脏里的每个细胞集落真的都来自一个细胞——那么，这种细胞应当极其稀有。麦卡洛克的图表显示，平均每注射30 000个细胞，才得到3个细胞集落。这意味着他们假想的干细胞在骨髓细胞里的占比大约是万分之一，要找到它们几乎不可能，除非我们明确知道在哪里可以找到。与此同时，这样的细胞还必须具有卓越的增殖能力，因为每个集落的细胞数量有上万个，甚至更多。

但这只是一种诱人的推断，当务之急是确定脾脏里的集落是否真的起源于单个细胞。大约就在同一时期，大西洋彼岸的约翰·格登也面临着类似的问题：他要设法证明新生的蛙完全是由移植的细胞核发育而来的。格登的做法是利用能够区分两种蛙类的遗传标志物，将供体的细胞核与受体的卵区别开来。而蒂尔和麦卡洛克则必须找到一种不同的细胞标记技术。最终，他们想到的办法依然是借助现有手段：用辐射照射。

虽然放射性粒子不可见，但它的威力巨大。每个粒子都携带着相当可观的能量，能够穿透任何阻挡它去路的东西。在放射性粒子撞上 DNA 之后，细胞会竭尽所能地修复损伤，只是很容易矫枉过正。最终，辐射照射会给细胞留下遗传伤疤：一条或多条染色体上出现肉眼可见的改变。一旦这种异常变化在基因组里固定下来，它就会被遗传给子细胞及子细胞的子细胞，成为细胞受过损伤的证明。不过，对蒂尔和麦卡洛克来说，最关键的一点是：没有两个细胞在受到辐射的照射后会产生相同的损伤。分子的碰撞（以及细胞尝试修复的努力）实在太过随机。

蒂尔的实验室中有一个名叫安迪·贝克尔的研究生，他认为这种独一无二的伤疤是理解脾脏细胞集落起源的关键。贝克尔计划用辐射照射供体的骨髓，但辐射的强度远远不到摧毁受体骨髓所需的致死剂量。经过这样的处理，供体的细胞会带上独特的染色体标记，当这些细胞在受体体内大量增殖时，标记会持续存在。实验的道理非常简单。如果一个集落里的细胞全部带有同样的染色体异常（这是集落的细胞属于同一个细胞克隆的证据），那它们就肯定来源于同一个细胞。但如果集落里的细胞携带着各种各样的辐射伤疤（这是它们属于多克隆的证据），那这个集落就肯定起源于不止一个细胞。

在真正开始实验之前，贝克尔还有一些准备工作要做。最重要的一项准备工作是，他必须找到合适的辐射剂量，既足以诱导可辨识的染色体损伤，又不至于杀死细胞或者影响移植。通过反复试错，贝克尔找到这个理想的剂量：它大概是蒂尔和麦卡洛克找到的致死剂量的2/3。只要受到这个强度的辐射照射，大约有 10% 的细胞会出现明显的染色体断裂，这个比例已经足够让这种方法成为区分细胞系的标记（或者说细胞的指纹）。

经过额外调整，蒂尔、麦卡洛克和贝克尔做好了骨髓移植准备，只不过这一次，他们要移植的是带有标记的细胞。不出所料，受体小鼠的脾脏在接受细胞移植的 1.5 周后长出了许多细胞集落，集落里的细胞带着明显特征：无论这种特征是染色体的数量超标，还是染色体本身的缺陷，清晰可见。虽然每个集落的细胞情况各不相同，但同一个集落内的细胞具有相同的染色体伤疤。这种指纹识别法奏效了，它证明了每个含有红细胞、白细胞和血小板的细胞集落都起源于同一个细胞。

当初，蒂尔和麦卡洛克的第一批论文（他们测量了正常的骨髓细胞对辐射的敏感性，还指出在小鼠的脾脏里发现了结节）被发表在《辐射研究》上，这是一本受人尊敬却鲜有人知的杂志，所以他们的研究并未受到关注。[8] 而贝克尔的论文则发表在了《自然》上，可谓万众瞩目。论文的标题为《从细胞学的角度论证通过小鼠骨髓移植产生的脾脏细胞集落具有克隆性》，标题看上去过长，但这篇文章犹如一则公告，标志着干细胞领域的诞生。[9]

## 一生二，二生四，四生无数

除了为干细胞的存在提供切实证据，上面所说的实验还阐明了干细胞的基本特性。干细胞的现代定义涵盖了两个关键特征：专能性（一个细胞产生多种细胞的能力）和自我更新能力（一个细胞自我复制的能力）。这两种能力让细胞变多且变得多样，这都是拜干细胞的同一种特殊性质所赐：不对称分裂。

就实际的效果而言，不对称分裂能够使细胞的数量和种类同时增加。当发生分裂时，干细胞与所有分裂的细胞一样，由一个变成两个。但是，干细胞的独特之处在于，它能产生两个不一样的子细胞。当发生不对称分裂时，两个子细胞里有一个是干细胞的完美复制，而另一个则与干细胞完全不同，但这两个细胞又都是同一次分裂的产物。这样的分裂方式使干细胞拥有近乎无限的潜能，让它可以产生五花八门的后代。打个比方来说，如果干细胞是童话故事的主角，那么当他把魔神从瓶子里放出来并获得三次许愿的机会时，他的第一个愿望便是要更多的愿望。

今天的我们都知道，血液是最典型的由干细胞衍生而来的组织。血液里的各种细胞系——红细胞、白细胞和血小板——各自承担着差异巨大的职责，而且每一种细胞都能追溯到被称为"祖细胞"的前体细胞。例如，红细胞来源于名为"成红细胞"的前体细胞，而血小板则起源于名为"巨核细胞"的前体细胞。如果继续往前追溯这些前体细胞的由来，你就会发现它们的源头都是造血干细胞。从上到下，这些细胞形成了一套"层级"。每当发生分裂，造血干细胞不仅会为机体的新鲜血液提供所需的细胞原料，还会同时更新和维持干细胞本身的库存。[10]

干细胞来源于干细胞。

"你必须得认识到指数级增长的威力，"麦卡洛克后来说道，他对细胞数量增长模式的比喻会让嗜赌成性的人垂涎三尺，"假设你有 1 美元，然后翻倍 20 次，你知道你现在有多少钱吗？100 万美元！"[11]

虽然多伦多的三位科学家已经证明了干细胞的存在，但要把它们分离出来是完全不同的另一回事。除了惊人的生物学特性，没人知道干细胞还有什么区别于其他细胞的特征，既然没有什么独特之处，要识别它们自然也就无从谈起。"等翻倍 20 次之后，要再想从 100 万美元里找出最开始的 1 美元，几乎是一件不可能的事。"麦卡洛克说。[12]干细胞的特殊之处只体现在它们的能力方面，而非外表。

同生物学领域的许多突破一样，干细胞的发现纯属偶然：一个心急的科学家提前终止了实验计划，引得自己和同事们为奇怪的现象寻找合理的解释。蒂尔和麦卡洛克只是碰巧选择研究血液，如果当初不是他们，同样的巧合最终会发生在研究其他器官的科学家身上吗？

很可能不会。诚然，只要是细胞需要经常更新的组织，都应该有干细胞，类似的组织包括血液、肠道和皮肤。但是，干细胞在其他组织里扮演的角色（尤其是细胞更新频率很低的组织）并没有那么典型。在身体的某些部位，比如骨骼肌，干细胞通常什么也不干，只有当肌肉受伤时，它们才开始发挥作用。而在其他器官里，比如胰脏、肝脏和肾脏，研究人员直到今天都没有找到干细胞存在的切实证据：在这些器官里，新细胞的产生完全依靠已经分化的组织细胞的分裂。组织的干细胞往往需要待在干细胞龛内，这是一种特化的组织结构，功能是支持和强化干细胞的特殊性质，这相当于为干细胞供应能量饮料。造血干细胞要找到自己的干细胞龛并不难，可实体器官（相对于"流动"的血液而言）的干细胞却不是这样的，所以要研究后者就不能采用移植的方式。因此，造血干细胞成为科学家发现的第一种（除合子外）具有专能性和自我更新能力的细胞，几乎可以说是必然的。

蒂尔、麦卡洛克和贝克尔无法提纯这些细胞——即使是在 60 多年后的今天，这依然是一项艰巨的任务。但是，困难并没有让这个领域止步不前。某种程度上，无法直接染指研究的对象有时正中科学家的下怀，或者至少可以说，科学家并没有那么在意：高能物理学家曾在数年的时间里面临相同的困境，他们被迫在看不见实验对象的情况下研究放射性粒子。世界各地的科学家——其中很多是蒂尔和麦卡洛克的学生和追随者——照样可以在没有分离出造血干细胞（或者说血液干细胞，这个叫法更准确）的情况下开展针对它们的研究。

在实践层面上，无法分离和纯化造血干细胞也没有太大的影响。20 世纪 60 年代晚期，家住纽约库珀斯敦的医生唐纳尔·托马斯受到上述 3 位干细胞研究先驱的启发，着手研究将骨髓中的干细胞从一个人移植到另一个人身上所需的条件。蒂尔和麦卡洛克当年的移植技术与现今临床上移植骨髓的流程（在今天被称为"造血干细胞移植"）有重大的区别，后者需要经过增量优化，这是临床研究最基本的策略。而经过临床研究者的探索和创新，造血干细胞移植已然成为一种标准化的医疗手段。到目前为止，全世界的移植手术已经超过了 150 万例，而且这个数字每年还在以大约 90 000 例的速度增长。[13]

到了 20 世纪 80 年代末至 90 年代，另一种干细胞成为万众瞩目的焦点，一种在进化上远比造血干细胞更古老，而且比造血干细胞更具发育潜力的细胞。它就是胚胎干细胞——拥有惊人的，甚至可以说是无尽的增殖和特化潜力。这种特性使胚胎干细胞成为大自然为构筑多细胞生命体添加的独家秘方——它正是解决一细胞问题、使地球上的动物和植物得以出现的关键所在。而如今，同样是干细胞的这种古老特性（能够变成生物体的任何细胞），正在影响和改变医学的未来。

第 8 章

# 细胞炼金术

宇宙中遍布神奇的事物，耐心地等待着我们开悟启智。

——伊登·菲尔波茨，《掠过的影子》

1990 年，出生于意大利的发育生物学家马里奥·卡佩奇创造了历史，他培养出了世界上第一只"敲除小鼠"。这个名称可能会让你的脑海中浮现出某种精通拳击技巧①的啮齿动物，但是在"敲除小鼠"这个概念里，接下致命一拳的并不是另一只老鼠，而是基因。卡佩奇经过苦苦追寻，摸清了利用细胞工程技术改变哺乳动物基因组所需的实验条件，随后向全世界公布了自己的发现。

卡佩奇的童年无比困苦。就在第二次世界大战爆发前夕，他出生在一个单亲母亲家庭。4 岁时，母亲因参加反法西斯活动而遭到纳粹

---

① "敲除"的英语为"knockout"，这也是拳击比赛中"K.O."（击倒）的意思。——译者注

的逮捕，卡佩奇成为无家可归的流浪儿。这个还没到上学年龄的孩子住过各种各样的地方，先是一个农场，然后是孤儿院，最终和早年离家且有虐待倾向的父亲住到了一起。战争结束后，母亲在意大利雷焦艾米利亚的一家医院找到了卡佩奇，当时他身患伤寒，营养不良，已经奄奄一息。离开雷焦艾米利亚，母子俩搬到了美国费城的郊区，卡佩奇的叔叔——一位物理学家兼贵格会教徒——收留了他们。随着卡佩奇慢慢沉浸在体育运动和学校的功课里，战争的创伤逐渐消散。他考上了一所不大的文理学院——美国安提阿学院，位于俄亥俄州。随后几年的夏天，卡佩奇通过勤工俭学项目到麻省理工学院的生物学实验室工作。毕业后，卡佩奇考上了哈佛大学的研究生院（他的导师是双螺旋模型的提出者詹姆斯·沃森），最终在犹他大学找到了工作。

此时正值20世纪70年代初，重组DNA技术的发展势如破竹。卡佩奇在他的新实验室，试图寻找改进基因转移的方法，这是一种将外来DNA片段永久性插入细胞基因组的技术。已有的手段都不够理想，成功率全看实验细胞本身摄取和接纳外来DNA片段的能力，转移的效率很低。而卡佩奇在盐湖城结识的新同事劳伦斯·奥肯提了一个建议：为什么不直接把DNA片段注射到细胞核里？

卡佩奇决定试一试。他设法做出了直径不到1/10 000毫米的针管——要把外源核苷酸送进细胞的核心控制室内，这么细的针管是必不可少的。令卡佩奇感到欣慰的是，他发现奥肯所言非虚：直接注射DNA确实比细胞自己摄取DNA的效率高，未到一年，他就已经能在1个小时内注射将近1 000个细胞了。凭借这样的操作速度，卡佩奇和他的课题组得以继续研究外源DNA整合的细节，包括它们如何插入宿主细胞的基因组，以及如何选择插入的位置。在绝大多数情况下，这种整合都是随机的：DNA 片段似乎并不在乎自己会落在哪一条染色体上。但是，它们偶尔也会比较讲究，会在宿主细胞的染色体上寻找与自身序列相同的区段作为落脚点（当然，前提是宿主细胞里存在这样的片段）。

这种被称为"同源重组"的现象是细胞天生就有的编辑机制，基因组的核苷酸数量多达数十亿，复制的过程中难免出现拼写错误，而同源重组就是细胞的补救手段。在发生同源重组时，细胞先把错误的 DNA 片段剔除，然后以另一条染色体上的拷贝（正确的序列）作为模板，或者说翻录的母带，合成替换的片段。校对序列是细胞在每一轮分裂时都要做的例行事务之一。[1] 不过，卡佩奇的实验暗示，这种替换错误基因的行为并不只是发生在细胞修复自己的 DNA 时。我们可以通过欺骗细胞，让它误以为一段外来的核苷酸分子属于自己的基因组，然后将其精确地插入对应的位置。

同源重组成为一种替换正常基因的手段，我们可以用实验室合成的人造基因取代天然的基因。如果人工合成的 DNA 片段与天然基因的序列差别不大（只有几个核苷酸不同），那么细胞就会把它当成自己的序列。为了验证这种实验方法能否达到预期效果，卡佩奇选择了一类十分容易辨识的基因：当这类基因的正常功能受到干扰时，细胞会变得对某种抗生素敏感。卡佩奇和学生用这种方式优化了操作的流程，在经过计算后，他们认为同源重组的成功率大约在 1/1 000。[2]

卡佩奇并不是唯一一个研究这种基因替换现象的人，威斯康星大学的英国裔科学家奥利弗·史密斯也对类似的课题感兴趣。[3] 史密斯和同事用异曲同工的手段诱变了细胞的 $\beta$-球蛋白基因，这个基因的产物是运输氧气所需的血红蛋白的组成成分。卡佩奇和史密斯既是竞争对手，又是同道中人，他们拥有一个共识：二人都相信，研究的下一步不该局限于体外培养的细胞，而应该在活体动物身上干扰正常基因。如果实验成功，那么未来的生物学家就不必再被动地等待突变的自然发生了。相反，科学家可以主动决定干扰哪一个基因的功能，诱变任何他们感兴趣的基因。

光靠同源重组并不能实现这个目标。卡佩奇和史密斯可以定向诱变体外培养的细胞，但是要让一个动物个体身上所有的细胞全部发生同样的突变，这两件事的难度不可相提并论。科学家需要更先进的手段，一种能让基因突变进入生殖细胞（可遗传的基因组）的创新技术。巧合的是，这种技术正好在研发中，它起源于研究癌症的领域。

## 稀奇的肿瘤

20 世纪 50 年代中期，在美国缅因州的巴港，杰克逊实验室的遗传学家罗伊·史蒂文斯注意到小鼠的睾丸里长出了一种非同寻常的肿瘤。多年来，杰克逊实验室的科学家一直在培育小鼠的"近交系"——类似的小鼠品系相当于孟德尔在研究遗传定律时使用的纯种豌豆。近交系的遗传背景完全相同，所以它们的性状（比如毛色）也一样，这让它们特别适合作为免疫学研究的实验对象。[4] 对同一个近交系的个体开展细胞移植没有任何困难，在通常情况下，来自不同品系的移植物会被受体当成外来物，遭到免疫系统的排斥。

史蒂文斯在意的肿瘤出现在一种名为"129"的近交系小鼠体内，那是一种很罕见却又奇妙的肿瘤，被称为"畸胎瘤"。绝大多数恶性肿瘤的细胞只有一种外形，可畸胎瘤却像细胞的挪亚方舟，构成它的细胞类型繁多，形形色色，包含了正常的机体本身就有的细胞类型：肌肉和神经、软骨和骨骼、上皮、脂肪，乃至毛发和牙齿，这些组织类型都可以在畸胎瘤里观察到。丰富的细胞类型不禁让人联想到，这些不同寻常的肿瘤与正常的胚胎发育可能有某种关系。其他现象也支持这个想法。史蒂文斯发现的这种肿瘤长在睾丸里，那是产生精子的部位，而人类的畸胎瘤最常出现在睾丸或者卵巢（产生卵子的部位）。这很可能不是巧合。

史蒂文斯发现，如果将畸胎瘤的细胞磨碎，再把细胞的悬浊液注射到同一品系的小鼠的肋侧，那么小鼠身上也会长出新的肿瘤，这表明畸胎瘤是可移植的。[5] 于是，史蒂文斯开始尝试不同的移植方法，这让他在 1968 年有了十分惊人的发现，他的实验结果进一步巩固了畸胎瘤与发育的关联。在那个实验里，史蒂文斯使用的供体细胞是正常的小鼠合子，或者说两细胞时期的小鼠胚胎，他把这些细胞移植到了受体小鼠的睾丸里。惊人的是，随后移植的胚胎长成畸胎瘤。这意味着睾丸为畸胎瘤的形成提供了土壤，哪怕细胞本身是正常的也一样。

两年后，克罗地亚生物学家伊凡·达米亚诺夫和同事们在史蒂文斯实验的基础上更进一步，他们用了更成熟的小鼠胚胎，将已经发育出上胚层的胚胎细胞移植到完全不同的另一个部位——肾脏。结果，他们依然得到了畸胎瘤。[6] 如果留在子宫里正常发育，胚胎最后会变成新生小鼠，无论从哪个角度看这些都显得平平无奇的细胞，却因为放错了位置而变成肿瘤。显然，胚胎发生和肿瘤发生的界线比我们认为的更模糊：在错误的时间出现在错误的地点将造成极其严重的后果。

原本完全正常的胚胎细胞却隐藏着癌变的倾向，这让人们更加怀疑，畸胎瘤其实是成熟细胞重新回忆起发育的过程而造就的产物。史蒂文斯几乎把这种肿瘤视为迷你的胚胎，他认为畸胎瘤由两类细胞构成：一类是分化细胞，包括肌肉、骨骼、毛发及其他特化的细胞；另一类是未分化细胞，它们缺少特化的特征，前一类细胞正是由它们分化而来的。事实上，除了这种情况，很难想象还有什么原因能让一个肿瘤表现出如此高的细胞多样性。史蒂文斯的结论是，畸胎瘤肯定具有发育上的层次，未分化的细胞先后产生一系列分化细胞。最引人遐想的是，所有肿瘤可能都起源于单个细胞。

这个观点吸引了密歇根大学的美国病理学家巴里·皮尔斯，他对史蒂文斯的研究产生了浓厚的兴趣。为了验证畸胎瘤起源于单个专能细胞的说法，皮尔斯和他的学生路易斯·克莱因史密斯开始把畸胎瘤细胞一个一个注射进小鼠体内。在总计 1 700 例单细胞移植实验中，大约有 40 例长出肿瘤。实验的成功率很低，这是一项艰巨的任务。即便如此，它依然证明了只需要一个畸胎瘤细胞就足以变成形形色色的各种细胞。[7]

如今，科学家把史蒂文斯发现的细胞称为"胚胎癌性细胞"，针对这种细胞的研究与其他平行领域的交集开始出现。当时，约翰·格登刚刚发现，供体细胞核的分化程度越高，（利用核移植）克隆蛙的难度就越大，这与史蒂文斯和皮尔斯认为未分化的畸胎瘤细胞比已分化的畸胎瘤细胞更具发育潜力的观点一致。除此之外，胚胎癌性细胞拥有的某些重要特征与蒂尔和麦卡洛克在骨髓移植实验中看到的造血干细胞相似：专能性（产生许多不同类型的分化细胞的能力）及自我更新（自我复制的能力）。但二者有一个关键区别，蒂尔和麦卡洛克发现的干细胞发育潜力只局限于血液细胞，而史蒂文斯的肿瘤细胞几乎可以变成任何东西。

## 胚胎干细胞

史蒂文斯把患癌的"129"近交系小鼠送给许多人，他们都是对这种肿瘤的独特性质感兴趣且希望独立对其展开研究的科学家。拉尔夫·布林斯特是史蒂文斯慷慨之举的受益人之一，他是宾夕法尼亚大学兽医兼发育生物学家，在哺乳动物卵子和胚胎的培养及实验方面颇有建树。布林斯特已经证实，我们可以从胚泡上取出细胞，然后把它们注射到另一个胚胎的胚泡腔里，由此获得"混种"胚胎。为了区分供体和受体的细胞，布林斯特选用了两种毛色不同的小鼠品系，[8] 让混种后代（被称为"奇美拉小鼠"[9]，奇美拉是希腊神话中狮头羊身的生物）①更容易辨识：混杂的毛色代表它们来自两个亲本。

对胚胎癌性细胞，人们极为关心的问题之一是它们是否真的拥有无限的发育潜力。如果这些细胞的潜力的确像史蒂文斯相信的那般巨大，那它们的本事就不仅是产生肿瘤细胞，它们还应该能正常发育。如果把史蒂文斯的胚胎癌性细胞注入正常的胚泡里，它们能像正常细胞一样成为混种胚胎的一部分并发生正常的分化吗？布林斯特的混种胚胎可以回答这个问题。

---

① 奇美拉小鼠与嵌合体小鼠的意思相同。——译者注

图 8-1　培育奇美拉小鼠的方法不止一种。左边的方法是利用两个桑葚胚，让两种毛色不同的小鼠品系相互融合，然后继续发育到胚泡阶段。右边的方法是通过显微注射，将胚胎癌性细胞或者其他干细胞注入胚泡腔内（要用两种毛色容易区分的小鼠品系），让它们成为内细胞团的一部分。用任意一种方法得到混种胚泡，然后将其植入代孕母鼠的子宫里，继续发育至成熟。最终的后代由来自两个小鼠品系的细胞构成。通过这种方式诞生的小鼠完全可以是三亲乃至四亲的产物

为了回答这个问题，布林斯特把来自"129"近交系小鼠（棕灰色毛发）的畸胎瘤细胞注射到白色（白化）小鼠的胚泡里。这个实验的成功率也非常低，但布林斯特还是得到了一只奇美拉小鼠，它的白色皮毛上混杂着深色的色块。[10] 这表明胚胎内部的环境能够抑制胚胎癌性细胞形成肿瘤，正好与史蒂文斯之前用正常胚胎细胞所做的实验相反（史蒂文斯的实验表明，在错误的环境里，正常的细胞同样会癌变）。很快，布林斯特的发现便得到了其他科学家的证实，有人得到的嵌合现象甚至比他的还要明显。虽然胚胎癌性细胞是一种癌性细

胞，可它真能参与正常的发育过程。

这个结果的意义非凡。有的发育生物学家开始考虑把胚胎癌性细胞当作特洛伊木马，作为一种将外源细胞和基因送进胚胎的手段，这个构想正是日后"基因敲除"技术的雏形。还有人想用胚胎癌性细胞研究发育过程中的基因调控，或者控制组织形成的信号。但是，最吸引人的一种设想，几乎可以说是科幻故事里的情节，是从人类的畸胎瘤里提取胚胎癌性细胞，然后充分利用它们巨大的发育潜力，研发治疗疾病的细胞治疗。

另一个向史蒂文斯索要小鼠的人是英国伦敦大学学院的生物学家马丁·埃文斯。埃文斯对细胞的分化很感兴趣，这是引导细胞在细胞社会中寻找自己位置的过程。此前，他一直用蛙的胚胎做研究，但这种复杂的实验体系让他越发感到灰心丧气。在蛙的胚胎里，与发育有关的事件的数量太多，而且绝大多数都不可见。这些事件发生的速度之快，尺度之微观，即使用生物化学的研究方法可能也无济于事。结果就是什么研究都得不到明确结果。埃文斯推论，更可行的方法应该是借助体外实验，一种能在组织培养皿里研究细胞分化的手段，而胚胎癌性细胞似乎就是为此量身定做的。

1969 年，埃文斯致信史蒂文斯，后者给身在英国的他直接寄了一笼长着肿瘤的"129"近交系小鼠。埃文斯要做的第一件事是用这些肿瘤培养"细胞系"，一种无穷无尽、可以无限传代的培养物（而不是像史蒂文斯那样，不断地把癌细胞移植到新的小鼠身上）。相比正常的细胞，癌细胞会像野草一样疯长，正是这个特征使它们成为令人头疼的医学问题。然而，这给医学研究提供了便利，因为肿瘤细胞的体外培养难度远比正常细胞低，你只需把它们打散，铺在培养皿上，然后放入恒温箱。埃文斯与新招的博士后盖尔·马丁一起培养了数批永生的胚胎癌性细胞，他们在培养中还用到了另一种被称为"饲养层细胞"的细胞，以支持癌细胞的生存。

很快，埃文斯和马丁便开始测试胚胎癌性细胞的分化潜力。无论测试多少次，这些细胞的表现都与它们刚刚离开肿瘤时如出一辙。把它们注入小鼠的肋侧，它们就变成畸胎瘤；把它们注入胚泡腔，它们就变成奇美拉小鼠。只要一个细胞就能变成一群畸胎瘤，这与皮尔斯和克莱因史密斯先前的发现相同，意味着胚胎癌性细胞系始终保留着发育的潜力。[11] 不过，二者有一个关键区别：不同于完整的肿瘤，借助恒温培养箱或者低温冻存技术，这些胚胎癌性细胞能一直存在，并在我们需要的时候随取随用。

尽管能为奇美拉小鼠的胚胎发育贡献一点儿力量，但胚胎癌性细胞有一道跨不过去的障碍：生殖细胞系。埃文斯热切地希望，自己能在奇美拉小鼠体内找到一些来源于胚胎癌性细胞的精子或者卵子。一旦这个愿望成真，研究人员就可以靠这些配子将胚胎癌性细胞的基因组传递给下一代。然而，事与愿违。埃文斯检查了数百只奇美拉小鼠的后代，没有发现一根"129"近交系小鼠标志性的棕毛。胚胎癌性细胞可以变成奇美拉小鼠身上的很多细胞，唯独配子像是某种禁区。埃文斯大失所望。胚胎癌性细胞是睾丸的产物，它诞生的部位是男性生育力的源泉，可它本身没有生育能力。[12] 这是何等的讽刺。

此时的埃文斯已经到剑桥大学工作了，他认为，如果想获得一种能将基因传递给下一代的干细胞，只能把目光对准后代的唯一来源，也就是胚胎本身。1980 年，在研究了 10 年的胚胎癌性细胞后，埃文斯将注意力转向小鼠的胚泡，他认为胚泡细胞会做一些癌细胞不会做的事情。

经过几个月的摸索和尝试，埃文斯成功地实现了胚泡细胞的体外培养。[13] 与胚胎癌性细胞一样，这些没有癌变的细胞也会在培养皿中形成多种多样的细胞系，而当被注入小鼠的体内时，它们同样会变成肿瘤。最关键的是，胚泡细胞的染色体是正常的。后来的研究表明，正是染色体的异常造成了胚胎癌性细胞无法将自己的基因传递给下一代。没过几个月，曾在埃文斯手下做过博士后的盖尔·马丁就在她位于旧金山的实验室里完成了同样的壮举。[14] 马丁给这种全新的细胞系取名为"胚胎干细胞"，这个名称一直被沿用到了今天。

从技术上讲，胚胎干细胞并不是一种天然存在的细胞。虽然这些细胞来源于活体的胚泡细胞，二者具有类似的特性，可是正常情况下，随着发育的推进，胚泡细胞会在一两天的时间里发生分化。相比之下，体外培养的胚胎干细胞则能在阻止分化发生的环境里保持悬而未决（未分化）的状态达数周之久，直到摆脱这种人为的干预，它们才会从上千种可能性中挑选一种，走上特化的道路。

只用了短短几年，埃文斯、马丁及其他科学家就证明了，胚胎癌性细胞能做到的，这些来自胚胎的新细胞也能做到；胚胎癌性细胞做不到的，它们依然能做到。最重要的是，用胚胎干细胞培养出的奇美拉小鼠可以把这些细胞的基因组传递给后代。这个特性使胚胎干细胞的地位从专能细胞（能够变成生物体内的多种细胞）升格为多能细胞

（能够变成生物体的所有细胞）①。胚胎干细胞的时代终于来临。

1991 年，我第一次亲眼看到胚胎干细胞。当时，我刚开始攻读博士学位，胚胎干细胞的培养已经席卷全球，我们实验室一位名叫迈克尔·沈的博士后掌握了这门技术，并用它来研究细胞的分化。迈克尔是一个脑子灵光但精神内耗严重的科学家，做事一板一眼，为人不苟言笑。可是有一天早上，当我走进实验室时，却看到他的脸上挂着近乎顽皮的笑容。

"想不想看点儿惊悚的东西？"他一边问我，一边抬手指向显微镜，只见上面放着一个圆形的组织培养皿。

培养皿的塑料表面为体外培养的细胞提供了落脚点，上方的介质富含营养，是细胞汲取养料的来源。体外培养的细胞在恒温箱里生活、生长和分化，恒温箱的环境条件（尤其是温度和酸度）需要经过专门的设定，尽可能模拟细胞所处的体内环境。虽然体外培养的细胞与它们在生物体内的样子完全不同，但我们依然可以根据外观上的微妙差异对培养皿中的细胞加以分类。负责弥合切口的成纤维细胞会沿组织培养皿的表面延伸，仿佛在努力地牵拉和修补假想的伤口。相比之下，作为生物体表面不可穿透的屏障，上皮细胞则会形成致密且扁

--------

① 专能对应英语中的"multipotent"，多能对应"pluripotent"。二者形容的都是一种细胞能够产生多种细胞类型的现象，字面意思均是"多能"。但专能细胞的潜力相对有限，且往往局限在特定的细胞系内，例如造血干细胞只能产生血液系统的细胞。——译者注

平的层状结构，看上去就像由鹅卵石铺成的路面。

透过目镜，我看到了各种各样的细胞，有的细胞我认识，有的细胞我不认识。我能轻松辨别出成纤维细胞，它们在培养皿上的分布犹如一块带花纹的桌布。（这些成纤维细胞就是前面所说的"滋养层细胞"，它们在细胞培养中扮演着防止胚胎干细胞发生分化的辅助性角色。）除此之外，我还看到了其他类型的细胞。成纤维细胞的上方似乎有一些排列紧密的细胞团，如果说成纤维细胞是平原，那么这些细胞团就不啻平原上的高地。当对眼前的东西有大体的概念之后，我开始把目光聚焦到其中一团细胞上，就在这个时候，我惊奇地看到它动了一下：一种动态的波纹，从细胞团的其中一端传向了另一端，每隔几秒钟就重复一次。这团细胞居然在"搏动"。

按理说，成纤维细胞的功能是阻止胚胎干细胞分化，但这些成纤维细胞显然没能恪尽职守，因为部分胚胎干细胞（包括我看到的那个）已经特化为心脏的肌肉细胞，或者说心肌细胞。它们之所以会搏动，是因为所有心肌细胞都有内置的起搏装置。搏动的特性让心肌细胞的分化很容易辨别，可是其他细胞系的分化就没有那么显眼了——神经元、软骨、肠道，等等，如果用更精巧复杂的手段，我们或许也能发现这些细胞的存在。

"很酷吧？"迈克尔说。

看着这些细胞一轮接一轮地收缩，我的脑海里冒出了两个想法。首先，我被眼前的景象震惊了，细胞的表现与真正的心脏如出一辙。收缩运动起自细胞团的一端，然后传向另一端，这是电信号在相邻的心肌细胞之间依次传递的结果。这些细胞无从得知自己身在何处——它们在培养皿里，而不是正常的心脏里——但它们似乎并不在意。与此同时，我在想眼前这个细胞团是如何形成的，肯定是某个干细胞恰好落在我盯着的这个位置上。可是，单单一个干细胞似乎不可能——或者说几乎不太可能——在培养皿里走完从胚胎到心脏的"万里长征"。而事实却是，这个搏动的细胞团就在我的眼前，那充满节奏感的收缩运动是它取得长征胜利的铁证。

## 敲除小鼠

胚胎干细胞的体外培养正是卡佩奇期盼已久的技术突破。1985年，就在圣诞节前，他赶到了英国剑桥大学，向埃文斯请教如何获取和培养胚胎干细胞，以及怎样培育奇美拉小鼠。如此一来，卡佩奇就为培育基因组经过修改的小鼠品系做好了技术上的准备：他可以先让胚胎干细胞发生突变，再用突变的细胞培育奇美拉小鼠，然后靠奇美拉小鼠把突变世世代代传递下去。

那么，先从哪个基因入手呢？卡佩奇慎重地考虑了这个问题，因为实验的成败与研究人员选择的基因是否合适密切相关。当时，最有希望的备选是一种酶的基因，这种酶的名字叫HPRT。HPRT酶的突变会导致莱施-奈恩综合征，患者绝大多数为男性，这种病会引发痛风、发育迟滞，患者还经常出现自残行为。对实现卡佩奇的意图而言，HPRT酶有不少优势。首先，这种酶的活性很好检测，这让检验它的基因是否被成功"敲除"变得容易。此外，编码HPRT的基因位于X染色体上（这也解释了为什么绝大多数莱施-奈恩综合征的患者是男性），也就是说，卡佩奇用雄性单倍体胚胎干细胞就行了。由于雄性单倍体胚胎干细胞只有一条X染色体，所以卡佩奇只需要修改一个基因拷贝就可以得到HPRT缺陷的细胞。

卡佩奇和他的课题组成员（包括博士后和学生）开始一点儿一点儿地推进实验。他们人工合成了含有错误HPRT基因的DNA片段，并把这些DNA片段加入胚胎干细胞的培养基，在被胚胎干细胞摄取后，这些人工合成基因又被胚胎干细胞插入自己的基因组。不出所料，大多数细胞只是在数十亿个碱基里随机选一个位置，胡乱地插入外来的DNA片段。不过，也有数量相当可观的细胞把外来的DNA片段整合到正常的HPRT基因所在的位置上，进而把功能正常的基因换成没有功能的缺陷基因。[15] 就在同一时期，奥利弗·史密斯证明了我们可以利用同源重组这种基因替换技术来修正HPRT基因的自然突变：同源重组既可以引入人为的突变，也可以修复人为的突变。[16]

在坚持不懈地研究HPRT基因后，史密斯成功地让经过人工改造的胚胎干细胞"突入生殖细胞系"的禁区，他距离敲除小鼠只有一步之遥。[17] 此时的研究团队已经开始同时研究其他的基因了，到了1990年，卡佩奇的课题组终于决定完成最后一步：利用突变的胚胎干细胞培育突变的小鼠。[18] 这次，他们决定敲除一个名为 *int-1*（现名 *Wnt 1*）的基因，干扰这个基因的功能会影响小鼠神经系统的诸多表型。[19]

这些突破彻底颠覆了遗传学领域。几十年来，遗传学家始终在用突变反推基因，他们先在果蝇、线虫和小鼠中鉴别出有趣的表型，然后把作为幕后主使的DNA揪出来。这就是"遗传学研究方法"，海德堡的几位科学家在研究决定体节的基因时用过这种方法，布伦纳、苏尔斯顿和霍维茨在试图弄清细胞的行为时也用过这种方法。而现在，有史以来第一次，科学家再也不用眼巴巴地等着突变自然发生了：他们可以主动选择让哪个基因发生突变。同源重组和胚胎干细胞培养技术让"从基因正推突变"成为可能，也就是说，我们可以先改变基因的序列，然后看表型发生了怎样的变化，由此推断基因的功能。这种策略有一个很贴切的名字，叫"反向遗传学"，它就像一把燎原的野火，引爆了整个生物学领域。2007年，当埃文斯、卡佩奇和史密斯因为基因敲除技术而被授予诺贝尔奖时，科学家已经用同源重组的方式敲掉了10 000多个小鼠的基因，这些基因的生物学功能几乎涉及所有使人苦不堪言的人类疾病。

## 从小鼠到人类

科学家一直在完善基因敲除技术，经过改进，我们现在甚至能控制基因缺失的时机。敲除的目标是完全抹除一个基因（及由这个基因编码的蛋白质），在此基础上，科学家开始设法引入更微妙的突变，比如只改变DNA序列中的一个核苷酸，这样的突变更接近某些现实中的人类遗传病。时至今日，小鼠基因组里的几乎每个基因都被科学家拿来做过突变实验了，许多基因甚至不止一次被用来做实验。

20世纪90年代初，科学家开始更严肃地考虑胚胎干细胞在医疗方面的潜力。如果只要给予正确的信号，就能让小鼠的胚胎干细胞变成任何细胞（自然状态下，这种情况发生在每一个活体动物体内），那么人类的情况也是一样，这使得经过人为处理的胚胎干细胞在治疗人类疾病方面的应用前景变得不可限量。于是，类似的设想成为这个研究领域雄心勃勃的新目标：利用人类的胚胎干细胞替换老旧的细胞，借此治疗心脏病、脑卒中、肾衰竭、肺气肿、自身免疫病、神经退行性变性疾病、烧伤、糖尿病，以及众多其他疾病。

科学家普遍以为埃文斯和马丁已经完成了最重头的工作，因此制备人类的多能细胞应该是一件相对容易的事。然而，后来他们发现，要把制备小鼠干细胞的实验流程转化为适用于人类的技术，这件事远比先前想象的复杂。出于某种原因，人类的胚胎十分不配合，情况很快就明朗起来：为了获取人类的胚胎干细胞，我们需要新的方法和技术。几年后，两名科学家——分别是来自威斯康星大学的杰米·汤姆森和来自约翰斯·霍普金斯大学的约翰·吉尔哈特——解决了这个技术难题，到 20 世纪 90 年代晚期，对人类胚胎干细胞的热情被再度点燃，人们相信这种细胞拥有修复心脏、肾脏和脊髓的巨大潜力，认为它将给医疗实践带来变革。[20]

但是，干细胞领域面临着另一个难题：如何让细胞按我们的意愿行事。想要让人类胚胎干细胞技术引领细胞治疗的新纪元，科学家就必须先设法获得治疗疾病所需的各种细胞。事实证明这相当困难。我们已经在前文看到，分化是众多细胞对话的结果：无数神秘的信号分子齐心协力，以无比准确的信号强度、无比精确的时机，在正确的位置上共同指导细胞的行动。为了得到同样的结果，我们有必要为胚胎干细胞提供部分乃至全部的信号分子。

抱着这样的期望，研究干细胞的科学家开始用各种各样的分子鸡尾酒处理胚胎干细胞，至于每一种分子鸡尾酒的配方（蛋白质及其他化学物质），有的是基于经验，有的则是以胚胎学的知识作为基础。这些研究的成果慢慢显现。科学家们改进了诱导分化的实验流程，在培养皿里得到了与正常胰脏、心脏、肺脏、肝脏、肠道、软骨、骨髓、大脑等组织的成分极为相似的细胞。[21]

但是，这个研究领域距离实现最初设定的目标还很远。大多数研究干细胞的科学家坦言，即使到了今天，利用胚胎干细胞分化实验得到的细胞产物，其功能依然无法与生物体内的正常细胞相提并论。[22]我们不清楚为什么这些细胞比不上自然分化的细胞，但二者的差异表明，培养皿的环境缺少生物体本该有的某些因子。反过来，我们也不清楚为什么当把胚胎干细胞注入胚泡里时，它们可以发挥正常的功能，可是当我们把同样的细胞注入动物的肋侧时，它们变成了肿瘤。这些问题时刻都在敲打我们：对细胞的自我更新、分化和一细胞问题，我们的认识是何等有限。

## 反对干细胞的浪潮

进入 2000 年，干细胞遇到了更大的障碍：人类胚胎干细胞来源于人类的胚胎，这个事实引起了宗教和伦理方面的反对。用小鼠胚胎来制备干细胞的争议不算特别大，可是要肢解人类的胚胎就是另外一回事了，许多人表示无法接受，尤其是那些坚决反对堕胎的群体。在他们看来，胚胎的来源并不重要——即使是体外受精治疗弃用的，只含几百个细胞并且得到当事夫妇知情同意的捐献胚胎，也一样不可接受。

2001 年 8 月 9 日，时任美国总统乔治·布什就人类干细胞研究问题向全国发表讲话。这场演讲举行的时间在"9·11 恐怖袭击事件"发生前的一个月，《时代》杂志后来将它所关注的议题形容为"这位年轻的总统任上最棘手的困境"。[23]此时距离汤姆森和吉尔哈特宣布成功获得人类胚胎干细胞仅仅过去 3 年，可是在这短短的 3 年时间里，干细胞领域已经深陷美国的堕胎争议，成为众矢之的。

布什演讲的现场是位于得克萨斯州克劳福德的自家牧场，他认为，胚胎干细胞研究的症结在于两难的道德困境，对生命的保护没有时期和阶段之分，而拯救和改善生命同样属于众望所归。当提到对这个问题的看法时，布什解释道，他不断地在思考两个基本的问题。首先，这些冰冻的胚胎算不算人，是否应当受到保护？其次，如果这些胚胎终究会被销毁，那用它们来做研究，为拯救和帮助其他生者做出潜在的贡献，造福大众，难道这样不好吗？

其实，布什真正纠结的具体问题是政府应不应该把税金拨给涉及肢解胚胎的研究项目，哪怕这些胚胎是生育门诊多余的"废料"。最终颁布的政策让人类胚胎干细胞研究的支持者（科学家及患者群体）和反对者（反堕胎者）都很不高兴。布什采取了折中的方案，以演讲当晚为分界线，在此之前，干细胞领域大约有 60 个人类胚胎干细胞系，布什的政策允许美国国立卫生研究院继续为使用这些细胞系的项目提供经费；而对任何晚于这个时间才建立的人类干细胞系，政策规定联邦政府不得为相关的研究拨款。

人类胚胎干细胞研究的反对者认为布什的政策放任了人类胚胎研究，称它"为道德所不容"。[24] 而在那些对干细胞研究寄予厚望的人的眼里，布什的妥协不啻死刑判决。这个政策给几十个细胞系留了余地，允许它们继续存在，给人的感觉仿佛是人类胚胎干细胞的研究不会受到什么重大的影响。可事实并非如此。许多已有的细胞系并不适合用来做研究，它们要么无法在培养皿里生长，要么表现得不像干细胞。还有一些细胞系属于专利，无法在科研圈内广泛流通。除去这些细胞系，剩下的细胞系的数量很少，很难代表人类多样的遗传背景。

令人啼笑皆非的是，布什的政策反而加快了干细胞的研究。就在美国总统讲话播送后的几个月，美国有多个州先后做出了反应，它们开始支持独立的干细胞研究计划。联邦政府拒绝为一个大有前途的重要领域提供维持的资金，这种釜底抽薪式的做法激怒了私人基金会和患者权益保护团体，引得它们纷纷入局，支持美国本土及海外的干细胞研究项目。很难说类似的独立研究项目究竟筹集到了多少经费，但就总数而言，假如当初美国没有出台限制联邦政府财政拨款的政策，那么时至今日，美国国立卫生研究院对人类胚胎干细胞研究的投入很可能也没有非联邦政府来源的资金多。

后来，这些政治和伦理角力又持续了两年。直到 2006 年，新的进展才让关于这类研究乃至这门学科的争议有所平息。因为一名日本外科医生和他的学生发现了另一种获取人类多能细胞的方法——一种不需要借助胚胎的方法。

## 贤者之石

1962 年，山中伸弥出生于日本大阪，他的父亲是一名工程师。同我在前文介绍的许多发育生物学家（鲁、米舍、麦卡洛克，等等）一样，在转行当科学家以前，山中也是一位医生。他在神户念完医学院，专业是矫形外科。但在求学期间，他认为相比诊治已经生病的患者，如果自己能成为一名研究疾病病因的科学家，就能为减少病痛做出更大的贡献。于是，山中申请了一个药学博士项目，并在 1993 年获得博士学位，随后举家搬到旧金山，参与格拉斯通研究所的博士后项目，并在那里学会了敲除小鼠的培育技术。

回到日本后，山中发现美国的科研理念与日本不同。美国的科研氛围提倡创新、冒险和活跃的思想交流，而日本的科研评价尺度更讲求实用。山中的同事对基础研究缺少兴趣，他们建议山中换一个跟医药关系更紧密的课题。由于很难发表论文，无处获得研究经费，山中也曾想过放弃科研，重新回到临床一线。

幸好，这位外科医生出身的科学家在日本奈良先端科学技术大学院大学找到一份新工作，他负责在那里运营敲除小鼠的"核心实验室"。这是山中的幸运，也是医学的幸运。山中的日常工作是培育带有特定突变的小鼠，只要有同行提出需求，他就得按客户的意思改变小鼠的基因组。（核心实验室是一种充分利用规模效应的机构，普通的独立实验室往往会因为成本或者技术门槛过高而把特定的实验外包给专门承揽此类实验的核心实验室。）山中很擅长培育敲除小鼠，这成了他立足的资本。山中在科研上的自信日益增长，最终，他总算有了施展拳脚的空间：获得了研究课题的自主权和资源。

时间来到 1999 年，也就是汤姆森和吉尔哈特通过实验手段成功获取人类胚胎干细胞后的第二年。每天，山中都在他的"敲除中心"研究小鼠的胚胎干细胞，他和很多人一样，相信有朝一日，人类胚胎干细胞会给医学带来革命。他决定自己的课题将以干细胞为研究对象。但与这个领域的其他科学家不同——他们都在寻找更好的方法，来推动干细胞的分化——山中想反其道而行之，也就是让已经分化的细胞变回干细胞。

当然，山中的想法并非无源之水，已经有人在这方面做出了一些成果。最早是约翰·格登（通过核移植实验）证明了发育的时钟可以回拨。格登的研究促成了世界上第一例克隆哺乳动物多莉的诞生，由此可见，每一个细胞都具有变成其他任何细胞的潜力。就在山中刚刚加入奈良先端科学技术大学院大学的时候，他的日本同胞、科学家多田孝志证明，只要将小鼠的胚胎干细胞与已经完全分化的淋巴细胞融合，就可以诱导后者的多能性。这个发现非常关键，因为它意味着细胞的多能状态是"显性的"，也就是说，潜力无限的胚胎干细胞可以重编程另一个命运早已注定的细胞。[25]

山中知道，类似核移植这样的技术永远不可能代替胚胎干细胞。这不仅因为核移植的技术门槛高，更因为核移植需要破坏胚胎，这又回到了困扰这个研究领域的老问题。山中设想，一定有更简单的方法可以回调细胞的发育时钟，一种不需要借助如此复杂的专业技术就能对细胞核做重编程的手段。在文献里查找更为简单直接的方法时，山中把目标锁定在转录因子上，也就是雅各布和莫诺在研究细菌和噬菌体时首先发现的基因调控分子。利用这些DNA结合蛋白开启和关闭基因的能力，如果能找到合适的搭配，或许我们就可以重编程已分化的细胞，使其恢复多能性。

从表面上看，这个想法似乎是不可能实现的。因为在每个活细胞里，调控基因表达的转录因子有几十个，甚至更多，转录因子的组合及基因的表达情况决定了细胞的身份。如果山中（或者说任何人）觉得自己可以通过精确地替换每一种转录因子，让一个已经分化的细胞变回干细胞，这样的想法显得过于天真了。从第一性原则的角度看，这个方案应该是不可行的。

尽管如此，山中还是认为这件事未必有看上去那么复杂。他自有理由。首先，单单一个转录因子的改变就足以导致果蝇的同源异形突变，而且这种突变非常夸张，突变的果蝇不是多出一对翅膀，就是触角变成了腿，如同怪物一般。除此之外，西雅图福瑞德·哈金森癌症研究中心的科学家哈罗德·温特劳布已经证实，MyoD（一种与肌肉的分化有关的转录因子）能把成纤维细胞转化为成肌细胞（肌细胞的前体细胞）。[26] 如果区区一个转录因子就能如此有效地扭转细胞分化的方向，那么在合理搭配的情况下，或许我们只需要少数几个转录因子就可以诱导细胞脱分化，强迫特化细胞恢复干细胞的特性。

研究的第一步是罗列所有可能具有脱分化功能的转录因子。通过查阅文献，同时依靠在敲除实验中获取和积累的信息，山中和实验室的成员编写了一份包含 24 种转录因子的名单，这些转录因子要么是只在胚胎干细胞里表达，要么是对胚胎干细胞的功能至关重要。按照山中的推测，只要借助这份名单上的全部或者部分基因，应该就能让细胞恢复到类似于干细胞的状态。

接下来就该验证自己的理论了。此时的山中已经把实验室搬到日本京都大学，他说服了一个名叫高桥和利的研究生来负责这个颇具风险的课题。高桥从分离编码这些转录因子的基因并将它们单独导进小鼠的成纤维细胞（每次一个）入手，成纤维细胞的功能是负责伤口的愈合。高桥最初是希望从成纤维细胞的外观上寻找能够反映发育过程发生逆转的变化。

但结果无一例外，全是阴性的：从细胞的外形上看不出它有任何向多能性倾斜的迹象。虽然这让人大失所望，但也在意料之中。山中和高桥没有打算偃旗息鼓，他们想知道如果把不同的转录因子组合起来，成功率是否会高一些。因此，高桥把全部的 24 个转录因子同时导入成纤维细胞里，这次实验的结果完全不同，而且非常惊人：有的细胞变得很像胚胎干细胞。

某些转录因子的搭配真的逆转了发育时钟,但具体是哪几个呢?这 24 个基因都是必要的吗,还是只要其中几个就行?通过试错,高桥把这份名单精简到只剩下 4 个基因。表达这 4 个基因(现在被称为"山中因子"[27])的成纤维细胞不仅看上去像胚胎干细胞,它们的行为表现也很像胚胎干细胞:首先,它们会表达胚胎干细胞表达的所有基因;其次,当被注入小鼠的肋侧时,它们会变成畸胎瘤;再次,也是最重要的是,在被注入小鼠的胚泡后,它们的细胞后代能够融入任何胚胎组织。

这种人造细胞无论怎么看都是如假包换的胚胎干细胞,唯一的区别在于它们并不是来源于胚胎。为了强调这个事实,同时也是为了规避长久以来人类胚胎干细胞研究面临的争议,两位日本科学家把细胞这种返老还童的现象称为"诱导多能性",并给这个过程的产物取名"诱导多能干细胞"(简称iPSCs)。[28]

不到一年的时间,山中的实验室就用相同的基因培育出了人类的诱导多能干细胞,与此同时,胚胎干细胞研究的先驱汤姆森也完成了同样的壮举,只是他用的基因和山中略有不同。很快,十几个实验室跟进,这些实验室研究员的工作证明了并不只是成纤维细胞能被重编程和恢复多能性,有很多已经发生分化的小鼠和人类细胞,它们的发育时钟也能被回调。在如此短的时间内,居然有这么多独立(且将信将疑)的实验室能重复山中的结果,这足以说明想让细胞恢复到胚胎时期的状态相当简单。

起初,有的科学家担心诱导多能干细胞的发育潜力可能不及胚胎干细胞,或者是与胚胎干细胞存在某些不为人知的区别,导致它们不适合作为研究的对象，遑论临床应用。但随着时间的推移，围绕诱导多能干细胞的顾虑已经渐渐消退，事实证明，我们很难找出诱导多能干细胞和胚胎干细胞的明显差别。[29] 尽管有的研究项目依然选择使用胚胎干细胞，但研究人员内心的天平已然倒向了诱导多能干细胞，因为它们相对容易获得，而且可以来自任何人身上的活细胞。另外，在 21 世纪的最初几年，胚胎干细胞研究始终被伦理问题的阴霾笼罩，而诱导多能干细胞绕过了这个问题，所以它几乎不会受到来自政界和社会的阻挠。一个本不应该成功的实验却让培育一种独特的细胞成为可能，这种独一无二的细胞充满了潜力，它是每一个在世之人的起点和化身。

## 细胞的化身

诱导多能干细胞的前途不可限量。但这个领域还太年轻，这些干细胞究竟会在未来的医学中扮演怎样的角色尚无定论，有关这个话题，我会在最后的章节加以探讨。不过，多能细胞已经在构建疾病模型方面证明了自己的价值。构建疾病模型是一种研究疾病的实验手段，风险和成本都比人体临床试验小。

构建疾病模型的传统做法是利用实验动物，尤其是小鼠。但这种实验的结果并不总是尽如人意。虽然今天距离小鼠和人类在进化上分道扬镳的时间只过去 7 500 万年——就进化而言，这相当于一眨眼的工夫——但疾病总能放大二者的不同。由于细胞构成、代谢通路和分子结构的差异，在小鼠模型上效果显著的药物对人类患者的疗效往往不佳。类似地，能在人类中引起严重疾病的突变，在小鼠模型上却不会导致明显的病症，这类情况出现的频率高得出奇。传染病的研究更是如此，因为病毒对感染哪种（些）生物的选择非常严苛。虽然我们从小鼠身上学到了很多有关胚胎发生及生理学的知识，但对认识疾病和研发新疗法来说，用小鼠做研究是一件相当碰运气的事。

多能细胞的诞生让构建疾病模型多了一个选项，有时甚至比动物模型更加可靠。诱导多能干细胞的制备本来就比其他研究方法简单，而在过去10年里，制备流程还进一步被简化了。如今，只要有血液或者皮肤的样本，甚至只要是含有细胞的尿液样本，科学家就能在几周内培育出诱导多能干细胞。科学家已经建立了数千个诱导多能干细胞系，每一个细胞系都是样本主人的化身。它们囊括了各种种族、民族、疾病状态，有的被实验室留作私用，也有的被保存在"诱导多能干细胞银行"里，科学家们可以通过规范的审批手续共享这些实验素材。

很多构建疾病模型的努力是为了针对神经肌肉疾病，比如阿尔茨海默病、帕金森综合征、肌营养不良，等等，这些疾病亟须获得更好的治疗方法。动物疾病模型的效果始终令人失望，而患者的样本又难以获得，因为这些疾病影响的部位通常是人的大脑。所以，科学家转向了诱导多能干细胞，把它当成研究人类疾病的新途径。比如，哈佛大学的科学家克利福德·伍尔夫和凯文·埃根一直在用诱导多能干细胞研究一种罕见的、可遗传的肌萎缩侧索硬化（ALS，或者称葛雷克氏症），患者的运动神经失去了正常功能。两位科学家利用类似于山中的实验手段，加上患有这种罕见病症的患者提供的生物样本，培育出了相应的诱导多能干细胞。紧接着，他们又用细胞因子鸡尾酒诱导多能细胞的分化，把它们变成了类似运动神经元的细胞。这些来自患者的运动神经元表现出异常的电活动，而同样是来自诱导多能干细胞，对照组的运动神经元则没有这样的异常电活动，这意味着哈佛大学科学家培养的细胞的确能反映样本主人的患病情况。随后，课题组尝试寻找能够纠正这种异常电活动的药物，结果他们还真找到一种抗癫痫药物。这个发现继而又推动了后续的临床试验。[30]

肝脏也是诱导多能干细胞疾病模型关注的焦点。从调节代谢到合成血液蛋白，肝脏的功能很多，而这些功能全都由肝细胞（肝脏中占比最高的细胞类型）承担。不过，肝细胞很难体外培养，哪怕是用新鲜取出的活体样本也不例外。经过几十年的努力，科学家总算找到了办法，让诱导多能干细胞分化成类似肝细胞的细胞，这为相关的研究打开了大门。例如，有了来自诱导多能干细胞的肝细胞，我们就可以预测某种分子到底是会损伤肝细胞，还是杀死肝细胞——药物对肝脏的损伤是一种常见的不良反应，被称为"肝毒性"。

诱导多能干细胞技术还可以用来挖掘老药的新用途。譬如，研究肝脏的科学家斯蒂芬·邓肯的工作是利用来自患者的诱导多能干细胞寻找治疗家族性高胆固醇血症（一种遗传性疾病，患者血液中的低密度脂蛋白胆固醇远高于正常水平）的新方法。（肝脏有许多重要的功能，其中之一就是控制低密度脂蛋白胆固醇的水平。低密度脂蛋白胆固醇就是"坏胆固醇"，它的升高会导致心血管疾病和死亡。）邓肯发现，当家族性高胆固醇血症患者的诱导多能干细胞分化成肝细胞时，它们的异常表现与临床患者的肝细胞如出一辙，包括过量分泌与低密度脂蛋白相关的载脂蛋白 B（ApoB）。于是，邓肯的课题组追问，现有的药物能否抑制这些细胞合成 ApoB。研究人员将从诱导多能干细胞分化而来的肝细胞分装到数千个组织培养皿里，再给每个培养皿添加不同的药物，随后测量这些药物是否让ApoB的水平发生变化。他们在这种药物筛选里"中了不少奖"，包括一类名为"强心苷"的治疗心脏病的药物，比如地高辛和洋地黄。通过查询一个匿名数据库，根据因心脏病而去医院就诊的患者的信息，邓肯和他的同事发现，那些服用强心苷的患者的低密度脂蛋白胆固醇水平与服用他汀类（一类专门用于控制血胆固醇水平的主力药物）的患者同样低。作为一种已经在临床上使用了两个多世纪的药物，如果不是诱导多能干细胞，恐怕强心苷的降胆固醇功效依然不为人知。[31]

对诱导多能干细胞技术的应用，最后一个例子涉及传染病。在美国，丙型肝炎病毒是导致肝硬化和患者必须接受肝移植的首要原因，它能感染肝细胞，引起慢性的免疫反应，逐步侵蚀肝脏的功能。有的丙型肝炎患者会出现严重的病症，并逐渐演变为肝衰竭，而有的患者的症状则比较轻微。但是，因为这种病毒只感染人类和黑猩猩的肝细胞，所以我们无法用小鼠建立该病的模型，这让研究病情进展差异的原因变得十分困难。诱导多能干细胞帮我们解决了这一难题，因为由诱导多能干细胞分化而来的肝细胞可以被丙型肝炎病毒感染，这让研究细胞和分子后续的异常表现成为可能。不仅如此，因为这种由诱导多能干细胞分化而成的肝细胞可以来自不同的个体，所以科学家还能用它来研究丙型肝炎病毒的生物学特性在人群尺度上的差异。[32]近年来，同样的方法已经被用到了研究其他感染人类的病毒上，先是寨卡病毒，然后是西尼罗病毒，以及新冠感染的病原体——新型冠状病毒。

这些都只能算是初露锋芒。诱导多能干细胞堪称细胞的炼金术，这种技术的诞生还不到20年，至于20年后它会发展到什么程度，恐怕谁也说不准。将来的每个人是否都有自己专属的诱导多能干细胞系，就像一种体外的细胞金库，进一步推动医疗的个性化？甚至，我们能否用患者自身的诱导多能干细胞培养人造器官，挽回肝脏、肾脏、心脏，乃至大脑的衰竭？这些都具有可能性，而并非必然。但有一点是确定的：这些技术性工具将在一定程度上改变医学实践。

从某种意义上来说，疾病是胚胎发生的成果遭到破坏的表现，是发育过程构建的细胞网络出现的分子裂痕。在接下来的章节里，我们将一窥疾病造成的破坏，以及科学如何证明胚胎或许能延缓、阻止，甚至逆转我们的衰老。我们将从胚胎干细胞领域的肇始说起：危害全球人类的癌症，一种每年杀死近 1 000 万人的疾病。

# 第 9 章

## 祸起萧墙

癌症没有使我屈膝下跪，它让我重新站了起来。[1]

——迈克尔·道格拉斯

只有熵的增加是不费吹灰之力的。

——（据称）安东·契诃夫

乍看之下，癌症与胚胎发育似乎没有什么关系。癌症的扩张肆无忌惮，它们会毫不留情地将阻挡它们去路的组织碾得粉碎，相比之下，胚胎则是组织性和重现性的典范。哪怕是罗伊·史蒂文斯在研究细胞分化时使用的畸胎瘤，它们的生长势头也无比迅猛，内部结构与正常的组织只有一点儿似是而非的相似之处。癌症极尽破坏之能，而发育则专行创造之事。

然而，癌症和胚胎的共同点比看上去多得多。[2]二者最像的一点无疑是生长能力，这是癌症和胚胎发育最突出的特点。但生长能力指的不仅仅是细胞增殖。庞大的细胞通信网络让肿瘤不只是一堆各自为政的癌细胞。细胞分化的程序（许多都和我们在胚胎里看到的极为相似）让肿瘤细胞有了转移和恶变的能力。在肿瘤复杂的生态里，甚至可能还有干细胞参与其中。

肿瘤细胞和正常细胞最大的区别在它们的基因组里。德国发育生物学家西奥多·博韦里最早提出染色体是遗传信息的载体，此外，他还是第一个用分子机制解释癌症的人。虽然博韦里没有研究过癌症本身，但从他对胚胎的研究来看，发育和癌症之间存在着密切联系。博韦里的研究手段是改变染色体的数目，当染色体的数量过多或过少时，海胆的发育就会出现异常，形成一种类似肿瘤的畸形胚胎。癌细胞的染色体经常出现异常，当博韦里把这些碎片拼凑到一起之后，他认为染色体的异变不仅仅是癌症的表现，而且是癌症的病因。1914年，博韦里把自己的观点整理成一个简洁的癌症理论。[3] 这个理论的大部分内容一直被沿用到了今天，其中有 4 个值得一提的概念：（1）癌症是一种细胞疾病；（2）癌症起源于一个细胞；（3）肿瘤及肿瘤增殖的倾向是染色体失衡的结果；（4）癌细胞会把染色体的异常及增殖的倾向传给后代。

今天的我们知道，癌症其实是一种基因病，而且我们已经对这些基因（及它们所在的染色体）如何在肿瘤形成的过程中误入歧途有了深刻的认识。有的基因通过促进细胞的生长和分裂推动癌变（这样的基因被称为"原癌基因"），有的基因原本的功能是抑制细胞的生长和分裂（这些基因被称为"抑癌基因"）。在正常情况下，无论哪一类基因都对生物体无害，其实对胚胎和成体来说，原癌基因和抑癌基因都是不可或缺的。与癌症相关的基因既能让人健康长寿，又能置人于死地，这种功能上的两面性凸显了癌症生物学的核心原则：癌症并不涉及新的生物学机制，这种疾病只是在以新的方式利用我们已知的生物学机制。

在发育期间，当原癌基因的功能占据上风、细胞分裂的速率与肿瘤细胞相当时，胚胎便开始生长。随后，当发育结束、胚胎不需要再生长时，基因活动的平衡便倒向抑癌基因，生长随即停止。刺激生长的程序和抑制生长的程序能够达到这种受控的动态平衡是生物在数百万年的进化中经过千锤百炼的结果，它让动物能够长到既定的体型。[4]

可是，突变导致癌症摒弃了这种平衡。[5]人类的基因组包含许多原癌基因，它们促进细胞生长和分裂的方式各不相同。有的原癌基因与促进生长的胞外信号有关，它们编码的蛋白质负责将胞外信号传到细胞内，比如表皮生长因子受体（简称EGFR）。也有的原癌基因本身就是转录因子，可以调控数百个促进细胞生长的下游基因，比如原癌基因 *MYC*。类似地，人类的基因组也有很多抑癌基因，它们发挥功能的分子机制也不尽相同。

你可以把分裂中的细胞想象成一辆行驶的汽车，原癌基因是这辆车的油门，而抑癌基因则是刹车。正常情况下，头脑清醒的司机会平稳地控制车速，速度太慢就踩油门，速度太快就踩刹车。细胞也是一样，它们会在增殖和静息（不分裂的状态）之间来回切换。对胚胎而言，组织的扩展是优先事项，细胞就像驶上了生长的高速公路：没有刹车，油门踩到底。而在成体中，除了部分例外的情况，细胞每天的例行事务以组织的维护和保养为主，绝大多数细胞要么靠边停车，要么以令人无法忍受的低速缓缓行进。[6]

导致癌症的突变扰乱了汽车的功能——要么是原癌基因超负荷运转（就像在油门上压一块砖头），要么是抑癌基因丧失作用（相当于切断刹车的液压管）。癌症是细胞版本的车辆失控，为了防止这种情况发生，大自然专门设置了数道保险。只有当类似的保险机制失效时，癌症才会发生，通常这是多个突变（或者说"打击"）在同一个细胞里积累造成的结果。至于一个正常细胞需要遭受多少次打击才会发生癌变，虽然具体的数字差别很大，可一个突变往往是不够的。因此，绝大多数肿瘤都会经历"癌变前"生长，这个阶段通常会持续数年之久：不管是结肠的息肉，还是皮肤上的痣，只有当突变的打击积累到一定程度时，细胞才会发生恶变。突变的积累需要时间，所以癌症发生的风险随年龄的增长而增加。对进化来说，没有什么事比传宗接代更重要，正因为如此，大自然会尽全力保护每一个处于生育年龄的人，至于晚年的你会不会得癌症，大自然就没那么在意了。

## 癌症的细胞起源

托尔斯泰曾有一句家喻户晓的话：幸福的家庭总是相似的，不幸的家庭各有各的不幸。癌细胞也是一样，本质上，每个肿瘤可谓独一无二。细胞发生癌变的分子途径并不是单一的。虽然原癌基因和抑癌基因的突变是细胞癌变的必要条件，但究竟是哪些基因发生了突变，每一例癌症的情况各不相同。随着细胞不断遭受这种致癌性的打击，它们的表现变得越来越怪异，这个循序渐进的过程被称为"肿瘤的进化"。许多原癌基因和抑癌基因的组合都会促进肿瘤进化，导致细胞癌变，正是出于这个原因，世界上没有完全相同的癌症。

每个肿瘤都起源于一个细胞。但是，与起点明确的胚胎（合子）不同，肿瘤的细胞起源经常模糊不清。一种相对笼统的看法是把癌症起源的组织视作它的来源，所以我们会说"乳腺癌"或者"肺癌"，诸如此类。如果力求精确，我们知道每个器官都有数百万个细胞，而每个肿瘤只来源于其中一个特定的细胞。正是在这一点上，我们的认识开始变得模棱两可。以结肠为例，结肠的上皮包含类型众多的细胞，既有负责吸收和分泌的、已经分化的细胞，也有负责产生这些分化细胞的干细胞。于是，问题就变成了是否所有细胞都有可能发生癌变，抑或只有其中一部分细胞具有癌变的特性？而如果肿瘤可以起源于一个以上的细胞，对生物学和临床医学来说意味着什么？

追溯肿瘤起源于哪个细胞是一件令人望而生畏的事。最理想的做法是完整记录一个肿瘤生长的全过程，然后通过回溯寻找它的起源。鉴于世界上没有这样的记录技术，再加上我们不可能光靠肿瘤的外观就确定它的来源，[7] 所以科学家只能把目光投向用基因工程小鼠建立的癌症疾病模型。[8]

第一个这样的模型出现在 20 世纪 80 年代，它是转基因小鼠技术发展的成果——这种技术能把外来的 DNA 片段（原癌基因）导入小鼠的基因组。这些早期的癌症模型不仅明确证实了原癌基因可以导致肿瘤，还为研究活体的癌症提供了手段。后来，科学家又把由埃文斯、卡佩奇和史密斯首创的小鼠基因敲除技术应用到癌症研究中，这让他们获得了更为复杂和精巧的肿瘤模型：一直以来，研究癌症的科学家始终希望能靠这些模型找到更新、更好的治疗癌症的方法。

在我的实验室里，我们就是用这样的模型来研究胰腺癌的。胰腺癌是一种致死率极高的疾病，而且缺少有效的治疗方案。我们使用的模型是戴维·图维森和苏尼尔·辛格拉尼在 21 世纪初建立的，它涉及一对在胰腺肿瘤里很常见的基因：原癌基因 *KRAS* 和抑癌基因 *p53*。[9]许多癌症都与这两个基因的突变有关，但它们在胰腺癌中尤为普遍。研究胰腺癌的科学家把携带这两个突变基因的小鼠称为“KPC 小鼠”，“K”代表 *KRAS*；“P”代表 *p53*；而“C”则代表一种名为 Cre 的分子，它的作用是把正常的基因变成致癌的等位基因。按照设想，被人为引入 KPC 小鼠胰脏的突变应当涉及且仅涉及这两个基因，但是光靠这两个基因的突变并不足以导致肿瘤形成。其他突变会逐渐累积（癌症的“多次打击”理论），直到小鼠两三个月大时，我们才能在显微镜下看到癌前病变。此后不出几个月，错误的积累就会突破遗传和表观遗传容错率的上限，导致 KPC 小鼠患上恶性的胰腺癌，它的破坏力与人类的胰腺癌极其类似。

科学家用类似的基因工程技术培育出了几乎每一种肿瘤的疾病模型。癌症的遗传学模型可以用来测试治疗方法的潜力，比如免疫疗法的药物、肿瘤的代谢阻断剂，或者那些能够降低肿瘤细胞耐药性的治疗手段。除此之外，科学家还在利用遗传学模型研究癌细胞的起源。有的研究认为，组织的干细胞特别容易癌变。比如，将致癌的突变导入肠道干细胞会引发肿瘤的生长，而把同样的突变导入已经完成分化的肠道细胞，效果往往就没有那么明显。不过，如果是其他组织，尤其是那些可能没有干细胞的组织，癌症就有可能起源于各种各样的细胞。目前的学科共识是，绝大多数人体细胞都能癌变，只是癌变的倾向会因细胞的种类而异。

关于人体细胞的癌变有两个例外：一个是负责在大脑、脊髓和周围神经系统里传递电脉冲信号的神经元，另一个是为心脏泵血提供动力的心肌细胞。这两种细胞似乎从来不会发生癌变，不仅如此，它们还是人体内少有的失去分裂能力的细胞，这两个特点同时存在或许并不是巧合。[10] 分裂能力受限可能会造成灾难性的后果，因为这意味着一旦发生脑卒中或心脏病，身体将无法轻易弥补神经元和心肌细胞死亡造成的损失。但往好处想，有限的分裂能力可以防止肿瘤形成，对我们在将来预防某些癌症的发生来说，或许有借鉴意义。

医生和科学家对癌症有不同的分类方式。最基本的一种分类方式是依据肿瘤最先出现在哪个器官，比如肺癌、乳腺癌，等等；更精确的分类方法是根据肿瘤在显微镜下的外观，也就是所谓的组织病理学。病理学家通过观察细胞的结构对肿瘤加以分类，具有上皮特征的被称为"癌"（这是人类最常见、最致命的恶性肿瘤）[11]，具有间充质细胞特征的被称为"肉瘤"（sarcomas，希腊语，意思是"血肉"），而在显微镜下酷似淋巴细胞且在淋巴结里大量聚集的则被称为"淋巴瘤"。

这些都是肿瘤的经典分类方式。但在过去的几十年里，一种全新的分类方式引起了大量关注。这种分类方式聚焦肿瘤的分子特征，它关注的是哪些DNA的突变、染色体的异常及基因表达的模式促进癌症的恶变。根据肿瘤的分子构成，而不是它们的组织起源或者显微镜下的外观，针对每一个肿瘤的弱点单独制订个性化的治疗方案，这便是精准肿瘤学的内涵。

我在前文提过，每个肿瘤遭受的分子打击各不相同，细胞癌变的途径并不是唯一的。我们的基因组里有许多原癌基因和抑癌基因，从理论来说，这些基因的组合方式多得不计其数，然而实际上，并不是每一种突变的组合都能导致细胞发生癌变。事实上，每种肿瘤都有自己特征性的突变。虽然绝大多数胰腺癌都携带原癌基因和抑癌基因的突变，但它们及其他基因的出镜率在不同的癌症里差异很大。比如，很多结直肠癌也有突变的原癌基因和抑癌基因，绝大多数病例还涉及一个名为 *APC* 的基因，可是 *APC* 的突变几乎从来不会出现在胰腺癌里。慢性髓细胞性白血病（一种血癌）很少涉及上面所说的 3 个基因，但它的发生经常与原癌基因 *ABL* 的突变有关。[12]

尽管绝大多数致癌突变是在人的一生中逐渐积累的，但也有一些是遗传的，它们是遗传型恶性肿瘤综合征的发病基础。不过，这些致癌突变的携带者只是在特定肿瘤的发病率上高于常人。比如，携带突变型 *BRCA1* 和 *BRCA2* 的个体罹患乳腺、卵巢、前列腺和胰腺肿瘤的概率明显升高，但是他们得其他肿瘤的风险并没有变化。

所有这些都表明，组织的发育史决定了它会因为哪些基因的突变发生癌变。可这是为什么呢？

对此，我们还是只能推测。对肿瘤的分子特征起决定作用的因素是它的组织起源，而这层关联又让我们回到了"是先天还是后天"的老问题。[13] 癌症的先天特性（它在发育上的起源）可以解释它的部分特征，而剩下的只能靠后天特性来解释（不利的环境造成的突变，比如吸烟、紫外线和有毒的化学物质）。我们可能需要综合考虑这两个层面——究竟是"哪一种突变"发生在"哪一种细胞"里——才能对肿瘤的恶变机制和它的弱点有最为完善的认识。无论是面对数以千计的肿瘤，还是单个患者，我们都不缺寻找突变的手段，多亏DNA测序技术的进步，这件事已经变得轻而易举了。真正滞后的是我们对癌症溯源的能力：我们需要对癌变前的正常细胞有更多的认识。

每个肿瘤都有自己专属的起源故事，而在这些故事里，我们能得知它们各自的阿喀琉斯之踵。

## 脱分化与可塑性

如果说分化是胚胎发育的标志，那么它的反面——脱分化——就是细胞癌变的象征。癌细胞犹如细胞界的本杰明·巴顿，随着年龄增长，它们的特化程度反而逐渐降低，乃至最终恢复未分化的状态，就像当初的胚胎细胞一样。

假设癌症是多次打击造成的结果，那么细胞遭受的每一次分子打击都是在把它一步一步推向恶变。每当基因组遭受新的袭击，细胞就会收获不良的特征：它们在组织里的生长和分布开始不受拘束，逐渐超出正常的范围。新特征的获得往往与旧特征的丧失相伴，随着细胞走上恶变的道路，它们不得不抛弃自己在细胞社会里的地位和身份。

这种循序渐进的过程在结肠里很容易追溯：结肠镜让我们有机会看到癌前息肉如何演变成癌症。息肉癌变的第一步是腺癌的出现，腺癌里的细胞与周围的细胞不同，它们已经失去了分化细胞该有的正常特征。要是基因组再多受几次打击，结肠上皮细胞的分化特征就会变得越发模糊（按程度的高低，病理学家把这种表现分成不同级别的异型增生），比起成熟的肠道细胞，这些细胞的特征更接近胚胎细胞。最终，它们不再原地不动，而是开始拼命往组织的深处挤，或者偷偷溜进血管。等到了这一步，细胞就算是发生癌变了。

　　脱分化是癌形成的前提吗？还是说，退回到更原始的状态仅仅是细胞在发生癌变之后，由于其他变化而造成的连带现象？两种可能性都有证据支持，不过有的研究显示，分化的状态与癌症是不兼容的。[14]最能体现这一点的例子是一种名为急性早幼粒细胞白血病的血癌，它的病因是染色体的易位：正常情况下相互独立的 13 号和 15 号染色体彼此交换了片段。从形态上看，早幼粒细胞的分化程度比正常的中性粒细胞低（后者是前者的成熟形态）。但是，如果用全反式维A酸

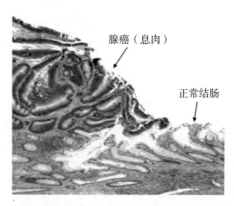

图 9-1　癌症的起始。在显微镜下，你很容易看出结肠表面正常的上皮细胞与已经踏出恶变第一步的癌前息肉（或者说腺癌）有多么不同。结肠息肉包含一个或一个以上的突变——"打击"——它们为癌症的发生埋下了伏笔

　　图片来源：由医学博士艾玛·弗思提供。

（一种胚胎信号分子）处理早幼粒细胞，分化的程序就会被激活，导致这种白细胞变成无害的中性粒细胞。化疗的原理是杀死快速分裂的细胞，而全反式维 A 酸并不是为了杀伤细胞，它的作用其实是提醒细胞，让它们回想起如何才能恢复正常：它把癌细胞手中夺命的利剑换成了一把人畜无害的锄头。

类似的治疗方式被称为"分化疗法"。全反式维 A 酸的发现纯属偶然，所以直到今天，急性早幼粒细胞白血病依然是分化疗法为数不多的几个成功应用的例子之一。对其他肿瘤来说，这种激动人心的疗法能有多大的作为还需要更多的研究。如果我们能够用促使胚胎细胞成熟的信号诱骗癌细胞做相同的事，那该有多好。

1997 年，加拿大科学家约翰·迪克提出癌细胞也有层级结构，类似于造血干细胞的分化层级，后者是詹姆斯·蒂尔和欧内斯特·麦卡洛克在 30 年前研究血液时提出的。迪克在加拿大安大略癌症研究所工作，蒂尔和麦卡洛克是他的前辈。同两位导师一样，迪克也通过细胞移植来评估干细胞活性。只不过在迪克的化验方法里，一种细胞具有干细胞活性的表现并不是它能否治好动物的血液病，而是它能否使动物患上癌症。首先，迪克研发了一种实验方法，设法将人类的白细胞移植到患有免疫缺陷的小鼠身上（只要摧毁动物的免疫系统，它们就能接纳来源于人类的移植物）。只有当细胞的数量超过 100 万个时，移植实验才能取得成功，这意味着绝大多数白细胞都不具备形成肿瘤的能力。其次，通过稀释细胞（蒂尔和麦卡洛克的方法），迪克确认这些"引发白血病的细胞"极其稀有：平均而言，每250 000个白细胞里只有一个细胞能导致受体小鼠患上白血病。

为了鉴别这种大海捞针般的稀有细胞，迪克以是否拥有两种表面蛋白为标准，对白细胞加以分类：这两种标记分子的名称分别是CD34和CD38。[15]把细胞归入4个可能的类别之后（这4个类别分别是两种分子都呈阳性，两种分子都呈阴性，或者其中一个呈阳性而另一个呈阴性），迪克检验了每一个类别的细胞，看它们是否有引发白血病的潜力。结果只有CD34呈阳性且CD38呈阴性的细胞能引起白血病。那么结论就再简单不过了：只有这个类别的细胞具有散播白血病的能力。

人们把迪克的假说称为"肿瘤干细胞理论"，它的观点是，肿瘤是由两种癌细胞构成的整体：干细胞（负责支持肿瘤的生长，数量极少）和非干细胞（没有自我更新能力，占肿瘤细胞的绝大多数）。迪克的理论与罗伊·史蒂文斯和巴里·皮尔斯通过研究畸胎瘤提出的模型惊人地相似，史蒂文斯和皮尔斯发现，畸胎瘤的细胞有分化和未分化两种形态，只有后者能形成新的畸胎瘤。20年来，科学家一直在用类似的移植实验鉴定几乎所有实体肿瘤、白血病和淋巴瘤里潜在的肿瘤干细胞。

肿瘤干细胞理论最极端的形式认为，肿瘤的生长潜力全部来自一小部分细胞，也就是肿瘤干细胞。如果这种说法是对的，那么它会深刻地影响医学。正常情况下，医生评价一种抗癌疗法是否有效的依据是看它能否缩小肿瘤的总体积。按照这个标准，能够使肿瘤迅速缩小的疗法就是最好的疗法。然而，即便是这样的疗法也很少能彻底治愈癌症，而肿瘤干细胞理论正好可以解释这种现象：虽然标准治疗的药物杀死了肿瘤的大多数细胞，却没有伤到肿瘤干细胞的筋骨，幸存的干细胞会继续分裂，萎缩的肿瘤势必卷土重来。

相对而言，或许治疗癌症的终极手段是研发这样一种药物，它只会杀伤癌症的干细胞，而对肿瘤里的其他细胞秋毫无犯，这才是真正的对症下药。倘若有朝一日，这样的药物真的能问世，那么它的功效将完全不一样：起初，这种药似乎没有什么效果，因为它攻击的目标（肿瘤干细胞）只占肿瘤的一小部分，但随着时间的推移，肿瘤会因为细胞损耗和后继无力而显示出疲态，它将渐渐衰弱，就像一团被抽走柴薪的炉火。

肿瘤干细胞理论是一种颇具争议的假说，它的对立学说相对简单一些，后者认为绝大多数肿瘤细胞都具有分裂的能力，而不只是一小撮特殊的细胞能够分裂。如果真是这样，为什么迪克等人的研究却显示，肿瘤里只有少数细胞具有引起肿瘤的活性？一种可能的解释是化验的方法存在误导性（这种风险在实验室研究里随处可见）：尽管在实验室的条件下，移植是一种鉴定细胞能否从零开始形成肿瘤的有效手段，但它或许不能精确地反映患者体内的实际情况。

还有一种可能性是，正如有的（正常）器官要靠干细胞的维护和保养，而有的器官只能指望并不复杂的细胞分裂维持运转，可能肿瘤也是相同的道理，即某些肿瘤有肿瘤干细胞及分明的细胞层级，而其他肿瘤的细胞层级则显得相当扁平。最后，就算肿瘤干细胞助长了肿瘤的生长，我们也很难想象如何才能研发一种只针对它们的疗法。虽然肿瘤干细胞理论是一种诱人的模型，但这种理论在临床中的应用很少，它还需要更多的证据才能为人所接受。

　　我在前文介绍胚胎的形成时就已经谈及上皮可塑性的概念，它是指胚胎细胞为获得特定的形式而发生的表型改变。原肠作用（刘易斯·沃尔珀特打趣说，这是他人生中比出生、结婚或死亡都更重要的阶段）是这种现象的巅峰：单层排布的上胚层细胞重新落位，变成拥有 3 个胚层的胚胎。原本紧密排列的细胞因为可塑性而失去了上皮组织的外观，这个转变的过程被称为"上皮-间充质转化"（EMT）。在发育的过程中，上皮-间充质转化反复发生；反之，"间充质-上皮转化"（MET）亦然。

　　在正常的组织里，一旦胚胎发生完成，细胞的可塑性——包括上皮-间充质转化和间充质-上皮转化——便宣告终结。可是在癌症里，肿瘤细胞却回想起了早已封存的迁移能力，这本是作为其祖先的胚胎细胞为形态发生而动用过的本领。在失去上皮性之后，细胞就获得了间充质细胞的迁移特性，这让它们得以挣脱束缚。由此造成的后果是癌细胞的转移：它们可以散布到身体的其他部位。

　　癌细胞是否发生转移是衡量患者预后最关键的因素。在癌症发生转移前，手术治疗往往行之有效。可一旦癌细胞扩散到人体的其他部位，肿瘤的危害就会呈指数级上升。恶性肿瘤让患者更容易受到感染，更容易形成血栓，造成器官衰竭，这些都是恶性肿瘤最常见的致死原因。当然，这些话都是从临床角度说的。对普通人来说，恶性肿瘤最突出的特点是虚弱、疼痛和苦不堪言。

　　矛盾的是，癌症的转移效率很低。为了脱离原来的位置、建立新的大本营，癌细胞必须克服一连串挑战，这整个过程被称为"转移级联"。对癌细胞来说，它要做的第一步是侵袭——癌细胞切断与周围细胞的连接并突破基底膜（富含胶原蛋白的组织垫，上皮细胞通常就铺在这层垫子上）。这是上皮-间充质转化最主要的发挥作用的环节，因为正是在这一步，细胞挣脱上皮性的束缚，跨越基底膜，然后向更深层的组织侵入。接下来，癌细胞必须通过内渗进入血管或者淋巴管，进犯人体的运输系统。最后，这些细胞必须离开循环系统，并设法在第二个病灶生根发芽。然而，上面所说的每一步发生的频率都很低，以至于在一个肿瘤的数十亿个细胞里，有机会发生转移的细胞占比还不到 0.000 01%。[16]

除了让肿瘤迈出转移的第一步，上皮-间充质转化也是导致癌细胞产生耐药性的原因之一。治疗癌症的方法很多，每一种都有自己独特的机制，但几乎所有治疗癌症的方法都是靠剥夺分子信号或者原料，让快速分裂的细胞无法生长和存活。抗癌疗法选择性施加的压力会促使癌细胞做出反应，使癌细胞进化出规避药物毒性的能力。有时候，它们通过突变实现这个目标：一种达尔文式的过程，能够提升适应性（这里指耐药性）的突变会被细胞保留并发扬光大，这与新物种横空出世的过程很相似。有的时候，癌细胞不需要经历突变就能获得耐药性，它们靠的是细胞的可塑性。上皮-间充质转化是癌细胞获得耐药性的常见途径，因为间充质细胞和上皮细胞的药物敏感性往往不同。

胚胎和肿瘤的相似性给新型抗癌手段的研发创造了丰富的机会。但是首先，我们的认知还有不少亟须弥合的鸿沟：除了急性早幼粒细胞白血病，我们尚不清楚如何强迫其他癌症的细胞发生分化，从而让恶性癌症变为良性；我们仍在肿瘤里苦苦搜寻肿瘤干细胞，就算真的能找到，我们也不知道应该如何针对它们；最后，我们不知道是什么激发了细胞的上皮-间充质转化，所以我们也没有阻断这种过程的药物。

从过去到现在，癌症始终是疑难杂症。

## 肿瘤的内部

我用了很长的篇幅介绍癌细胞，包括它的起源及有哪些过程在维系它不受控制的生长。可是在许多肿瘤里，癌细胞的质量分数偏小，这个事实可能会让你感到惊讶。这些肿瘤内的绝大多数细胞并不是癌细胞，而是正常的细胞，包括免疫细胞、血管和成纤维细胞，它们像签了契约的劳工一样，被肿瘤组织收编，助纣为虐。一个肿瘤里可能只有不到 1/5 的细胞是癌细胞。由非癌细胞构成的细胞整体被称为"肿瘤微环境"，这个概念的提出为新研究和新疗法打开了大门。

在肿瘤的非癌性组分中，血液供应是必不可少的，它是生长的肿瘤获取营养和氧气等必需成分的唯一途径。1971 年，哈佛大学的外科医生朱达·福尔克曼断言，癌组织必须"招募"新的血管才能满足它们对原料的巨大胃口。起初，这个推测遭到了同行的质疑。[17] 但在时任美国总统尼克松"对癌症宣战"后，福尔克曼的观点逐渐从边缘变成了主流，福尔克曼本人和哈佛大学因此赢得了业界赞助的巨量资金。

新血管的生长被称为"血管发生"（angiogenesis，来自希腊语的 angio，意思是"导管"，以及 genesis，意思是"生成"）。第一个记录血管发生现象的人是 18 世纪英国外科医生约翰·亨特，他注意到，驯鹿的角在冬天结束后会长出新的血管，从那以后，我们意识到这种现象在各种各样的生理和病理过程中扮演了关键角色。血管发生对发育很重要，因为血管要为不断生长的胚胎提供营养，但它对动物成体的意义（至少在正常情况下）没有那么大。

福尔克曼的洞见是，如果癌细胞不能有效刺激血管发生，那么很快，肿瘤的血液供应就会跟不上它的生长速度。他据此推论，如果能有一种阻断血管发生的药，那它将成为完美的抗癌疗法——治疗癌症的"银色子弹"，因为血管发生是癌细胞不可或缺，而已经拥有完备血管系统的正常细胞并不需要的生理过程。如果有一种治疗方法能阻止血管发生，我们就能把肿瘤饿死。在过去的 20 年里，福尔克曼等人一直在鉴定与血管发生有关的分子。他们发现许多刺激毛细血管生成的信号都来自癌细胞本身：癌细胞回想起了那些在胚胎时期用来"招募"新血管的程序。

在癌症的血管发生中起主要作用的信号分子是一种名为"血管内皮生长因子"的分泌蛋白质。这种蛋白质及编码这种蛋白质的基因于 1989 年被隶属美国基因泰克公司的一个研究团队分离了出来，那个团队的负责人是纳波莱奥内·费拉拉。在随后的 10 年里，该公司一直致力于研发这种血管生长刺激分子的阻断剂。2004 年，美国食品和药物管理局批准了这家生物技术巨头研发的血管内皮生长因子阻断抗体"安维汀"，允许将这种药物用于治疗结直肠癌患者。此后，这种药又获得了治疗许多其他癌症的许可，包括肺癌、肾癌和脑癌。

遗憾的是，福尔克曼的愿景只有部分成为现实（他本人在 2008 年逝世）。虽然抗血管生成疗法是现代抗癌治疗的重要组成部分，但它并没有像福尔克曼预期的那样，成为一种几乎适用于任何癌症的治疗方式。这种失败背后的原因是生物学系统的冗余性：当血管内皮生长因子被阻断时，其他信号分子会取而代之，介导血管发生。冗余性对正常的组织有好处，当一条信号通路走不通时，细胞还有备用方案。可是在肿瘤里，冗余性却成为祸害，因为它让癌细胞有了逃避抗癌药影响的途径。

除了调控血液供应，癌细胞还有其他影响肿瘤微环境的手段，而这些手段同样是利用发育信号来迫使正常的细胞顺从它们的意愿。肿瘤微环境的另一个重要组成部分是免疫细胞，它们的主要功能是探测和消灭微生物入侵者。（在胚胎发育的时期，免疫系统需要学习哪些化学物质属于身体的正常组分，这是免疫系统在未来识别外来物的基础。）不过，免疫系统是一股潜在的抗癌力量。随着肿瘤的生长，它们的细胞会不可避免地产生新的化学物质。而免疫系统会把这些物质视为外来物，将它们连同合成它们的新生癌细胞一起清除。

但是，免疫系统的坚守不会长久。正如我在前文所说，癌变是一个不断演进的过程。面对免疫系统施加的生存压力，癌细胞想出了各种各样的方法来规避免疫细胞的识别。比如，它们可能会"招募"在免疫系统中起防护作用的细胞，削弱它们的抗肿瘤活性。癌细胞还会诱导"免疫检查点"分子的表达，这犹如踩下了免疫攻击的刹车，防止癌细胞被免疫系统消灭。能够阻断免疫检查点活动的药物可以释放免疫系统的抗肿瘤活性，在投入临床的 10 年内，这些药物已经给癌症的治疗带来了翻天覆地的变化。

最后，癌细胞也会"招募"成纤维细胞，这种结缔组织细胞在伤口的愈合中扮演了关键角色。同样，癌细胞利用的依然是生物体在发育时期用过的信号分子。成纤维细胞为癌细胞提供代谢产物、生长因子和其他奖励。但是，包括我的课题组在内，许多研究团队早在几年前就指出，与癌症相关的成纤维细胞既有促进肿瘤的功能，也有抑制肿瘤的功能。[18] 充分利用成纤维细胞的抗肿瘤活性，同时设法抑制它们的促肿瘤活动，已经成为当前癌症研究的热门课题之一。

## 充当组织者的癌细胞

如今距离汉斯·施佩曼和希尔德·曼戈尔德发现胚胎组织者已经过去了一个世纪，组织者的细胞管控着相邻的细胞，它们负责规划后者的身份、迁移和命运。我们从那时起就知道，促使肿瘤发生恶变的分子程序借鉴自胚胎发育。基因组发生改变的癌细胞同样支配着构成肿瘤微环境的正常细胞，如果没有这些正常细胞，癌细胞自己也会难以为继。

肿瘤内部的交流通路与胚胎的交流通路别无二致——我在前文介绍过这类高度保守的信号通路，比如 *notch*、*wingless* 和 *hedgehog*——这一点并不出人意料。肿瘤和胚胎一样，细胞对话无处不在，交流可以发生在各方之间。我们对细胞的沟通方式了解得越多（在结构有序的胚胎里，窃听细胞之间的对话相对更容易），就越有可能通过放大或消除这种沟通来达到治疗的目的。

肿瘤内部的复杂性高得令人发指，但它终究没有到混乱不堪的地步。如果我们只看肿瘤形成的早期阶段，也就是肿瘤微环境刚刚开始成形的时候，细胞的指挥仍然是成体系的。成纤维细胞可能在与免疫细胞对话，而免疫细胞可能在同血管细胞交流，不过它们都要向同一个指挥官复命：癌细胞。从这个意义上来说，癌细胞称得上是阴险邪恶的肿瘤组织者，它们仗着自己的权力，把周围的环境肆意地改造成自己喜欢的样子。

生物学家早就意识到肿瘤和胚胎有千丝万缕的联系，博韦里是第一个提出二者的区别在于基因组这一理论的生物学家。在对癌症宣战（如果战争这个比喻恰当的话）时，我们还没有任何精准的武器，全靠手术、辐射和有毒的化学物质来消灭或瘫痪肿瘤。后来，到了20世纪晚期，肿瘤学家逐渐开始根据肿瘤细胞的分子和遗传信息研发靶向治疗：用药物制成的智能炸弹集中攻击肿瘤的弱点，这种弱点通常是由肿瘤独特的生化特性所赋予的。如今，我们与癌症的冲突已经进入第三阶段，我们认为肿瘤不只是一团癌细胞，它们起源于胚胎，是胚胎组织的邪恶二重身。

或许胚胎蕴藏着更多的秘密，它们能帮助科学家和医生更好地诊断和治疗癌症。不过，随着我们对癌症和发育二者关系的认识越发深入，情况也可能会反过来：或许我们能从癌症里学到一些有关胚胎的知识。

# 第 10 章

## 蝾螈的眼睛和蛙的脚趾

> 构成有机体的每一种成分，无论它是在有机体上，还是在其他地方，都没有任何区别。
>
> ——芭芭拉·麦克林托克，《关于有机体的随想》

> 如果没有再生能力，世界上就没有生命。如果所有事物都能再生，世界上就不会有死亡。
>
> ——理查德·戈斯，《再生的原理》

41 岁的房地产经纪人卡伦·迈纳在返回加利福尼亚州葡萄酒乡的家时遭遇了一场导致她瘫痪的车祸。[1]迈纳的客户对他们的贷款方很不满（她记得"那份托管协议简直乱七八糟"），所以她答应客户面谈。迈纳从家中出发，驱车 1 个小时赶到对方家里，以便他们能一起把文书梳理一遍。迈纳经常带着女儿（大概四五岁）出门工作，不过这一趟路程太远，所以她把女儿留给别人照看。

"我们把问题都解决了，"她回忆道，"我很怕这份合同告吹，所以非常高兴。"

在开车返程的路上，天空下起了雨，那是当年秋天雨季的第一场风暴。当车行驶到蜿蜒的盘山公路时，迈纳格外当心，在每个弯道都会轻踩刹车，她知道这是应对路面湿滑情况的标准做法。但迈纳还是疏忽了，有一个弯拐得太急，导致她的吉普车冲出护栏，沿着山坡翻滚，最终落进了下方的山涧。迈纳的意识始终都很清醒，她发现自己没有感觉到疼，这是事态严重的第一个迹象。当她想伸手转动钥匙，关闭引擎时，发现手抬不起来了。然后，她的头以一种不正常的姿势慢慢地垂到胸口。她尝试移动，却做不到。一名路过的司机停车帮她固定好头颈部，雨水无情地拍打在二人的身上。当救护车赶到现场时，迈纳觉得自己仿佛等了一辈子，她的世界从此失去了光彩。

美国大约有 30 万人因脊髓损伤而致残。[2] 机动车事故和工伤是最常见的原因，还有少部分人是因为高空坠落、枪伤、运动损伤等意外。根据一项发表于 1998 年的分析研究估计，看护脊髓损伤患者的年平均支出接近 100 亿美元。[3] 不过，这个早已过时的估计数字只反映了社会总支出的一小部分，因为瘫痪的人最后只能依赖朋友和家人的护理，要是把这些不需要支付报酬的付出换算成等价服务，总金额很可能在每年千亿美元以上。

神经在脊髓里所处的位置对应着它们的功能：负责控制运动的神经位于脊髓前方，而负责传递感觉的神经则位于脊髓后方。从哪一截椎骨离开脊柱决定了这条神经会负责哪个部位的感觉或运动。因此，脊髓损伤造成的瘫痪与损伤的位置，以及受损的严重程度息息相关。颈部以上的损伤是最危险的，因为这是控制呼吸的神经所在的位置。越往下，身体各个部位的运动和感觉功能依次受累，致残的程度同样与损伤发生的高度有关。几乎所有脊髓损伤的患者都有肠道和膀胱功能紊乱的问题，这是因为控制括约肌的神经直到脊柱的底部才离开脊髓。[4]

通常，脊髓受到损伤的人能恢复些许身体机能。这个现象被称为"发芽"，它指的是幸存的神经元伸出新的分支（轴突），寻求建立新的神经元连接（突触）。发芽现象在周围神经系统（大脑和脊髓以外的神经元）里最为典型，周围神经元的出芽速度非常惊人：手臂和腿的神经元能以每个月 1 英寸的速度延伸。

相比之下，中枢神经系统（大脑和脊髓）的损伤只能导致瘢痕的形成，虽然这种自我修复能力是人体充满活力的表现，可是经常弄巧成拙。不过，妨碍发芽的瘢痕组织只是一个小问题。阻挠神经系统修复的另一个障碍是它不能产生新的细胞，这个问题更为严重。在人体受到损伤时，大部分细胞都能分裂，神经元却是例外。正如我在前一章所说，就算不能说神经元完全没有分裂能力，这种能力也是极其有限的，好处是神经元不会发生癌变，坏处是神经元无法再生。

不管怎么说，我们在出生时拥有的神经元基本上就是这一辈子全部的神经元了。[5]

当插着呼吸管的卡伦·迈纳在医院的病床上苏醒时,她不知道自己身在何处。镇静剂让她的呼吸更舒畅,也让她神志不清,过了几天,她才对周围的事物有了一些概念。迈纳被送到了圣克拉谷医疗中心,这是一家由美国联邦政府指定的脊髓损伤治疗中心,医疗中心的神经外科医生已经帮迈纳移除了压迫脊髓的残片。此外,他们还向她的静脉中注射了皮质类固醇,这种抗炎症药物的作用是减少水肿,以免脊髓的功能进一步下降。

车祸导致迈纳的上颈部受损,累及第三和第四颈椎(缩写分别是 C3 和 C4)。幸亏损伤并不彻底,只是破坏了位于脊髓中部的神经,所以迈纳的呼吸没有受到影响。类似的损伤被医生们称为"中央脊髓损伤",它的表现是手部和臂部受到的影响比腿部和脚部受到的影响严重得多。以迈纳为例,虽然她还能站立,也能承受负荷,可是她的上肢因为肌强直和痉挛而动弹不得。

经过数月高强度的物理治疗,迈纳终于回到了家,但从前那种熟悉的生活已经一去不返。轮值的居家看护进进出出,为她提供全天候护理。不过,要论迈纳最重要的照料者,还是她的女儿们。她们提前学习了如何放置导尿管,在对操作轻车熟路之后,她们甚至还会指导看护们,教看护们怎样做得利索一些。成为女儿们的负担使迈纳感到很难过,但更让她挣扎的是时常想要自立生活的心情。"身上插着一根导尿管是最艰难的事,比其他任何事都难。"迈纳回忆道。

相比其他脊髓损伤的人,迈纳的情况还算不错。她不仅有朋友和家人的支持,而且有经济上的保障。随着时间的推移,她的生活自理能力越来越强。而对很多人来说，瘫痪及与瘫痪相关的病痛是难以忍受的，在因为脊髓损伤而死亡的人中，自杀者的比例高达 10%。[6]（脊髓损伤者的主要死因还包括感染和血栓。）

1995 年，演员克里斯托弗·里夫从马背上跌落，导致高位椎骨骨折（C1–C2），这让他成了世界上名气最大的脊髓损伤者。由于脖子以下全部瘫痪，里夫余生都得靠呼吸机维持生命，如果离开机器的帮助，他的自主呼吸时间最多只能坚持 90 分钟。经过多年高强度的物理治疗，里夫还是很有希望恢复手指的运动和某些部位的知觉的。但是，仅此而已，再多的物理治疗也无法让他恢复健康，更不可能阻止他在 2004 年因败血症去世——这是长期卧床不动，患上褥疮导致的结果。

## 器官的衰竭与再生

器官（organ）一词源于希腊语 *organon*，后者的字面意思是"工具"或"器械"，它指的是逻辑推论和探讨哲学的手段（亚里士多德有 6 本关于逻辑的论著，这 6 本书被统称为"Organon"，也称为《工具论》）。在欧洲中世纪，organ 指的是一类借助风力鸣奏的乐器，它的词义直到后来才演变成我们如今熟悉的管弦乐器①。（从 14 世纪起，这个单词用来形容肉体时意为"内脏"。）为了弹奏不同的曲目，风琴家有很多可供调整的机械装置：手键盘、脚键盘、音栓和联结器，这些装置控制着气流穿过数百乃至数千条音调和音量各不相同的管道。

———————————

① Organ 指"风琴"。——译者注

有人认为，17—19世纪，管风琴是地球上结构最复杂的装置。从轻音小调到恢宏乐章，管风琴都能够驾驭，也难怪莫扎特会将其誉为"乐器之王"。

与器官一样，风琴也有出问题的时候。风箱破裂、踏板折断，类似的急性破损是藏不住的，它们会让风琴弹不出某些音符，甚至整个音区都无法演奏。急性的破损与隐隐作痛可谓天差地别。

相比之下，磨损的发生很难察觉。灰尘和铁锈在风琴管道内日积月累，逐渐影响音调和琴声的饱满度，这样的变化很容易被长期忽视。慢性故障往往发生在人们的视线之外，除非损伤的积累超过极限，造成不可逆的后果，否则乐器的使用体验将一如既往。

我们的内脏也是同样的道理。器官衰竭的过程也分各种各样的形式，有的过程明显且后果严重，有的过程像温水煮青蛙，逐渐扰乱器官的功能。当一个组织发生急性衰竭时——比如钝器伤、心脏病或者脑卒中——你是很难搞错的。急性衰竭是医疗上的危急情况，是让医护人员精神抖擞的号角。不过，人体器官遭受的大部分损伤都很隐蔽，是各种消耗性疾病（比如自身免疫病、动脉粥样硬化、代谢失衡或者单纯的劳损）对受害者悄悄下手的结果，如果对自己缺少关心，普通人根本注意不到这个过程。遗憾的是，我们只有在慢性衰竭把一个器官折磨得体无完肤之后才会意识到情况不妙，但这时候施加干预已经太迟了。

18世纪，拉扎罗·斯帕兰札尼出生在意大利北部的城镇斯坎迪亚诺，城镇附近的树林让他有很多机会研究各种昆虫、蜥蜴和淡水鳌虾。斯帕兰札尼之所以会在日后选择研究再生现象，很有可能是因为他曾在树林里截断过这些小动物的尾巴或钳子，并且看到了随后发生的事情。成年后的斯帕兰札尼（他是牧师、律师和博物学家）表现出了远胜同辈和前辈的耐心。通过一门心思地研究他的实验对象，斯帕兰札尼成为第一个详尽描述动物再生现象的人。

"再生"是一个笼统的概念，它在不同的语境里有不同的含义。对哺乳动物来说，细胞增殖是组织应对损伤最常见的手段（前文说过，神经元是例外）。[7] 这种修复的方式被称为"补偿性生长"，当损伤不严重时，它的效果不错。如果我们把目光转向生命之树的其他分支，就会看到大自然其实挺偏心的，它把我们梦寐以求的再生能力赋予了其他物种：它们能长出新的手臂、腿、手掌或者尾巴，而且配套的神经、肌肉、血管和皮肤也可以再生。这种受损的组织能够完整修复所有复杂结构的恢复方式被称为"割处再生"。哺乳动物没有割处再生，因此我们无法（很可能也永远不会）像地球上的某些物种一样长出全新的器官。

最早亲眼看见割处再生现象的人是那些靠海洋生活的人。很多落入渔网的甲壳纲动物（主要是螃蟹和龙虾）长着明显小一圈的附肢，看到此情此景的渔民们推测，这些动物应该是失去了原来的肢体，随后附肢又长了出来。[8] 有学问的人并不相信他们说的话，只把这些话当成民间逸事，直到 1712 年，法国博物学家勒内-安托万·雷奥米尔才系统性地做了淡水鳌虾的截肢实验。令他和所有见证者感到惊讶的是，无论在什么时候切，无论切断淡水鳌虾的哪一条附肢，新的附肢都会慢慢长出来，而且位置和结构无比精准，与原先的分毫不差。[9]

　　更让人眼前一亮的发现出现在几十年后，瑞士博物学家亚伯拉罕·特朗布莱发现水螅（一种长约 1 英寸，形似海葵的海洋生物）拥有与淡水螯虾相当甚至可能更强的再生能力。特朗布莱把水螅切成两段后，每一段都变成了结构完整的新个体。特朗布莱在不经意间发现了一种新颖的繁殖方式。

　　随后，在 18 世纪晚期，斯帕兰札尼在这些结果的基础上更进一步，他把手术刀伸向了蠕虫、蝌蚪、蜗牛、蛞蝓、蝾螈、蟾蜍和青蛙。尽管这些动物的体型和形态各异，但它们都拥有非凡的再生能力，尾巴、前肢、下颌、触角等部位被切断后都能复原，而且看不出任何受过伤的迹象。在斯帕兰札尼的发现中，最引人注目的要数断头的蜗牛能重新长出头部。[10] 消息一出，每一个想验证这种现象的欧洲人（无论学者还是普通人）都可以亲手尝试同样的再生实验。就连法国作家兼哲学家伏尔泰也重复过这个发现，他宣称："就在不久前，大家交流的话题还是耶稣会的教士，而现在，整个镇上的人都在议论蜗牛。"[11]

　　斯帕兰札尼的实验结果揭示了两个与再生能力密切相关的生物学原则。首先，一种生物的再生能力与它的发育和进化程度反相关。有的部位在蜗牛身上可以再生，换成蝾螈就不能再生；蝌蚪的再生能力比成蛙强，而所有这些动物的再生能力都比哺乳动物强。其次，动物按需再生：既不会多，也不会少，每次都是刚刚好。无论断口位于肘部以上还是以下，蝾螈的四肢都能恢复如初，这意味着组织似乎对损伤的程度及修复的工程量"心知肚明"。同样的道理，再生的方向总是从伤口指向外部，正因为如此，如果断面的位置在肘部以下，那么动物只会重新长出前臂和手指，而不会影响上臂和肩膀的结构。

在斯帕兰札尼之后，人们又发现了很多割处再生的实例：动物能够重新长出各种部位，包括下巴、眼睛、卵巢，甚至是部分脊髓。这些再生的过程几乎全部都要依赖伤口芽基的形成。芽基是一种特化的上皮性结构，它可以通过生长覆盖残肢的断面。芽基不单单是一种保护性结构，它还会向下方的细胞发送信号，诱导它们脱分化（在脱分化的状态下，细胞可以逆转发育，这对组织的再生有利）。[12]

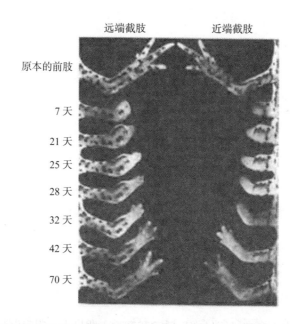

图 10-1　蝾螈的前肢能在数周之内完成再生。无论截肢的位置在肘部以下（远端，如左侧所示）还是在肘部以上（近端，如右侧所示），前肢都能完全复原。这意味着对于有多少损伤需要修复，蝾螈的组织“一清二楚”

图片来源：《再生的原理》，理查德·戈斯，已获爱思唯尔许可。

不过，到目前为止我只介绍了两栖动物和甲壳纲动物的再生能力，而它们的本事在真涡虫——比如地中海涡虫（*Schmidtea mediterranea*）——面前只能算小巫见大巫，后者才是真正的再生大师。

真涡虫的体长可达 0.5 英寸，长着极其类似于眼睛的光感受器。这种动物生活在淡水池塘里，以昆虫和它们的幼虫为食。真涡虫的再生能力非常强悍，只需 1/250 的身体组织就能长成完整的虫体，这相当于仅凭一只断足就能再生出一个完整的成年人。

真涡虫的再生方式很独特，因为它们体内到处都是一种名为"新生细胞"的特化干细胞。在遭到切割之后，真涡虫与其他任何拥有再生能力的生物一样，也会形成伤口芽基。不同之处在于，由于两栖动物和甲壳纲动物没有新生细胞，所以需要依靠脱分化的细胞，而真涡虫则可以直接用无处不在的干细胞重建组织。这些特征让真涡虫能像特朗布莱研究的水螅一样繁殖：它们会先把自己固定在坚实稳定的表面，再将自己撕扯成两半，然后每一半都长成新的涡虫。

关于再生，我们目前所知的并不多，但有一点很明确：如果组织想要恢复原样，那么负责再生的细胞就必须能够分辨自己在哪里，知道自己应该做什么。换句话说，它们必须知道砍断肢体的刀刃落在哪里。

20 世纪 60 年代，生物学家刘易斯·沃尔珀特提出了一种理论，用来解释胚胎细胞如何识别自己在三维空间内的位置。沃尔珀特的模型认为，除了表型（或者说分化信息），细胞的位置信息同样是它们独特身份的组成部分（位置特性）：在腹背（前部和后部）、首尾（顶部和底部）与近端和远端（内侧和外侧）这三个维度，每个细胞都有区别于其他细胞的空间参数。[13] 两栖动物的再生现象为沃尔珀特的模型提供了确实证据：那些介导四肢或尾巴再生的细胞好似手握"位置图"——一种能在修复结构时为细胞提供导航的坐标系统。

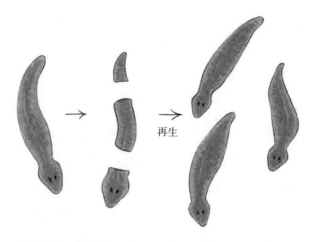

图 10-2 真涡虫是再生的大师，把一条涡虫切成几十段，每一段都能变成新的涡虫

## 迷失在空间里

虽然哺乳动物缺乏比肩其他物种的再生能力，但我们依然拥有不俗的修复和再生能力。[14] 最典型的代表是肝脏，从代谢到解毒，再到合成血液中绝大多数的蛋白质，这个多才多艺的器官是哺乳动物再生能力极强的部位之一。

我在多年前照料过的一名病人就是一个很好的例子，我们姑且称她为莉萨。莉萨服用了过量的泰诺，在美国，每年都有超过 5 万人像莉萨这样因过量服用泰诺而命悬一线。泰诺本身对构成肝脏主体的肝细胞没有毒性，讽刺的是，肝脏代谢泰诺得到的一种产物很像肝细胞自己合成的另一种物质，正是这种代谢产物使泰诺对人体产生了毒性。当莉萨向外界求援时，毒素已经弥漫到她的全身，除了提供"支持性照顾"（依靠输液、电解质和药物，尽可能减少损伤），医务人员已经无能为力。每天，我们为莉萨做两次转氨酶的检测——这些酶在血液中的水平是反映肝细胞死亡情况的一项指标——看着数值持续升高，我们知道她的肝细胞在不断地死亡。可是几天之后，她的情况开始好转。血液中转氨酶的水平下降，她的意识也逐渐清醒。一周后，莉萨恢复了往日的活力和胃口。又过了一周，她出院了，完全康复指日可待。一个月后，她又接受了肝脏检查，从检查结果里几乎看不出任何肝脏曾受过损伤的迹象。

　　肝脏的功能和质量之所以能复原，靠的并不是割处再生，而是补偿性生长。如果通过手术移除肝脏的一部分（肝叶），随着时间的推移，肝脏的体积会逐渐恢复到手术前的大小。只不过这种恢复并不是被切除的肝叶重新长了出来，而是剩余肝叶中的肝细胞发生了补偿性生长，或者说其他肝叶的体积增大了（肥大）。至于肝脏如何感知自己需要再生，或者它如何知道自己的体积已经恢复正常，应该停止生长，我们知之甚少。这种认识上的不足体现了我们的无知，正如前文所说，我们不知道是什么机制在调控器官和生物体本身的大小。

　　对研究再生现象的科学家来说，希腊神话中的巨人普罗米修斯可以算是他们的保护神。传说，普罗米修斯从众神手里盗取火种，并把火种分享给了人类。如此胆大妄为的行径惹怒了宙斯，于是宙斯下令，把普罗米修斯绑到一块岩石上，每天都会有一只大鸟（鹰）来叼走他的肝脏。然而，当夜幕降临时，普罗米修斯的肝脏又会重新长回来。所以，宙斯对普罗米修斯的惩罚是一种永无止境的酷刑。这个故事的精彩之处在于它既生动又科学，因为肝脏的再生能力确实冠绝人类所有的实体器官。事实上，肝细胞（肝脏最主要的功能细胞）的连续移植实验表明，仅仅靠一个哺乳动物的肝脏，就足以培育100多万个新的肝脏。[15]

可是，矛盾也源自这里。既然肝脏的再生能力这么强，它为什么还会发生衰竭？为什么我们需要做肝移植手术？因为这要看肝脏遭受的究竟是急性损伤还是慢性损伤。如果肝脏受到的是急性损伤，哪怕像莉萨过量服用泰诺那样来势汹汹，只要肝脏先前是健康的，它就能全力启动自身的再生功能。但如果肝脏受到的是慢性损伤——长期酗酒、顽固的病毒感染或者其他疾病——肝脏的再生能力就只能疲于应对，最终的结果与妨碍脊髓出芽的慢性损伤如出一辙：形成瘢痕组织。

因为补偿性生长，哺乳动物的器官也拥有一定的再生能力，其中又以肝脏最为突出。但是，小鼠、大象和人类都无法在截肢后长出完整的四肢，而蝾螈和真涡虫却可以。这究竟是为什么呢？

有的科学家认为，大自然只让那些能从割处再生中获益的物种保留了这种功能。这种理论在甲壳纲动物和两栖动物里说得通，因为它们可以在必要的时候舍弃钳子或者尾巴，事后再长出新的器官，这样做对它们的生存而言或许是有利的。除此之外，同样的道理也能解释为什么哺乳动物的肝脏具有如此非凡的再生能力。杂食性陆生动物会摄入各种各样的外来物质（"异生物质"），这些物质的化学副产物可能危害极大。而作为分解这类毒性物质最主要的场所，肝脏自然非常容易受损。因为肝脏经常遭到毒性物质的狂轰滥炸，所以大自然让它获得惊人的再生能力，这或许也算是情有可原。

　　还有其他的理论试图解释为什么哺乳动物"丧失"了割处再生的能力。有人认为这与动物从冷血到温血的转变（发生在 2 亿年前）有关；也有人认为时间应该比这还早，失去这种能力与更复杂的免疫系统出现有关——动物以牺牲再生能力为代价，换来了免疫这种新颖的生物学功能。还有人提出，随着动物的体型越变越大，它们需要更稳定、更可靠的机制来降低癌症的风险，所以再生能力才逐渐消失。[16]但是，这些理论不能完全解释为什么相比祖先，我们的再生能力竟然退步到如今这种程度。

　　我在前文介绍形态发生时提到，胚胎细胞享有位置信息，也就是告诉它们自己当前身在何处，以及接下来应该前往哪里的前庭觉。如果没有这种位置特性，即使胚胎细胞能够增殖和分化，它们也永远不可能变成具有特定形态的功能性结构。畸胎瘤就是一个很好的例子，它体现了在没有空间概念的情况下，一个高速生长的发育体系会有什么结果。

　　拥有割处再生能力的物种懂得如何妥善地保管细胞的位置信息，而现在，我们已经开始理解这种内置罗盘的分子本质了。要说有趣的发现之一，是我们意识到负责保存这种空间记忆的是蝾螈四肢内的神经。在这些神经里，有数种蛋白质的表达水平呈现出明显的方向性——肩膀处的表达水平最高，而四肢末端的表达水平最低——这为细胞辨别纵向方位提供了依据。通过测量这些蛋白质的浓度，四肢内的细胞就可以"知道"自己相对于躯干和指（趾）的位置。这张指示方位的身体地形图很可能还涉及许多其他因素，比如蛋白质的浓度梯度、电流或者基因组印记，这些都能为细胞确定自己的位置提供线索。毫无疑问，只要科学家继续研究两栖动物的再生现象，弄清相关因素的本质只是时间问题。

但是，研究人类再生能力的前景并不乐观。人类的组织在发育时也有一张引导它们前进的躯体及三维空间图，可是几乎没有证据显示，成年人的组织仍然保留着这张地图。如果类似的导航图（对胚胎发生来说至关重要）在发育结束的时候被遗忘了，那么无论我们如何哄骗细胞，都不可能替代那些早已被遗忘的指令。到头来，手臂、腿脚和其他部位不能复原的原因，竟然可能是我们细胞的记忆力不好。

## 从零开始制造新器官？

30 多年前，就在我考上医学院后不久，有一天，我正在同好友里克喝酒。我们以前就是同学，而且都是热衷科幻和技术的书呆子，喜欢畅想未来。我们从人类的基因组聊到信息技术，交流的更多是奇思妙想，而非事实。我们不必参照先例，不用考虑实际，只需要天马行空的幻想，爱怎么想就怎么想，所以绝大多数点子都非常古怪。

那天晚上，里克聊到了一个让我感到为难的话题，他觉得现今的医学还是太落后。尤其是，他不明白为什么大多数人活不过 100 岁。里克的逻辑是这样的：如果绝大多数人最后的死因是器官衰竭（这基本上是事实），那么我们只要用全新的器官替换衰竭的器官，不就能延长人的寿命了吗？举例来说，如果你的车坏了，你就把它开到汽车修理店，让机械师把故障的零件全部换一遍。既然汽车可以这样，为什么人体不行呢？

无论放在当时还是今天，里克的想法都很符合逻辑。器官衰竭是各种疾病殊途同归的终局，它让患者最后不得不屈服在病魔脚下。有很多原因导致器官衰竭，感染、血栓、血液供应中断、免疫损伤、劳损、肿瘤浸润，还有中毒。医生可以用药物减轻器官衰竭造成的损伤，但在面对众多由慢性机能丧失引起的退行性疾病时，比如动脉粥样硬化、糖尿病、阿尔茨海默病、帕金森综合征、肾衰竭、黄斑变性、肌肉萎缩、肺气肿，医学就只剩下疾病"管理"这一招了，而治愈则成了一种奢望。

想药到病除，更换组织是可行的方法之一。

假设我们有一个肝病晚期的患者，代谢不掉的毒素让他意识不清，时常半睡半醒，浑身的皮肤因为胆汁的积累而发黄。要分辨哪些住院的患者已经无力回天并不是一件难事，但有一小部分病情进展到这个地步的患者——幸运地接受了肝移植手术的人——却有不一样的结局。几天之内，获得新肝脏的重病患者就能从昏迷中苏醒，只需一两周，他们或许就能出院回家，大多数人可以再活几十年。成功的器官移植手术相当于更换汽车的核心配件，结果往往是救人一命。

但是，移植手术远非十全十美的灵丹妙药。患者需要的器官数量远比实际可用的器官更多：每年都有成千上万急需肝脏、肾脏、心脏或肺脏移植的美国人在等待中去世。用于移植的器官必须几乎完好无损，因此并不是所有的捐献器官最后都能被接受。反过来，很多需要新器官的患者也可能不适合接受移植手术（一个器官的衰竭往往伴随着其他器官的衰竭，这样的患者接受手术的风险太大）。即使有幸接受移植手术，免疫系统的兼容性和器官的排斥也是无法忽视的问题，患者需要终身服用免疫抑制剂。最后，器官移植还涉及社会议题：器官是宝贵的资源，我们得仔细审查等候者的情况，确定谁才是接受这份救命礼物的最佳人选。

为了回答里克的问题（为什么我们不用更换衰竭器官的方式来延长人类的寿命），当年的我动用了自己那少得可怜的知识储备。我坚称，人体不是汽车，虽然器官移植有各种各样的问题，但它已经是我们最优的解决方案了。即使移植手术在技术层面有所精进，供需问题也始终是它的限制因素。

"人体没有保修服务，你不可能像修车一样，直接从供应商那里订购新配件。"我说。

但里克是一个工程师，他笑了。

"如果没有足够的器官，"他说，"为什么不从零开始制造新器官呢？"

假肢是最早，也是最简单的人工组织，古埃及人和波斯人就曾用这种装置来替代在战斗中失去的肢体。过去的二三十年间，精巧复杂的人造手和人造腿已经发展到了以假乱真的程度（有的甚至比天然的手脚更好用）。[17] 假肢是假体的一种，今天的我们可以用假体替换受损的心脏瓣膜、血管、关节等组织。耳蜗植入物能帮失聪的人感受声音，阴茎植入物可以治疗勃起障碍。如果人体的某个部位出现了结构性问题或者机械性故障，用假体或许就可以力挽狂澜。

但器官衰竭大多是功能性而不是结构性问题：如果细胞活动发生故障，假体就无能为力了。血液透析（俗称"人工肾"）算是一个例外。血液透析是 50 多万美国肾衰竭患者的救命稻草，它是用机械手段解决功能性问题的代表。但在实践中，血液透析只能说是一种差强人意的治疗方法。正常的肾脏包含 100 多万个微小的结构单元，这些单元被称为"肾单位"，每个肾单位都独立执行功能，犹如一个个迷你的器官。肾单位依靠一系列管道过滤血液，在血液沿错综复杂的管道流动的过程中，肾单位会回收一部分物质（水和钠离子），同时排出其他成分（尿素和钾）。血液透析技术是威廉·科尔夫在 20 世纪 40 年代发明的，他意识到在很大程度上，多孔膜对血液的过滤效果能够比肩肾脏。尽管血液透析技术的发明对医学产生了巨大的影响，但血液透析本身依旧无法与功能正常的肾脏相提并论：平均而言，接受肾移植手术的肾衰竭病人可以比接受血液透析治疗的肾衰竭病人多活 10 年。[18] 所以，作为目前人工器官最成功的代表，血液透析也仅仅是一种权宜的治疗手段。至于其他意在功能上取代器官的设备和装置，比如人工心脏，它们的表现远远不及透析。

当然，我们应该能做得更好，不是吗？

最大的难题在于，到目前为止，人体组织比我们制造过的任何发明、结构和产品都复杂得多。每个小小的肾单位都是工程学的杰作，依靠精心设计的三维结构，蜿蜒曲折的管道获得了选择性吸收和排泄特定成分的能力。这种盘根错节的结构和精巧复杂的功能，正是我的工程师朋友里克所说的"从零开始"制造人工器官如此困难的原因。进化用了数百万年时间才最终敲定我们内脏的蓝图，尽管人类的技术在过去的一个世纪里取得了前所未有的巨大进步，但精确复刻一个器官的设想目前仍然远远超出我们现有的技术水平。因此，越来越多的生物工程师已经放弃了器官替代设备的构想，而把目光转向了自然界现成的工具：细胞。

## 开局不顺

用经过人工改造的细胞替换功能异常的组织，这种方法属于细胞治疗的范畴，它的目标是变革退行性疾病的治疗方式。就在半个世纪前，人工制造可替换器官的设想还只存在于科幻作品中（如今已经成为再生医学的领域）。在 20 世纪 50 年代之前，细菌和噬菌体一直是生物学研究的中流砥柱。对那时的生物学家来说，真核细胞实在太难伺候。但到了 20 世纪下半叶，人类细胞的培养技术开始取得进步，这要归因于从 31 岁癌症患者海里埃塔·拉克丝身上提取出了声名狼藉的海拉细胞系。[19]

从那以后，真核细胞的培养便成为大多数生物实验室的常规技术，现成的细胞系多得数不清——有的是非营利性的，有的需要从商业公司购买。即便如此，但是大多数细胞系并不是正常的细胞。原因首先在于，体外培养本来就倾向于挑选突变的细胞，比如那些疑似癌变的细胞，因为它们能在培养皿里无限生长（永生化）。其次，细胞系生长的时间越久，异常的积累就越多。因此，绝大多数正常细胞，包括那些与人类疾病关系最为密切的细胞，要么根本无法培养，要么不适合用作研究。

不过，研究组织替换技术的科学家没有气馁，并成立了各种致力于再生科学研究的部门和研究所，其中很多由慈善机构和（或）州政府资助。[20] 最大的一个是加利福尼亚再生医学研究所，在成立后的 17 年间，这个从加利福尼亚州政府获得数十亿美元拨款的机构与数所大学达成合作，并为超过 1 000 个研究项目提供资金。许多可以被划入再生医学范畴的研究都涉及干细胞，包括胚胎干细胞、诱导多能干细胞，以及各种各样的成体干细胞。设法引导细胞正确地分化是一个难以攻克的课题：我在前文说过，虽然目前的实验操作可以让细胞朝某个特定的方向分化，但分化的产物跟正常的细胞没有多少相似之处，这导致它们在临床上的价值有限。更艰巨的挑战是如何让分化的细胞在三维结构里找到属于自己的位置，以及如何使这些细胞正确地整合到衰败的组织里，否则它们将无法发挥应有的功能。

为了解决人工组织的整合问题，有的科学家想到了利用细胞的可塑性（这种堪比炼金术的细胞重编程现象是制备诱导多能干细胞的基础），把不想要的细胞（比如形成瘢痕的成纤维细胞）变成更需要的细胞（比如肝细胞、心肌细胞、神经元，等等）。这种方法需要建立在大量的技术创新之上，因为我们可能不得不把重编程因子直接导入患者的组织里。但如果这一步可行，那么这种直接在需要的地方对细胞做重编程的技术或许可以帮我们绕开一些与空间落位及整合有关的难题，毕竟，新生的细胞从一开始就已经在需要它们的位置上了。

类似的方法已经在细胞、动物和人体中测试过数百次了。到目前为止，试验的结果好坏参半。

2005 年，加利福尼亚大学欧文分校的科学家汉斯·基尔斯特德凭自己所做的研究登上了新闻头条，他发现了能够让人类的胚胎干细胞分化成少突胶质细胞前体的方法。少突胶质细胞是一种对神经元起保护作用的神经细胞，基尔斯特德的目标是利用这种细胞改善脊髓损伤者的预后。当他和他的团队将实验得到的细胞注入大鼠遭到破坏的脊髓之后，无论是行动能力还是步态，实验组大鼠的恢复情况都比对照组好。[21] 但是，只有在受伤后不久注入细胞，这种治疗方式才能奏效。

如果受伤的时间和注射细胞的时间相隔数月，实验组和对照组的差异就不复存在了。

这个实验结果让研究脊髓损伤的领域为之一振，随后在 2010 年，美国杰龙生物医药公司启动了一项针对脊髓损伤患者的临床试验，这是我们首次将胚胎干细胞的衍生细胞注射在人类身上。一年的时间里，杰龙生物医药公司仅将细胞注射给 4 位患者就匆匆结束试验——由于受试者数量太少，无法得出任何结论。（杰龙生物医药公司宣称，这是基于公司商业战略做出的优先级调整。）在接受细胞注射的 4 个人中，没有任何患者表现出恶化的迹象，但他们的病情同样没有好转。这样的开局与事前美好的预期大相径庭。

## 一线希望

在 10 多年后的今天，细胞治疗的前景看上去光明了不少。两个小插曲——一个来自肿瘤学，另一个来自内分泌学——彰显了那些在体外被人工改造过的细胞如何改变了（或者说很有希望改变）临床医学。

第一个故事始于 20 世纪 80 年代晚期，以色列免疫学家齐利格·伊萨哈和吉德翁·格罗斯提出，我们可以通过引导人的 T 细胞（主要功能是清除被病毒感染的细胞），让它们转而攻击癌细胞。[22] 为了实现这个目标，我们需要让患者的 T 细胞接受一段人工合成 DNA，这或许能改变它们对目标结构（或者说抗原）的选择，从而让它们把攻击的矛头指向癌细胞。而这段人工合成 DNA 编码的分子则被称为"嵌合抗原受体"，简称 CAR。

　　此后 20 年，科学家一直在优化这种技术。2010 年，一位名叫比尔·路德维格的 65 岁监狱看守员成为世界上第一个接受这种改良版人工细胞治疗的人。路德维格在 10 年前确诊白血病，他的病情已经到了对任何标准疗法或实验疗法都没有反应的地步。在走投无路且没有多少其他选择的情况下，路德维格参加了宾夕法尼亚大学的临床试验，这个课题组的成员包括卡尔·琼、布鲁斯·莱文和戴维·波特。三人设计了一种嵌合抗原受体，希望用它控制住路德维格的白血病。

　　治疗的过程分为数个步骤。首先，研究人员需要从路德维格的血液中分离出 T 细胞，在临床实验室里对其加以培养，直到它们的数量达到几十亿（T 细胞在短期培养中的表现比很多其他类型的细胞都好），再将含有嵌合抗原受体基因的 DNA 分子导入其中。其次，这些经过遗传改造的细胞要被回输到路德维格的身体里。最后，研究人员还得耐心等待，看这样的处理方式能否有效。

　　起初，研究人员没有看到任何成效。几天之后，路德维格的情况出现了恶化。他被转移到重症监护室，无论怎么看，他都像是撑不住了，含有嵌合抗原受体的 T 细胞似乎加重了他的病情。可就在这时，半只脚踏进鬼门关的路德维格却挺了过来，他的病情居然好转了。先前的急转直下并不是失败的预兆，反倒是成功的表现。原因是转基因 T 细胞在忠实地执行它们被交代的任务——杀死数以百万计的白细胞——并由此引发了严重的炎症反应，这是卓有成效的抗肿瘤反应造成的不良反应。在路德维格接受嵌合抗原受体 T 细胞治疗的一个月后，骨髓活检没有找到任何白血病的迹象。无论是他还是医生都难以置信。总而言之，路德维格被治好了。[23]

　　细胞治疗取得成功的最新例子是用于治疗 1 型糖尿病，这种病的病因是 T 细胞收到了错误的信号，导致它们对合成胰岛素的胰岛 $\beta$ 细胞发起攻击。当这种自身免疫反应杀死了超过 75% 的胰岛 $\beta$ 细胞，剩余的细胞无法再满足人体的需求之后，人就会患上糖尿病。（胰岛素负责降低血液中的葡萄糖，如果没有它，血糖就会飙升到危险的水平。）胰岛素是弗雷德里克·班廷和查尔斯·贝斯特在 20 世纪 20 年代初发现的，多亏了二人，1 型糖尿病才从一种必死无疑的绝症变成了一种慢性病。尽管在过去的一个世纪里，胰岛素一直都是糖尿病患者的救命稻草，但它并非没有危害。最严重的一种情况是，注射胰岛素很容易导致血糖暴跌到危及生命的水平（低血糖症），结果往往是导致患者昏迷或死亡。

　　对病情格外严重的 1 型糖尿病患者，另一种治疗方案是接受胰岛移植手术，这种手术是把器官捐献者的胰岛（胰脏内由胰岛 $\beta$ 细胞聚集而形成的细胞团）移植到患者的肝脏内。胰岛移植手术可观的成功率表明，即使是来自其他人的胰岛 $\beta$ 细胞，哪怕把它们放到不是胰脏的腹腔器官里，它们也能有效地治疗糖尿病。只不过，可用于移植的胰岛比肾脏、肝脏和心脏更难获得，所以缺少供体成了这种治疗方法难以逾越的限制因素。[24] 出于这个原因，研究再生医学的科学家决定设法寻找其他获取胰岛 $\beta$ 细胞的途径。

　　胚胎干细胞是最显而易见的备选方案。在杰米·汤姆森和约翰·吉尔哈特于 1998 年成功获得人类的胚胎干细胞之后，数个实验室便开始设计和测试促进细胞分化的实验流程，寻找能够诱使多能胚胎干细胞分化成胰岛素合成细胞的条件。起初，研究的进展很慢，直到 10 年后，科学家的努力才有了真正的回报，在这个过程中，哈佛大学的干细胞科学家道格·梅尔顿功不可没。（2000—2006 年，梅尔顿是我的博士后合作导师。）

到了 2015 年，当初由梅尔顿等人提出的细胞分化实验已经取得了相当多的进展，以至于科学家开始评估它在临床上的价值。2021年，生物技术公司福泰制药启动了一项临床试验，旨在检验一种细胞治疗在治疗糖尿病上的效果，这种疗法号称使用了"已经完全分化的，并能够合成胰岛素的胰岛细胞"。第一个接受治疗的患者是 64 岁的邮递员布莱恩·谢尔顿，他的低血糖发作已经严重到几乎每天都会发生昏迷和癫痫的地步。如影随形的性命之忧促使谢尔顿报名参与临床试验。研究人员把数百万个实验室培养的人工细胞慢慢灌入谢尔顿的肝脏，他们的操作流程与胰岛移植的流程相同，并没有因为细胞的来源不同而有所调整。[25] 在谢尔顿接受细胞灌注的 3 个月后，福泰制药公开了早期试验结果的简报。治疗不仅没有引起任何不良反应，还几乎让谢尔顿的血糖水平恢复了正常。到了第 9 个月，谢尔顿已经不需要再注射胰岛素了。[26]

美国食品和药物管理局在 2007 年批准了 CAR-T 疗法，这是基于细胞工程的疗法首次得到这个以严格著称的监管机构的许可。因为有路德维格的临床试验结果，已经有超过 1 000 名白血病和淋巴瘤患者接受了 CAR-T 疗法，其中绝大多数患者的病情得到了缓解，有的患者甚至完全康复。针对糖尿病的细胞治疗仍处于研发的早期阶段，它是否能一劳永逸地将谢尔顿从胰岛素的桎梏中解放出来，我们拭目以待。不过话说回来，很难想象还有什么样的开局会比如今这样更好。

以上这些令人印象深刻的重大进展只涉及白血病和 1 型糖尿病。可是，对包括卡伦·迈纳在内的数百万患有脊髓损伤、痴呆及其他退行性疾病的患者而言，这些进步又意味着什么呢？（更别提如果没有更有效的治疗方式，未来这些疾病的患者的数量将达到数十亿。）有没有可能，白血病与 1 型糖尿病只是例外——也就是"低挂果"①——而要在其他疾病的细胞治疗上有所斩获会难得多？

这可就难说了。在杰龙生物医药公司终止临床试验后，已经有 40 多项临床研究试图用干细胞治疗脊髓损伤。虽然从这些试验的结果来看，往脊髓里注射细胞似乎是安全的，但没有任何一种疗法能在疗效上表现出远超其他疗法的领先优势。[27] 除此之外，不同于白血病和 1 型糖尿病患者，脊髓损伤者的身体机能经常会随时间的推移而出现一定程度的改善，这让我们很难区分伤情的好转究竟是因为临床治疗，还是患者自身的恢复。

通往成功的路上仍有不少障碍。安全性是需要优先考虑的问题之一。你应该还记得，如果把胚胎干细胞注射到身体的某些部位，它们可能会形成畸胎瘤。因此，临床科学家在利用干细胞的衍生物治疗患者时，必须确保这些细胞产物没有形成肿瘤的潜力。另外，尽管 CAR-T 细胞发生继发性癌变的情况似乎罕见，但从理论来说，这种可能性依然是存在的。监管者在评估细胞治疗这种新事物时，当然应

---

① 低挂果，字面意思是挂得较低的果实，形容一件事中相对容易的部分。——译者注

该仔细权衡上面所说的各种风险。

在我看来，更为关键的问题在于：细胞的空间位置与它们在细胞社会里的身份同样重要。对CAR-T细胞（T细胞本身就在人体内到处游走）或者基于干细胞的糖尿病疗法（即使位于肝脏，合成胰岛素的细胞似乎也能正常工作）来说，细胞的位置信息或许没有那么重要，可是在绝大多数情况下，组织和器官的正常运作都必须以拥有精确的三维结构为前提。而这正是我们的技术力有不逮的地方。

这再次把我们带回了正常的发育过程。如果说再生医学面临的最大的长期挑战是三维空间结构，那么十分擅长编码位置信息的胚胎就是我们解决这个难题的关键。我们的任务是破译这些空间编码，只要做到了这一点，我们就有可能像两栖动物那样，按照自己的意愿（重新）塑造身体的各个部位。

对迈纳来说，只要最后能有让她康复的方法，她一点儿也不在乎这些突破是如何取得的。"我依然是地球上最幸运的人之一。"她思索道。对一个遭受如此重大挫折的人来说，她的语气惊人地乐观。迈纳始终心怀希望，她认为更好的治疗脊髓损伤的方法很快就会到来——即使她享受不到，后代子孙也能获益。

"身体知道如何自愈，"她总结道，"它只是需要科学帮帮忙。"

第 11 章

————

# 白日科学和黑夜科学

> 如果你听到内心有一个声音说"你不会画画",那么只要你坚持画画,那个声音自然就会消失。
>
> ——文森特·凡·高

科学发现是一件麻烦事。很少有直接通往知识的高速公路,绝大多数情况下,理论和分析必须走很多弯路,甚至常常需要开辟一条不知通往何处的路。但是,弯路并非人类获取智慧的绊脚石,相反,这其实是一个必要的过程。科学家只有抛弃原先的观点,才能不带偏见,这是新范式诞生的前提,重要的发现无不来源于此,我在前文已经介绍过许多类似的例子了:细胞、基因、调节、诱导、转录、干细胞、重编程。在成为生物学的基础理论之前,它们都曾是模棱两可的设想,与其说是理论,不如说是大胆的猜测。

为了描述科学这种缥缈的性质,科学家和作家想出了各种各样的比喻，而我最喜欢的一个来自弗朗索瓦·雅各布。在回忆录《内心的雕像》中，雅各布将科学研究分成了两大类，分别称之为"白日科学"和"黑夜科学"：[1]

> 白日科学运用的推理之法逻辑严密，如齿轮般环环相扣，它取得的结果无比明确。人们仰慕它的庄严宏伟，如同瞻仰达·芬奇的画作或者巴赫的赋格曲。有章可循的进展，令人骄傲的历史，高度可期的未来，白日科学在灯光和荣耀中迈步向前。反观黑夜科学，则是在漫无目的地游荡。它犹犹豫豫，跌跌撞撞，畏畏缩缩，汗流浃背，如梦初醒，对一切都持怀疑的态度，摸索前行，质疑自己，总是需要使自己振作。黑夜科学有点儿像探讨可能性的研讨会，这种场合适合讨论什么东西有可能成为科学的基石，大家可以凭模糊的预感和朦胧的感受提出自己的理论。要预测黑夜科学能否变成白日科学是不可能的。即使这种情况真的发生，那也是出于纯粹的偶然，如天降异象一般不可靠。所以说，引导思想的并不是逻辑，而是本能和直觉。

以色列魏茨曼科学研究所的生物学家乌里·阿隆给这种推翻旧假设、提出新概念的空间取了另一个名字，他称其为"云"。[2]身在"云"中的科学家会很焦虑，他们就像迷失在森林里的徒步者，一心只想回到安全的道路上。这是一种不受拘束的感受，仿佛走进一间没有出口的房间。对学生来说尤其如此，他们对实验室研究怀有偏见，认为研究是假设、实验和修改假设的循环。如果科研真有这么简单就好了。

与学生的想法相反，大自然更青睐能够容忍不确定性的人，更倾向于把埋藏最深的秘密显露给他们，而那些行色匆匆的过客则很容易错失伟大的发现。

作为科学发现的先决条件，走弯路的重要性在基础科学与工程学的两相比较中体现得更为淋漓尽致：基础科学是一种探索性的研究，这对我们来说再熟悉不过了，而工程学则有明确的目标和时间表。2019 年诺贝尔生理学或医学奖得主威廉·凯林言简意赅地描述了二者的区别，他指出工程师更习惯"利用法则"，而基础科学家则对"学习法则"更感兴趣。[3] 本质上，从事基础科学研究相当于学习一门新的语言——一门一开始谁都不知道它存在的语言。

当然，这种基础研究并不是无中生有，或者与应用没有任何关系。在过去的 20~30 年里，影响最深远的医学进步都可以追溯到针对植物、细菌、噬菌体和果蝇的研究——在这些成果刚被提出的年代，不明真相的旁观者可能会认为它们无关紧要。类似的情况，只要看看新冠疫苗就够了：今天的 mRNA 技术可以一直追溯到雅各布的噬菌体研究。由此可见黑夜科学的力量是何等惊人。

这些差异对从事生物医学研究的企业影响很大，它们朝思暮想的那种突破（或者说成果）往往得益于更偏开放型的研究项目，类似的研究在长远上可能非常具有潜力，但短期效益不明显。登月行动——形容那些为单一目标而设立的，由数十到数百名科学家组成的大规模研究倡议——往往基于这样一个工程学意味浓烈的前提：资金和人力的投入能够弥补知识的鸿沟。需要澄清的是，这种做法也有行得通的时候，尤其是目标非常明确的情况下。人类基因组计划就属于这种情况——一场价值数十亿美元的豪赌，目标是测定完整的人类DNA序列。但是，当通往发现的路径不甚清晰时（如何治疗癌症、自身免疫病，或者如何理解人类的意识），慢吞吞的黑夜科学便成了突破的主要来源。

"从事基础研究的科学家越来越频繁地被要求澄清他们打算在项目的第三年、第四年和第五年做什么，好像我们在申请项目的时候就已经知道了这些实验会得到什么结果。"凯林写道。这种要求无视新知识的不可预见性，忽略了黑夜科学在以往的科研中展现出的颠覆性力量。

## 复杂的细胞记忆

黑夜科学最大的悖论在于，除非被转化成白日科学，否则它的意义就是不可见的。我们力所能及的极限是尝试思考那些位于黄昏区的问题——它们既没有完全被黑暗遮蔽，也没有完全被阳光照亮。我能想到的例子是表观遗传学，这个发展迅猛的领域只有被同时放在两种互相冲突的语境里才能最好地理解。我们已经在前文介绍过这两种语境所对应的事实了。

事实一：所有的细胞都含有几乎完全相同的、完整的DNA。这被称为"基因组当量原则"，它确保了细胞在分化时依然能保留全部基因。

事实二：细胞拥有记忆。随着胚胎的生长和细胞的分化，细胞社会的"公民"坚守着各自的岗位，并代代相传。[4]

事实一造成的后果之一是细胞携带着过量信息。肝细胞拥有神经元执行功能所需的全部基因，而白细胞也有合成软骨的全套信息。这为事实二埋下了一个隐患，因为细胞随时有可能启动不合时宜的细胞程序，导致自己"不按剧本演"。试想如果细胞忘记了自己是谁，我们的身体会出多大的乱子，比如肝脏变成了肺，或者大脑变成了骨头。理论上，从格登的动物克隆实验和山中的细胞重编程实验来看，这种夸张的转变是有可能发生的。只不过正常情况下，这种事并不会出现。细胞会坚守发育赋予自己的身份，并将这种身份传递给后代。

细胞的表型与基因表达有关：表型由哪些基因开启和哪些基因关闭所决定。而基因表达又受到DNA结合蛋白的调控（我在第4章介绍过，DNA结合蛋白的本质是转录激活因子或转录抑制因子，它们的功能是调控mRNA合成）。对细菌和噬菌体来说，这些基因调控因子是它们适应环境所需的一切。当雅克·莫诺把大肠埃希菌的食物从葡萄糖换成乳糖，然后又从乳糖换回葡萄糖时，这种生物也愉快地将自己的食性来回切换：它们依靠转录因子就足以应对食物的变化。所以，微生物几乎不需要记忆。

可是在多细胞生物里，记住自己的位置成了细胞的必备技能，它们不得不想一种办法来记住自己的身份并把同样的信息传递给后代。如何在基因组完全相同的情况下把不同的基因表达方式传给下一代，这是大自然面临的又一个难题，而且这个问题其实是一细胞问题的另一个维度。但大自然没有被难倒，它相当巧妙地找到了解决之法——凭借一种被称为"表观遗传"的方式。

20 世纪 40 年代初，生物学家康拉德·沃丁顿发明了"表观遗传"这个词，它形容的是一种很特别的遗传现象：有一些遗传信息可以在发育的胚胎中由老的细胞传递给新的细胞，可同样的遗传信息却不能由个体隔代遗传给下一代。[5] 沃丁顿提出这个观点的时间早于我们知道DNA是遗传物质，因此他的设想缺少分子基础。但沃丁顿意识到，发育中的细胞在发生分裂时肯定需要一种传递信息的方式，而这种信息是为了决定哪些基因应该开启，哪些基因应该关闭。表观遗传要形容的正是这样一种全新的遗传机制，它区别于孟德尔、德弗里斯和摩根的遗传学，是细胞维持记忆的基础。换句话说，遗传学机制的功能是让动物将它们在进化中获得的形式传递给后代，而表观遗传学机制的目的则是让细胞将它们在发育过程中获得的身份传递给下一代细胞。

为了帮助其他生物学家理解这个概念，沃丁顿提出了一种视觉模型——"表观遗传景观"，这种理论把细胞想象成一个立于山巅的圆球，把分化的过程比作这个球从山顶滚落。在标准的"沃丁顿表观

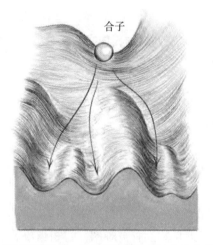

图 11-1 康拉德·沃丁顿提出用一种地形景观来类比细胞在发育中获得某种命运的过程。在这种"表观遗传景观"中，合子起初位于一座山的山顶。随着合子的分裂，它的后代开始沿着山坡往下滚，这些细胞会向左还是会向右偏转取决于周围的细胞向它们释放了什么样的信号。细胞在滚到远处的山谷后便停了下来，此时的它们已经变成了细胞社会里的特化细胞，比如视网膜细胞、心肌细胞或者神经元。把细胞从一个山谷移到另一个山谷需要耗费大量能量，所以，成体干细胞表现出的可塑性远不及胚胎干细胞

遗传景观图"中，山顶的球代表能够产生多种后代的专能细胞，而底部的山谷则对应不同的细胞命运。细胞开始滚落之后，诱导力（来自邻近细胞的信号）便开始从四面八方推搡它们。在沿山坡滚落的过程中，细胞一开始能走的路很多（具有很强的可塑性），但随着它越滚越低，眼前的景观变得越来越少（命运逐渐被确定）。按照沃丁顿的说法，细胞的记忆相当于分子版本的引力：在没有极端的力量施加影响的情况下，分子引力确保了细胞及细胞的后代们无法轻易改变自己的身份。

分子生物学革命发生在 20 世纪五六十年代，这个领域的兴起为科学家采用分子手段研究细胞记忆奠定了基础，最早的理论认为，表观遗传现象源于DNA的化学修饰，而非序列本身的改变。DNA甲基化是早期的研究焦点，这种化学反应会让DNA的胞嘧啶发生微小的改变。DNA发生甲基化指的是一个碳原子和三个氢原子（一个甲基）被添加到胞嘧啶的过程，此时的胞嘧啶变成了 5-甲基胞嘧啶，胞嘧啶和 5-甲基胞嘧啶互为化学类似物。科学家发现 5-甲基胞嘧啶在基因组里的分布很不均衡，这种分子在某些基因附近很密集，在另一些基因附近又很稀疏。所以科学家推测，细胞把 5-甲基胞嘧啶的有无当成了一种记号（一种分子标记），来区分哪些基因应该表达，哪些基因应该沉默。[6]

在 20 世纪七八十年代，艾德里安·伯德、霍华德·锡达和阿龙·拉辛等人为证明这个模型的正确性立下了汗马功劳。他们将那些富含

5-甲基胞嘧啶的基因（也就是基因的内部或周围有大量胞嘧啶发生了甲基化）与缺乏 5-甲基胞嘧啶的基因做比较。甲基化程度低的基因表达水平很高，而甲基化程度高的基因表达水平则很低，这表明DNA甲基化阻止了基因转录。更惊人的是，他们发现DNA甲基化的模式能从一代细胞传递给下一代细胞：在细胞连续发生几轮分裂之后，那些高度甲基化的基因依然保持高度甲基化。因此，这种化学标记是细胞储存记忆的途径之一，细胞依靠这种简单的化学标签建立可遗传的基因表达模式，它决定了哪些基因应该开启（不让它们发生甲基化），哪些基因应该关闭（让它们发生高度甲基化）。[7]

甲基化是表观遗传的重要机制，如果要保证这种机制能正常地运作，那么细胞必须要有一种清空过往记录的机制。后来我们发现，在发育的早期阶段，哺乳动物的胚胎会把来自精子和卵子的几乎所有甲基化标记都"擦除"。[8]这让分化的胚胎细胞得以从头开始建立属于它们自己的甲基化模式。所有的动物细胞都含有与这个过程有关的酶，它们或是负责给胞嘧啶添加甲基基团，或是负责移除胞嘧啶上的甲基基团，抑或负责保留和维持胞嘧啶上已有的甲基，这些酶的活动对细胞建立自己的身份而言是不可或缺的。不过，说了这么多关于细胞记忆的机制，有一个关键的问题直到今天都没有答案：细胞如何确定让哪个基因发生甲基化（并让它沉默）？换句话说，细胞的记忆是从哪里来的？

## 重新设想遗传

在 20 世纪的最后 10 年，同DNA甲基化一起被发现的还有一种更精巧，很可能也是更古老的储存信息的手段。但是，这种记忆系统并非把回忆刻入DNA，它的分子基础是一类与遗传物质紧密结合的蛋白质——我们把这种蛋白质称为"组蛋白"。细菌属于原核生物，与它们不同的是，真核生物不允许自己的DNA以自由漂浮的形式存在。真核生物的DNA与组蛋白一起，在细胞核内形成了高度特化的结构。这种特殊的结构很像许多珠子被串在一条绳子上，其中每个珠子都是名为核小体的亚单位：位于珠子中心的成分是组蛋白，一段长度约为 200 个核苷酸的DNA紧紧地缠绕在组蛋白上。[9]通常，我们把这种由蛋白质和DNA组成的复合结构称作"染色质"。

　　大自然发明了这种看似非常复杂的结构，目的是用它来解决存储信息的问题。任何曾经试图把几个星期的换洗衣服塞进随身行李的人都会告诉你，打包技巧是多么重要。能够最大化空间利用率的方法多种多样（个人而言，我更偏爱"游骑兵卷衣法"），而最差的方法莫过于不采用任何方法，也就是把所有东西胡乱地塞进箱子。人类细胞的基因组有 60 亿个核苷酸，如果把这些分子排成一列，它们的长度将达到 6 英尺[①]。倘若没有高超的打包技巧，如此大量的DNA根本装不进细胞核：核小体为有序地收容DNA提供了组织框架。

　　核小体对细胞来说还有另一个好处：它让细胞拥有了额外的分子记忆。20 世纪 60 年代，科学家得到的证据显示，组蛋白与DNA的胞嘧啶一样，也可以受到化学修饰。甲基化只是其中一种修饰基因，科学家还发现了其他的修饰基因。比如将乙酰基（这个化学修饰基因略大于甲基）添加到组蛋白上，使其发生"乙酰化"。每一个受到乙

---

①　1 英尺 ≈ 0.305 米。——编者注

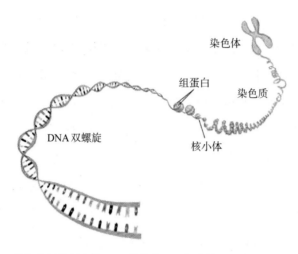

图 11-2　从每个细胞所含的 DNA 总量来看，细胞势必需要一种高效的打包手段。细胞核里的 DNA 不能自由移动，而是缠绕在一种由 8 个组蛋白分子构成的蛋白质复合体上，类似这样的亚单位被称为"核小体"。对组蛋白做化学修饰会影响基因转录成 mRNA 的水平——这是 DNA 甲基化以外，另一种不同的表观遗传机制——细胞能够维持和遗传特定的身份正是有赖于此

酰基修饰的核小体都会发生结构的改变，这种变化虽然不大，却非常独特。

　　起初，组蛋白的这种修饰现象仅仅被当作一件趣闻。可到了 20 世纪 90 年代，针对酿酒酵母的研究竟出人意料地证实了这种修饰现象的重要性。最早的证据来自遗传学家迈克尔·格伦斯坦，他的研究显示，酵母细胞转录基因的能力与它给组蛋白添加乙酰基的能力直接相关。[10] 随后在 1996 年，科学家戴维·阿利斯和斯图尔特·施赖伯分别独立发现，同酵母一样，哺乳动物也有用来给组蛋白添加乙酰基或者从组蛋白上移除乙酰基的酶，而且这两个过程对哺乳动物基因表达的影响与它们对酵母的影响类似。[11] 组蛋白的修饰模式与 5- 甲基胞嘧啶一样，也能由一个细胞传递给下一代细胞，在这一点得到确证

之后，组蛋白便和DNA甲基化一样，成为解释细胞记忆现象的机制
之一。

　　从那时起，这个领域不断发展壮大。除了乙酰化和甲基化，科学
家还发现了组蛋白有其他的修饰方式，添加的基团还可以是磷（磷酸
化）或者一种名为"泛素"的小分子蛋白（泛素化）。不同于只能发
生在胞嘧啶上的DNA甲基化，组蛋白的修饰可以针对数种氨基酸的
残基，而且不同的氨基酸残基对基因表达产生的影响也不一样。综合
在一起，组蛋白的修饰方式远不止 100 种。单一来看，这种修饰方式
对基因转录的影响并不大。可要综合起来看，组蛋白质的修饰经过叠
加，最终足以实现关闭或者开启基因的效果。

　　关于组蛋白的生物学特性及它们对基因表达的影响，生物学家妮
莎·凯里曾打过一个比方，那是我认为最贴切的比喻。[12] 把染色体想
象成一棵巨型圣诞树的树干，圣诞树伸出的枝丫相当于组蛋白，而每
一盏灯则代表独立的基因。试想我们用各种小物件来装饰这棵树，给
每一条枝丫挂上不同的彩球、星星、雪花和金属片（它们相当于组蛋
白上的标记），于是，每个灯泡（基因）就会陷入不同装饰的包围中。
接下来，我们假设每盏灯的亮度由邻近装饰物的组合方式决定，它们
合力发挥亮度调节开关的作用，让灯泡变得更亮或者更暗。现在我们
说回基因组，只要想象每盏灯的明暗代表每个基因表达水平的高低，
你就能明白为什么组蛋白的装饰方式（阿利斯给它取了一个昵称，称
为"组蛋白密码"[13]）也能作为细胞储存信息的一种机制了。

　　组蛋白密码的调节机制复杂得令人目眩。100 多种组蛋白标记有
许多不同的排列组合方式（至少 $100^{100}$ 种）。到目前为止，功能已经
得到阐明的组蛋白修饰基因还不到总数的 10%，认识所有标记的功能

（无论是单个修饰基因，还是多个修饰基因的组合）需要数以十计的实验室全神贯注的研究。如果我们对组蛋白密码的认识想达到与我们对遗传密码认识的水平，需要几年，甚至几十年的时间。然而，一细胞问题的终极答案就深深地埋藏在盘根错节的表观遗传调控中，我们只有理解它，才能理解细胞逆转命运的能力。

介绍了这么多相当技术性的内容，你可能会好奇DNA甲基化和组蛋白的修饰究竟有什么实际意义？我的回答由 3 个部分组成。首先，你必须记住，基因的调控方式决定了细胞的身份。一个细胞在细胞社会里是什么地位，很大程度上取决于它表达的基因具有怎样的功能，就像现实中的医生、律师或者木匠，这些职业的身份基本上都是由从业者掌握的技能定义的。我们仍然不清楚胚胎如何决定哪个细胞里的哪个基因应该受到哪种表观遗传的标记（几乎可以肯定，类似的决定是先天因素和后天因素相互作用的结果，这涉及发育中的细胞对胞内及胞外信号的感知），但我们知道表观基因组（对一个细胞来说，表观基因组指的是基因组中所有表观遗传标记的总和）决定了细胞的命运和功能，再加上转录因子，二者共同决定了每个基因是否应该表达。

表观遗传还为我们控制细胞的表型提供了可能性。由于细胞的功能建立在基因表达的基础上，所以选择性转录的技术在医学上可能极具潜力。试想有一种药物，它能让癌症患者的原癌基因停止表达；而另一种药物能激活编码生长因子的基因，促进烧伤病人的创面愈合。

虽然我们早就知道，转录因子（包括激活因子和抑制因子）掌管着基因表达，可事实证明，想要开发一种药物来改变这些DNA结合蛋白的活性是非常困难的。药物的工作原理是与细胞内特定的目标分子相结合，这种结合的特异性源于目标分子上有容纳药物的停靠点，或者说"结合口袋"（就像钥匙"寻找"匹配的锁）。绝大多数转录因子的化学结构都缺少这种可供我们利用的结合口袋，长久以来，转录调控一直是药物开发者无从插手的环节。相比之下，酶就非常适合作为药物的目标。酶的作用是催化化学反应，为此，它们与底物的结合具有极高的特异性，所以每一种酶（从它们本身的定义上来说）都有结合口袋。这让表观遗传学成为一个大有用武之地的领域：因为无论是DNA甲基化、组蛋白乙酰化，还是其他的修饰方式，介导表观遗传调控的分子，无一例外都是酶。基因表达曾可望而不可即，如今，药物开发者终于有了对它下手的机会。

最后，表观遗传还促使我们重新思考性状是如何由父母遗传给孩子的。达尔文的自然选择学说曾在风头正劲的时候受到了许多学说的挑战，其中就包括拉马克学说——让-巴蒂斯特·拉马克在18世纪提出的这个模型认为，环境因素对生物的进化轨迹有直接影响。当然，最终还是自然选择胜出了，它出色地解释了新物种是如何诞生的。可过去几十年的研究却在促使我们重新审视曾被认为是异端的观点——动物在出生后获得的性状能够被遗传给下一代。这种现象被称为"隔代遗传"，来自许多生物的证据都支持这种现象的存在。以植物为例，DNA甲基化模式能连续遗传上百代（这与哺乳动物在发育早期擦除表观遗传标记的做法形成了鲜明的对比）。

小鼠的毛色是动物隔代表观遗传的典型例子之一，孟德尔在转向豌豆之前研究过这种性状。（说来也巧，孟德尔放弃研究的性状正好是非孟德尔遗传模式的典型代表。）1999 年，澳大利亚悉尼大学的遗传学家艾玛·怀特洛发现，一种黄毛的近交系小鼠偶尔会生育棕毛的后代。（你是否还记得，如果是同一种近交系小鼠，那么每个个体的遗传背景都应该相同。）而这些棕毛小鼠生育的后代，毛色也是黄色或者棕色的。从表面上看，小鼠似乎发生了突变，是新的等位基因导致后代的毛色从黄色变成了棕色（符合孟德尔遗传定律）。可是，在怀特洛深入研究毛色的遗传模式后，她发现这种性状在后续几代小鼠里的遗传方式无法用孟德尔的理论解释。事实上，小鼠长黄毛或棕毛的概率与母亲的毛色有关：棕毛母亲（包括祖母）生出棕毛后代的可能性远远高于黄毛母亲。换句话说，即使亲本小鼠的基因型完全相同，母亲的表型也会强烈影响黄毛或棕毛的遗传倾向。[14] 随着怀特洛等人对这种现象的认识越发透彻，他们发现背后的原因是 DNA 甲基化：一种能够跨越代际的、胞嘧啶的甲基化模式。

虽然人类的隔代遗传现象比较难研究，但能够证明这种现象的确存在的最好证据来自第二次世界大战末期：1944—1945 年，纳粹德国在当年冬天实行的粮食封锁导致荷兰国内出现饥荒。荷兰公共医疗卫生服务机构对当时的情况做了翔实可靠的记录，正因为如此，后来的流行病学家才能按照饥荒出现前、饥荒期间和饥荒结束后这三个时期，比较在不同时期怀孕对后代的影响，结果非常耐人寻味。与从未遭遇过饥荒或者只在胚胎发育后期经历过饥荒的人（或者说胎儿）相比，那些在胚胎发育的前 3 个月遭遇过饥荒的人（胎儿），他们患代谢性疾病——包括肥胖症和心脏病——的风险更高。[15] 当然，这本身并不是一个隔代遗传的例子，它只能说明，胚胎在发育早期遭遇的营养不良对个体代谢造成的影响可以持续到成年。更惊人的发现来自科学家对下一代的分析研究，也就是在 1960—1985 年间出生的人，他们的母亲在荷兰饥荒时期还是胎儿。[16]值得注意的是，如果女性在胚胎发育的前 3 个月经历过营养不良（如果是在发育的最后 3 个月遭受饥荒则没有影响），那么她们生的第一个孩子的体重往往更重。换句话说，新生儿的体重似乎与母亲自己当初在子宫内的经历有关，即便那时候她也还只是一个胚胎。

表观遗传学仍是一个有待完善的领域。公允地说，我们对组蛋白密码的认识尚处于幼儿园的水平——只认识基本的字母，能读简单的单词。科学家已经鉴定出了很多种酶，细胞利用它们来写、擦和读取甲基和乙酰基；他们还学会调整其中一些酶的活性。可是，未来会怎样？会不会有一天"表观遗传药物"成了一类常用药，我们可以用它让细胞返老还童，或者调整细胞的行为，由此引发一场临床医学的革命？隔代遗传能否使孟德尔遗传学和达尔文进化论这两副坚不可摧的铠甲出现更多的裂隙？

这些都很难说，但事情本就该如此，因为这就是黑夜科学的本质。

## 改造人类

最让发育生物学家感到棘手的问题是大量的活动无法观察。胚胎内部的细胞被胚胎表面的细胞捂得严严实实，而分子的活动又太微观，不可能直接靠眼睛看清。哺乳动物的难题更多，因为胚胎发育的壮观景象被隐藏在母亲的子宫内。经典的胚胎研究解决这些问题的方法是使用那些在体外发育的胚胎，比如海胆、蛙、果蝇和蠕虫。因此，我们对人类胚胎发育的大量认识（或者说我们自以为的认识）是从这种"模式生物"上推论而来的。可是，动物模型有其局限性。如果我们想要研发新的生殖技术，或者寻找更好的、能够探测或预防流产和新生儿缺陷的方法，那就必须对人类这个物种的发育有同样深刻的认识。

研究人类的胚胎发育充满了挑战。伦理是公众最关心的问题，在人类的胚胎发育到一定的程度后，再拿它们来做实验就成为一件为道德所不容的事了，这几乎是当今所有人的共识（不过，人们对这个"程度"的具体定义莫衷一是）。体外受精技术在 20 世纪 70 年代晚期的兴起促使人类胚胎研究引入了国际通行的"14 天规则"——按照这个规定，以受精完成为起点，科学家在体外培养胚胎的时间不得超过两周。[17]

人类胚胎研究在胚胎的供应和技术层面上还面临着诸多挑战。几乎所有被捐献给科研用途的人类胚胎都来自接受辅助生育治疗的夫妻，这导致胚胎的来路非常分散，不可预测。但是，如果我们能从另一种途径获取人类胚胎，一种没有那么多伦理和供应链问题的途径，那会怎么样呢？如果我们不用人类的胚胎也能研究人类的胚胎发育呢？

近年来，科学家在细胞培养和促分化领域取得的技术进步已经让这种设想有了成为现实的可能。诱导多能干细胞能够变成各种细胞，基于这个事实，数个实验室已经开发出相关的实验手段，来获取存在于一周龄人类胚胎内的所有种类的细胞，也就是胚泡的上胚层、下胚层和滋养外胚层细胞。当把诱导多能干细胞放在三维凝胶中培养时，它们会自发地组成"类胚体"，这是一种大约包含 100 个细胞的圆形结构。[18] 最惊人的是，尽管类胚体是成体细胞而非合子的产物，但它与人类的胚泡极其相似，比如它也能牢牢地附着在子宫内膜细胞上。

这引发了一个问题：如果一种东西看起来像胚胎，行为表现像胚胎，却来源于一块皮肤或者一滴血，它究竟该算作什么呢？

10 年前，一场海啸席卷了生物医学领域。引起这场海啸的是成簇规律间隔短回文重复（CRISPR）。CRISPR最早是科学家在 20 世纪 90 年代发现的一种细菌防御体系，它的功能是抵御噬菌体的侵袭。但在 2011 年，加利福尼亚大学伯克利分校的珍妮弗·道德纳和瑞典于默奥大学的埃玛纽埃勒·沙尔庞捷想到了利用这种古老的微生物防御体系来"编辑"哺乳动物细胞的DNA序列。虽然至今才过去短短10 多年，但CRISPR已然成为修改基因组的必备技术。它强大、快捷，而且操作简单。[19]

CRISPR已经颠覆了某些我们过去最常见的、用来摆布细胞和动物的手段。在此之前，如果用马里奥·卡佩奇和奥利弗·史密斯发明的技术来构建人类疾病的动物模型，那么培养一种"敲除小鼠"需要超过一年的时间。有了CRISPR之后，完成同样的任务只需几周。艾瑞克·威斯乔斯、福尔哈德和悉尼·布伦纳曾用基因筛查来研究发育的分子基础，但他们采取的方式不可谓不粗犷。而现在，基因筛查也得到了CRISPR技术的助力：CRISPR"文库"取代了诱变剂，让研究人员得以更快且更深入地研究重要的基因。

就在最近，CRISPR刚刚进入临床应用，它首先被用来治疗两种血液疾病,分别是镰状细胞贫血和$\beta$地中海贫血。这两种疾病都是由于编码$\beta$-球蛋白的基因发生突变,导致负责携带氧气的血红蛋白功能异常。在镰状细胞贫血中,突变造成变形的红细胞扎堆聚集、阻塞血管,导致剧烈的疼痛反复发作,威胁患者的生命;而在$\beta$地中海贫血中,$\beta$-球蛋白基因发生了另一些突变,导致患者贫血。

目前,有数个课题组在尝试用CRISPR纠正造血干细胞的基因缺陷,再把恢复正常的细胞送回患者的骨髓。经过CRISPR编辑的细胞可以(至少我们希望它们可以)重振血液系统,缓和乃至完全消除疾病的症状。[20] 至少有一项研究的结果非常引人注目,它让镰状细胞贫血患者彻底摆脱了痛苦的"危急时刻"(指几乎无法忍受的疼痛发作)。[21] 同样是基于CRISPR技术,其他疗法的研究也紧随其后,这些疗法针对的疾病包括血友病、癌症和先天性失明。[22]

受CRISPR影响的另一个前沿领域是异种移植,即用动物的器官给人类做移植手术。正如上一章所说,包括肝脏、肾脏和胰岛在内,治疗器官衰竭的主要问题是供体器官的短缺。这催生了一种以替换细胞和利用细胞的可塑性来治疗疾病的手工作坊式的产业。科学家一直希望用动物的器官来满足移植手术的需求,其中以猪的器官最为理想,这一方面是因为猪的器官大小与人类最匹配,另一方面则是因为用猪的心脏瓣膜治疗人的心脏衰竭早有先例。可这种设想的阻碍也不少,其中最值得一提的是人类的免疫系统对动物组织的识别和排斥。[23] 有多家与学术界达成合作的商业公司正在试图攻克这个难题,它们的目标是培育特殊的转基因猪,这些猪的器官更不容易招致人体免疫系统的攻击。

2020年,美国亚拉巴马大学伯明翰分校的临床医生与弗吉尼亚州生物技术公司 Revivicor 合作，将两颗转基因猪的肾脏植入了吉姆·帕森斯体内。帕森斯是一名 57 岁的男性，他遭遇了一场越野摩托车事故，并且已经被宣布脑死亡。这本是一次短期实验，但在实验开展的 3 天时间里，移植的肾脏似乎一直能正常工作。2022 年，更加雄心勃勃的试验出现了，另一位时年 57 岁的病人——患有心脏病的戴维·贝内特——在位于巴尔的摩的马里兰大学医学中心接受了转基因猪的心脏。（贝内特被认定不适合接受传统的心脏移植手术。）异种心脏在移植后运行良好，它让贝内特又多活了两个月。不过，后来的尸检发现，贝内特的血液中有少量的猪源性病毒（猪的巨细胞病毒）。[24] 巨细胞病毒是一种潜伏性病毒，无论这种病毒的现身与贝内特的死亡是否有关，想靠异种器官移植来解决移植手术的供体器官短缺问题任重而道远。

　　相比即将到来的新技术，我在前文介绍的胚胎培养和基因编辑只能算是沧海一粟。而且和所有新技术一样，它们也有"能走多远"和"应该走多远"的问题。就胚胎培养而言，伦理学家坚持认为培养的时间不得超过 14 天，其实这个时间点并没有什么神奇的地方，几乎可以肯定，现有的技术（或者只要稍加改进）就足以让胚胎在体外发育到 14 天之后。那么，多久才算久？三个星期，还是四个星期？神经细胞开始形成的时候，还是胚胎有了心跳的时候？另外，是不是真胚胎会有区别吗（真胚胎指的是精子和卵子结合的产物，而类胚体则是体外培养的成纤维细胞的单亲后代）？最后，应当由谁来做这些决定？

这些新兴技术给人类带来了从未碰到过的问题，原因也很简单，因为它们已经超越了我们的想象。一个极端的例子是"种间嵌合体胚胎"，它指的是由来自两个不同物种的细胞组成的胚胎，这种人工培育的结构可能作为供体器官的来源。（与前面介绍的转基因猪不同，理论上，从这种嵌合体身上获得的器官可以只含有人类的细胞。）因为其分子之间不能相互兼容，所以亲缘关系疏远的物种（比如人类和小鼠）构成的嵌合体很难发育到太成熟的阶段。而当我们用的胚胎细胞属于两个亲缘关系较近的物种时，成功的概率会大大提高，最著名的例子是"山绵羊"：这是一只由山羊和绵羊的卵裂球发育而来的、拥有生育能力的嵌合体。[25]

图 11-3　通过将发育早期的卵裂球混合，我们可以培育出山羊和绵羊的嵌合体，这种生物正是家喻户晓的"山绵羊"

图片来源：由斯普林格·自然公司授权。

2021 年，一个来自加利福尼亚州拉荷亚区索尔克生物研究所的课题组成功培育出了猴和人的嵌合体胚胎。[26] 研究人员将这个胚胎培养了两周多的时间，而在 14 天的期限到达之前，这个杂交胚胎顺利地发育到了胚泡阶段。虽然这种嵌合体含有两个物种的细胞（大约 5% 的细胞属于人类），但胚胎的发育似乎还算正常。另外，中国科学家采取多种技术，将一个人类神经元特有的基因成功添加到恒河猴的基因组中，宣称这种转基因猴在认知测试中的表现优于野生型的同类。[27]

迄今为止，争议最大的事件与两种发展迅猛的技术——胚胎培养和基因编辑——有关，属于二者的交叉领域。2018 年 11 月，中国科学家贺建奎博士在 YouTube 视频平台上宣布，他培育出了世界上第一对基因编辑婴儿。视频中，贺博士对这两个孩子的称呼分别是露露和娜娜，二人的父母是一对中国夫妇。这对夫妇接受的治疗属于标准的体外受精技术，唯独有一个区别：在将胚胎植入母亲的子宫之前，研究人员利用 CRISPR 技术敲除了受精卵的一个基因——CCR5。很快，贺博士就遭到了各国科学人士的指责，社会各界都认为他的所作所为违背了伦理。他丢掉了工作，一年后，他和他的同事们受到了罚款的处罚，并以"非法行医罪"被判处入狱。（贺建奎已于 2022 年刑满释放。）

贺建奎的研究并未得到批准，他表示一意孤行是有理由的，试图以此为自己开脱。按照贺建奎的解释，他和他的团队之所以选择 CCR5，是因为人类免疫缺陷病毒（HIV）会利用这个基因编码的蛋白质来感染细胞。自然界存在 CCR5 基因发生突变的天然个体，这些人可以免疫 HIV 感染。[28] 因此，如果用 CRISPR 技术让合子的 CCR5

基因发生突变，应该就能让新生儿获得对 HIV 的免疫。（贺建奎还有一个为自己辩护的理由，他宣称参与试验的父亲是一名 HIV 阳性感染者，所以夫妻二人一直不想要孩子；按照贺建奎的说法，这对夫妻签署了知情同意书，因为他们希望生一个健康的孩子。）

贺建奎的行为突破了底线，这几乎是一个普遍的共识。两名"CRISPR 婴儿"露露和娜娜，以及由另一对 HIV 阳性夫妇所生的第三个孩子，都被认为还活着且身体健康。只不过时至今日，与实验过程和结果相关的绝大多数细节仍未得到披露。最关键的是，我们不清楚这些孩子携带的"脱靶突变"日后会造成怎样的影响，不知道它们是否会对孩子们的身心健康不利。

不过，许多新技术在刚刚出现的时候都曾遭到过抵制，人们认为它们是怪异和非天然的，这方面的例子有疫苗、体外受精技术、重组 DNA 技术，甚至还包括洗手。起初，人们对这些新事物都抱有怀疑，甚至持有强烈的敌意，也许我们只是需要时间，等到时机成熟，我们自然知道怎样运用新的技术才能为社会所接受。

表观遗传调控和基因编辑这两个领域的发展速度实在是太快了，就连从事这方面研究的人都有些跟不上，整个人类社会自然没有机会仔细权衡利弊。目前，科学界的专业团体，比如国际干细胞研究协会和世界卫生组织，正在制定相关的标准。距离包括美国国会在内的监管机构入局也只是时间问题，但这并不意味着在当下开展严肃的讨论为时过早。假以时日，我们或许能找到合理的途径，以富有建设性且合乎伦理的方式应用这些技术，而不必把洗澡水和澡盆里的孩子（基因编辑）一起倒掉。

## 信息过载

1958 年，物理学家罗伯特·奥本海默与一众编辑和记者分享了自己关于知识的看法。[29] 奥本海默主张，无论是本质还是结构，当今的知识都与从古代到 19 世纪的知识有根本的不同。从前，"受过教育"的意思是一个人精通所有的学科，包括哲学、历史、数学和自然科学。这种定义在 20 世纪已经难以为继，因为知识增长的速度超越了人类学习的速度，哪怕最聪慧博学的人也不可能跟得上。当谈到柏拉图曾提出将数学作为区分真伪善恶的工具时，奥本海默认为：

> 柏拉图并不是一个有创造力的数学家，但他的学生可以证明，他懂当时的数学，有心得，还颇有建树……今天，不仅我们的国王不懂数学，就连哲学家也不懂数学，要是再进一步，可以说数学家也不懂数学。

从奥本海默生活的时代到今天，学习和交流科学的难度只增不减。科学家与公众、科学家与科学家之间的隔阂都在不断增大。就在 100 年前，我们对 DNA 或 mRNA 的认知几乎为零，对胚胎发生只有肤浅的认识。我们不可能预测下一个百年会给我们带来什么，但在前方等待我们的新发现一定同样精彩绝伦。

所有技术能投入应用的前提都是利大于弊（伦理、经济、医学），但在信息过载的年代，要做到这一点变得越来越难。生物学的分支众多，如果连某一个领域的科学家都没有时间跟进属于自己专业范畴的最新进展，那么可想而知，社会上的其他人要理解和反思这样的新知识只会更难。但我们依然要尝试，因为只有这样，我们才有可能在如何使用新技术的问题上达成共识。

生物学作为一种知识素养，从未像今天这么重要。

在过去的一个世纪里，许多驱动创新和发现的要素始终没有发生过改变。路易·巴斯德有一句名言："机会只青睐有准备的头脑。"[30] 这句话强调运气奖励的是那些对意料之外的事物持开放态度的人。欧内斯特·麦卡洛克因为坚定地研究小鼠胰脏上的结节而得到了命运的垂青，罗伊·史蒂文斯对"129"近交系小鼠睾丸上长出的肿瘤同样非常执着，他们都是很好的例子。不过，机会也会以更不显眼的形式，在冥冥之中发挥作用。早在实验还未开展之前，命运之手就已经开始引导研究者和研究本身了。这种机缘巧合的例子有约翰·格登，正是因为研究昆虫的梦想屡次三番受挫，他才成了永远被人铭记的发育生物学家。同样的情况还有医生出身的欧内斯特·麦卡洛克与身为物理学家的詹姆斯·蒂尔结成搭档；在命运的安排下，弗朗索瓦·雅各布和雅克·莫诺双双进入以巴斯德命名的研究所任职，更巧的是，他们的实验室正好在同一条走廊的两头。巧合是推动科研进步的神奇力量，而且它将继续在生物医学研究领域发挥巨大的作用。

通往成功的道路还有其他共同点。我们故事中的科学家大多数都很年轻，直到今天，青年才俊辈出仍是科研圈的普遍现象。重大发现依然很可能来自刚入行的新人，这些年轻的科学家还没有被充斥各个领域的臆测、偏见和自我设限所左右。环境的巨大影响也持续存在，类似意大利国家动物学研究站、阁楼和果蝇套房的人才聚集地在不断地向社会输出大量咨询、批评与合作服务，只不过时至今日，这样的机构以大学学系和研究所为主。最后，对知识的渴求依然是推动研究进步的必要因素。虽说巧合在科学发现中扮演了重要角色，可是知识并不会自己进步，除非我们付出辛劳和汗水。

不过，即便科研的许多特点都没有改变，今天的实验胚胎学也仍有一些与早年不同的地方。遥想当年，魏斯曼、杜里舒和鲁都是独当一面的科学家。渐渐地，这种单打独斗式的研究方法演变成了小规模的团队研究，两人乃至三人的合作成了必要的前提。历史上一直被排除在实验室之外的女性对科学发现的贡献也越来越大，如今，女性从业者在生物学研究队伍中的比例已经逼近 50%。[31]（种族和民族的多样性同样有所提升，虽然还没有达到与人口相当的水平。）在进入 21 世纪的今天，我们迎来了"大科学"时代，它的特点是大型研究团队（常常横跨多个不同的研究机构）占用的研究资源越来越多。这成就了某些宏大的科研项目，比如人类基因组计划和癌症基因组图谱计划，它们取得的成果是独立的个人或小型研究团队永远不可能做到的。

但这种转变也是有代价的。

我在本书的前几章介绍的那些科学家大多数都是好奇心旺盛的人，对认识组织和细胞如何运作这件事，他们的态度非常坚定。驱使他们前进的动力并不是一项研究有多少实用价值，他们之所以会这样做，纯粹是为了在追寻答案的过程中感受那份朴实无华的激动。可是，随着生物学研究越来越讲求商业（及医学）价值，研究的动机就变得越来越复杂了。生物技术掀起了产品的革命，尤其是那些靠细胞合成的蛋白质药物，这些进入临床的新药品为此前完全依赖化学工业的制药公司带来了丰厚的利润。有了这样的珠玉在前，强调科学的实用性而非知识本身的价值，类似的观念自然就不可避免了。

强调科学的实用性既不出人意料，也没有什么不妥。如果要从一个结果可以预期的项目和另一个结果不甚明确的项目里挑一个，选择前者当然是最符合逻辑的。而对深受病痛之苦的患者或患者家属，以及手握预算决定权的立法者来说，优先关注那些能够带来切实利益的科学研究更是情理之中的事。

但是，过度强调应用也有不利的一面。我们已经在前文中多次看到，最重大的发现（那些改变了生物学的发展进程且正在变革医学的发现）起初都不是为了应用。我们很容易想象，如果让一个生活在今天的权威人士穿越回过去，他会如何嘲笑我在本书中介绍的那些发现：眼睛呈白色的果蝇，动作不协调的线虫，长在小鼠睾丸里的肿瘤，这些东西有什么用？可事实上，现代医学中已经有很多——以后会更多——的治疗方法恰恰来源于结果和应用双双不明的基础研究。[32]对人类影响最深远的知识起初都是黑夜科学中的歧途，蜿蜒曲折，没有人能预测它们会通往何处。

我们有机会，事实上也有必要，同时支持应用科学和基础科学。学术实验室与产业界的合作已经在促进前者的发展上取得了斐然的成果。双方的协作造就了数以百计的诊断技术、疫苗和药品等产品，这足以彰显目标导向的研究能为我们带来的好处。但是，下一个阶段的创新需要"新知识"——那些我们尚未意识到它们存在的真相——而这只能靠从事基础研究的科学家，以及他们不甚完美且无法预测的工作。

　　类似的科学研究已岌岌可危，科学研究的成本在不断攀升，可经费和预算的增长却没能跟上。在美国，绝大多数基础研究的资金来自美国国立卫生研究院，但是资助基础研究的拨款项目 R01 基金的拨款金额却始终维持在 1999 年的水平。如果考虑通货膨胀，那么在这个前所未有的科研黄金时代，R01 基金的购买力反倒大幅下降了。慈善团体补上了一部分经费的差额，另外，制药业也在持续不断地为基础研究提供小规模的支持。只可惜，这些资金来源始终不足以填补经费的缺口，结果是基础研究的实力一直在下降。虽然我们很容易理解那些已经非常成熟的基础发现具有怎样的价值，可是要在一个发现被阐明之前就评估它是否值得，恐怕难度要高得多。

　　发育并不会在个体出生的时候就停止，它甚至不会在青春期结束时停止，大自然用来构建胚胎的程序会一直运行下去，贯穿个体的一生，随时投入组织的维护或修复中。未来的发育生物学将兼具科研传承与创新的特点，它既是黑夜科学与白日科学的交融，也是对创新工具和全新范式的应用。它将比任何时候都更像一门交叉学科：实验室科学家、数学家、生物信息学家和临床医生通力合作，还要用到各种各样的模式生物、多种多样的技术和大数据集。相关的研究将继续由有远见、有毅力的人主导，这些科学家追寻的事物与他们的前辈一样：设法从胚胎身上套出它们守口如瓶的秘密。

　　说到人体和构成人体的细胞，我们的无知远远多于已知。对求知欲强的人来说，这样的知识鸿沟是值得庆幸的。毕竟，这正是科学研究引人入胜和美丽动人的原因：在未知和已知的交界地带，探索神秘的区域，一种兴奋之情油然而生。人类的好奇心在动物界独树一帜，我们是唯一一种会问"我们来自哪里？"的生物。知道这个问题的答案本身并没有任何实在的益处，但我们还是觉得有必要问这个问题。追求知识是我们与生俱来的权利。

科学研究包括提出理论和通过设计实验对其加以验证，它能带给人无与伦比的满足感。科研是一种创造性活动，技术、对过往的认识，还有灵活的头脑，三者缺一不可。最好的科学（事实上所有的科学）都始于一句简单的话："我不知道。"

## 尾声

### 分　娩

作为我的朋友和同事，鲍勃·范德海德的工作是研究癌症和免疫学。他经常因为我以前说过的一句话而取笑我，那句话是："你是一个发育生物学家，鲍勃，你只是没发现而已。"

我的无心之言源于这样一种说法：几乎所有生物医学领域的分支——细胞生物学、遗传学、生理学、免疫学、癌症生物学、神经科学——都来源于我们对胚胎发育的研究。[1] 出生于乌克兰的生物学家狄奥多西·杜布赞斯基为进化生物学和遗传学的合并做出过贡献，他最有名的一句话是："如果不考虑进化，生物学里的一切都没有意义。"不过，杜布赞斯基的话也完全可以换成：如果不考虑发育，生物学里的一切都没有意义。胚胎发生对机体正常运作的重要意义，不亚于建筑的设计和组合之于结构的连贯性和完整性的必要性。

距离我们意识到生命是由细胞构成的已经过去了将近 200 年，从那时到现在，胚胎一直是我们最好的老师和向导。海胆的细胞和果蝇的幼虫就像一张地图，让我们认识了遗传的机制；针对小鼠的胚胎学研究又为我们打开了一扇大门，使我们掌握了人类疾病模型的构建和神奇的细胞重编程。多亏这些动物的教导，我们才对人类从何而来有了更为清晰的认识。

可是，我们还有很多未知。还有一些最基本的问题依旧属于黑夜科学的范畴，比如是什么在控制器官的形态和大小？是什么决定了寿命的长短？发育如何造就意识？虽然我们短时间内还回答不了这些问题，但我们掌握的知识已经足够用来研发新的疗法了。你在书里见过其中的几种：治疗癌症和退行性疾病的细胞治疗、纠正遗传错误的DNA编辑，还有新颖的生殖技术。不过，未来更重大的突破很可能是现在的我们所无法想象的。

胚胎的发育能改变你对时间的看法。在我们（出生后）日复一日的生活中，身体的变化总是慢吞吞的。从蹒跚学步的幼儿成长为青壮年，再从青壮年变成老年人，身体的过渡不易察觉，如果没有数月或者数年的时间跨度，我们根本看不出这种改变。可是，发育的速度却很快。只需要几个小时，事物就会发生剧烈的变化。不到一天，原本薄薄的一层细胞就已经卷成了管状，或者有一个器官像种子"发芽"一样破土而出。与此同时，胚胎又代表着漫长的时间尺度，因为它是耗时数亿年才酝酿出的"设计方案"。观察胚胎成熟的过程犹如同时观看两个延时摄影作品在现实中的重叠和交织，这两个作品的主题分别是发育和进化。这是窥视大自然最壮观的生产过程。

虽然我已经研究胚胎长达 20 多年，可是那个难倒亚里士多德、逼着汉斯·杜里舒倒向超自然现象的问题，我依然不知道答案：是怎样一种生命的力量，或者说隐德来希，让我们身边的非生命物质通过自我装配的方式变成了细胞、胚胎、组织和生物的机体？如果非要用科学来解释，问题反而简单了。我们可以把这些现象全部归入化学的范畴，把它们看成一大堆有机化学反应，要是用热力学来衡量，其中的每一个反应都使反应物的能量状态变得更低。但在直观感受上，这种解释并不能令人满意。就像对有的事来说，知道并不等于理解，比如宇宙中的恒星比地球上的沙粒还要多，现在的你知道这一事实，但几乎不可能真正理解这一事实所表示的概念。

或许，给故事的结尾留一丝神秘感才是最好的。宇宙学家卡尔·萨根曾这样断言："科学不光与灵性相兼容，科学还是灵性深不见底的源泉。"[2] 他是对的。绝大多数为人父母者都会告诉你，没有什么生活经历会比孩子的出生更超然，它混杂着狂喜、谦逊和敬畏。对此，我深有同感。然而，真正让我对这个世界肃然起敬、令我惊叹于世界的奇妙的时刻——"灵性"——却是在我对胚胎发育的认识日益成熟之后。

身为人类，我们总是倾向于关注自己同别人的差异，这很容易导致我们对远比差异多得多的相似之处视而不见。每个人的人生起点都是一个不起眼的细胞，这个事实提醒着我们，人与人之间存在着某种深刻且不可更改的联系，它应当成为我们团结的源泉。站在这个有利的视角，再结合我们同根同源的事实，想必认为人与人的差异是好事会比认为它是坏事要容易得多。

"从宇宙的角度看，我们每个人都很珍贵，"萨根提醒我们，"如果有人不赞同你，那就随他去吧。因为在数以千亿计的星系里，你再也找不到第二个他了。"[3]

# 致
# 谢

　　这是一本关于肇始的书，所以我想，首先感谢那些促成本书立项的人应该是相当合适的，没有他们就没有这本书。剧作家兼科学爱好者德布·劳弗认为世界需要对胚胎发育有更多的了解，他说服了犹豫不决的我，让我觉得这本书得由我来写。我在独立作家代理机构Writers House的经纪人阿尔·朱克曼，看到了这个想法的潜力，他的鼓励给了我努力实现这个目标的信心。诺顿出版公司的杰西卡·姚真是最好的编辑，她的点评和鼎力相助使我的书稿增色不少，读起来更流畅。我还要感谢彼得·克莱因、杰伊·拉贾戈帕尔、尤瓦尔·多尔、维克拉姆·帕拉卡尔和香农·韦尔奇，他们在不同阶段对书稿做出富有洞见的评论；还有佐维纳尔·克里米亚，她的插图把难懂的概念和技术展示得清清楚楚。

　　戴维·豪斯曼、菲尔·莱德和道格·梅尔顿分别是我的本科导师、研究生导师和博士后导师，他们教会了我如何辨别重要的问题，他们的热情和智慧至今仍在启发着我，我始终对此心怀感激。我在2006

年入职宾夕法尼亚大学，从走进校园的第一天起，同事们就对我关照有加。阿尼尔·鲁斯特吉和塞莱斯特·西蒙热情地欢迎我的到来，帮助我把实验室打造成了一个多产且推崇合作的地方。鲍勃·范德海德、肯·扎雷特、克劳斯·凯斯特纳、阿里·纳吉、乔恩·爱泼斯坦、拉里·詹姆森、迈克·帕马切克，还有其他很多人，他们在各个方面提供的支持让运营一间实验室变得更轻松。同样地，我也要感谢我所在实验室的课题组成员，无论是现在的还是已经离开的组员，他们的好奇心和努力付出让我始终对科学保持无比的热情。我还要感谢卡伦·迈纳，因为她允许我分享她的故事。我见过很多其他的病人，他们的经历（包括他们遭受的病痛）让我明白了生命的可贵、科学的力量，以及幽默感的重要性，感谢他们。

本书的大量内容都要归功于几十位科学家的发现，他们的研究揭示了许多有关胚胎的秘密及胚胎的潜力。很遗憾，我只打算写一个精简的故事，这意味着这些科学家的很多其他贡献不会被提及。我希望他们，还有这个领域中的其他科学家，能够原谅我的疏漏。如果有读者想对相关的话题有更深入、更全面的认识，我极力推荐由斯科特·吉尔伯特主编的教科书《发育生物学》，这是每一代初出茅庐的发育生物学家的必读佳作。

最后，如果没有家人的爱和支持，我根本走不到这一步。感谢我的妻子爱尔莎，还有我们的孩子——萨拉和雅各布。爱尔莎的耐心和鼓励让这本书的问世成为可能。

# 术
# 语
# 表

黏附复合物：由一大群黏附分子在细胞表面形成的复合结构，尤其常见于上皮细胞的表面。两个相邻细胞的黏附复合物可以相互结合，构成紧密的细胞连接，这是上皮形成的基础。

黏附分子：位于细胞表面或者紧邻细胞表面的蛋白质，功能是形成黏附复合物。

等位基因：由于核苷酸序列的变化而导致的突变基因（基因型）。一个基因可以有不止一个等位基因。

血管发生：原先就有的血管萌发出新血管的现象，生长的胚胎和增大的肿瘤都有这个特征。

化验：一种用来衡量分子和生物学特性，或者分子及生物学实验结果的分析过程。

噬菌体：能够感染细菌的病毒。

**基底膜**：一种形似床单的层状结构，由胞外蛋白等大分子构成，垫在上皮细胞的底部。

**芽基**：在某些生物的伤口处形成的细胞团，内部的细胞均未分化，它是新的附肢形成的基础，通常与割处再生密切相关。

**胚盘**：胚胎形成前的单层细胞结构，在脊椎动物里被称为"上胚层"。

**胚泡**：相当于哺乳动物的囊胚，由内细胞团、滋养外胚层和胚泡腔组成。

**卵裂球**：合子通过卵裂形成的早期胚胎细胞。

**囊胚**：胚胎发生进行到桑葚胚后的阶段，此时的胚胎由 100~150 个细胞构成；在哺乳动物里，这个阶段被称为"胚泡"。

**骨髓移植**：将捐献者（既可以是动物，也可以是人类）的骨髓移植到受体体内的技术。骨髓里的造血干细胞令重建血液系统成为可能。

**分支形态发生**：一种组织形成的过程，指新的管状结构从主干发出，如同树干长出新的枝丫。典型的例子是肺、肾和乳腺。

**肿瘤干细胞**：一类假想的细胞，它们位于肿瘤内，功能是促进肿瘤的生长（肿瘤干细胞的生长能力远超大部分肿瘤内的其他细胞）。

**细胞命运**：在没有干预的情况下，细胞及细胞的后代默认的发育和分化路径。

**细胞学说**：19 世纪中期的一种观点，认为所有生物都是由细胞构成的。

**细胞治疗**：一种个性化治疗的构想，先通过实验改造细胞，然后用经过改造的细胞治疗患者的疾病。

细胞移植：一种将胚胎的一部分移植到同一个或另一个胚胎上的技术，移植的位置既可以相同，也可以不同。

奇美拉小鼠（嵌合体小鼠）：通过将来自两个胚胎的细胞混合或者将干细胞注入胚泡而培育出的小鼠。

染色质：真核生物细胞核内的遗传物质在天然状态下的形态，化学本质是DNA和蛋白质（组蛋白）的复合结构。

染色体：以成团的形式存在的遗传物质（染色质），是遗传物质从母细胞传到子细胞时的形态。拥有两套染色体的细胞被称为"二倍体"，而只有一套染色体的细胞则被称为"单倍体"。

卵裂：发生在胚胎发生早期的细胞分裂，它的特点是细胞只分裂不生长，所以每个子细胞（卵裂球）的体积只占母细胞的1/2。

克隆：做形容词时，指起源于同一个细胞或者细胞核。做动词时，有不同的含义，在生物个体的水平上，指利用一个细胞培育新的个体（比如，通过细胞核移植）；而在分子生物学领域，也可以指分离出特定的核苷酸序列并对其加以操纵。

密码子：DNA或RNA上由3个连续的核苷酸组成的编码，对应特定的氨基酸。

细胞集落：离散存在的细胞团，通常属于同一个细胞的克隆。

确定性（定型）：细胞的发育命运已受到限制的状态（与可塑性相对应）。

补偿性生长：一种组织再生的方式，在机体受到损伤后，剩余的细胞通过分裂使组织的质量恢复（与割处再生相对应）。

感受态：形容细胞或者细胞的后代具有对特定信号做出反应或者拥有某种特定行为的能力。比如，可塑性代表能够承受细胞命运的适应性。

接合：相当于细菌的交配，通过这种方式，"雄性"细菌能把遗传物质分享给"雌性"细菌。

会聚性延伸：一种形态发生的过程，细胞之间的张力导致组织发生延长。

细胞质：细胞体内除细胞核之外的部分，是mRNA被翻译成蛋白质的地方。

细胞骨架：一张遍布细胞内部的蛋白质网络，它撑起了细胞的性状，让细胞能够移动和变形。

脱分化：细胞或者细胞的后代失去特化特征的过程。

二次生长：由于细菌依次消耗不同的糖类而造成的生长现象。

分化：细胞或者细胞的后代获得特化特征的过程。

二倍体：拥有两套基因组的细胞或者生物体。

DNA甲基化：胞嘧啶（4种碱基之一）的化学修饰方式，将一个甲基基团添加到胞嘧啶上。周围的胞嘧啶大量发生甲基化会导致一个基因的转录和翻译水平下降。

显性：作为一个等位基因，能在表型上掩盖其他等位基因的效应。

E-钙黏蛋白：膜黏附复合物的蛋白质成分之一，帮助强化上皮细胞之间的连接。

**外胚层**：胚胎的三个胚层之一，衍生物包括皮肤和神经系统。

**胚胎癌性细胞**：来源于畸胎瘤的细胞，具有专能性。

**胚胎致死性**：一种表型，原因是胚胎发育必需的基因出现了异常。

**胚胎干细胞**：来源于胚胎内细胞团的细胞，具有多能性。

**内胚层**：胚胎的三个胚层之一，衍生物包括肺、胰脏、肝脏和肠道。

**生机**：又称隐德来希，由亚里士多德提出的术语，指的是推动生物体形成的"生命力"或者"灵魂"。

**上胚层**：指脊椎动物胚胎在原肠作用开始之前的单层结构。而在无脊椎动物里，同样的结构经常被称为"胚盘"。

**后成说**：生物体从未分化的合子开始，按部就班地发生发育的过程（不要误认为表观遗传学）。

**表观遗传学**：一种细胞的记忆机制，不需要改变DNA的序列。在分子水平上，分化的表观遗传调控是通过化学修饰DNA（比如DNA甲基化）或与DNA相关的蛋白质（组蛋白）实现的。

**表观基因组**：一个细胞或者一个生物体内全部的表观遗传修饰。

**割处再生**：伤口芽基内未分化的祖细胞使组织完全复原的过程。

**上皮**：薄薄的层状组织，覆盖在身体的表面（体内或体外），形成一道屏障。

**真核生物**：指拥有细胞核的细胞或生物体，区别于原核生物。

**表达（基因表达）**：指基因凭借转录开启的状态。

**半乳糖苷酶**：由大肠埃希菌的*lacZ*基因编码的一种酶，功能是让细菌获得消化和利用乳糖的能力。

**配子**：由雄性和雌性产生的单倍体细胞，雌雄配子融合后便形成了合子。

**原肠作用**：形态发生的其中一步，特点是胚胎首次出现明显的分化，原本只有一层的上胚层形成三个胚层：外胚层、内胚层和中胚层。

**微芽**：达尔文提出的一种假想的遗传单位，用来解释各种各样的性状是如何在进化中被遗传给后代的。

**基因**：由DNA片段构成的遗传单位。基因编码的产物可以是蛋白质，也可以是其他的功能性分子。

**基因调控**：导致基因开启（通过转录）或者关闭的分子过程。

**基因转移**：一种让细胞将外来的DNA片段整合进自己基因组的手段。

**基因携带者**：能将某个突变的等位基因遗传给后代，本身却没有相应表型的动物个体（最典型的例子是携带着隐性突变的杂合子）。

**基因筛查**：一种通过鉴定突变来评估部分基因在发育或者正常的生理活动中扮演着何种重要角色的手段。

**遗传学（遗传学的研究方法）**：一种研究方法，通过评估基因对某种表型做出的贡献，来揭示它们在发育或者正常的生理活动中扮演的角色。

**基因组**：生物个体的全套基因。

**基因组当量**：一个生物体内所有的细胞都含有相同的基因组。

**基因型**：针对一个或一些基因，基因型代表等位基因的组合方式。

**胚层**：原肠胚形成后产生三层细胞（外胚层、内胚层和中胚层），是所有器官和组织分化的来源。

**种质学说**：奥古斯特·魏斯曼在19世纪提出的假说，该学说认为细胞会在分化的过程中丢失决定子（基因），而余下的基因决定细胞身份会发生的相应特化。

**单倍体**：只有一套基因组的细胞或者生物体。

**造血**：血细胞生成和分化的过程。

**造血干细胞**：通常指一种位于骨髓的细胞，它可以衍生出所有的血细胞。

**杂合**：在二倍体的基因型中，杂合子指两个等位基因不同的情况。

**组蛋白**：染色质中与DNA关系密切的蛋白质。

**同源异形突变**：发生这种突变时，身体的某个部分会被另一个部分替代。

**同源重组**：细胞因为两个DNA片段的序列极其相似，而用其中一个片段交换另一个片段的过程。

**纯合**：在二倍体的基因型中，纯合指两个等位基因相同的情况。

**肥大**：组织或细胞的增大（不同于细胞数量的增加）。

**诱导多能干细胞**：通过让特化细胞恢复多能性（重编程）而得到的干

细胞。

**诱导**：在噬菌体的语境里，指病毒从溶原周期苏醒，然后进入裂解周期；在基因调控的语境里，指通过激活转录启动基因；在发育的语境里，诱导是指某些细胞能够影响其他细胞的行为。

**内细胞团**：胚泡内的细胞，会发育成胚胎。

**内渗**：癌细胞进入血管的过程。

**侵袭**：癌细胞向更深层组织进犯的过程。

**无脊椎动物**：没有脊柱的动物，比如蜗牛、昆虫、珊瑚、蠕虫、章鱼、水母，等等。

**溶原周期**：噬菌体生命周期里的休眠阶段，此时的病毒会在细菌宿主内陷入"沉睡"。

**裂解周期**：噬菌体生命周期的活动阶段，病毒开始复制，并最终导致细菌宿主破裂（"裂解"）。

**间充质**：形容词，指类似于中胚层或者起源于中胚层。

**中胚层**：胚胎的三个胚层之一，衍生物包括骨骼、肌肉和软骨。

**转移**：肿瘤细胞从原发位置扩散到其他位置的现象。

**微转移**：肿瘤转移的早期阶段，此时用标准的临床手段还监测不到转移的迹象。

**形态发生**：组织获得形态的过程。

桑葚胚：胚胎发生的早期阶段，此时的胚胎是一个由16~32个细胞构成的球体。

镶嵌模型：种质学说的核心观点，它假设决定细胞命运的因子在卵细胞内呈不均匀的空间分布，出于这个原因，卵细胞的不同部分对应着未来动物身上的不同部位。

专能性：指细胞能够产生一种类型或少数几种类型的特化后代。

自然选择：达尔文进化论的核心观点。通过自然选择，任何能够提高适应性的可遗传突变都会在动物的种群中逐渐占据主流。

肾单位：肾滤过功能的基本单位。

干细胞龛：组织内的特化区域，作用是帮助干细胞维持特殊性质。

核移植：一种实验技术，将细胞核从一个细胞内取出，然后送入另一个去核细胞的细胞质里。

核小体：染色质上重复的结构单位，由位于中心的组蛋白和缠绕组蛋白的双链DNA构成。

细胞核：遗传物质的所在地，是DNA被转录成mRNA的地方。

组织者：一群特殊的细胞，能通过诱导对邻近细胞的命运和形态发生发出指示。

泛生论：达尔文提出的遗传理论，它的基本观点是，动物会把循环系统中的微芽遗传给后代。

图式：指在发育中赋予胚胎独特空间结构的过程。

**通透酶**：由大肠埃希菌的 *lacY* 基因编码的蛋白质通道，允许乳糖进入细菌细胞。

**吞噬**：一个细胞吞噬另一个细胞的过程。

**表型**：由基因型决定的细胞或动物的性状。

**平面细胞极性**：上皮细胞能够区分前和后的现象。

**可塑性**：指细胞能够改变发育的路径或者已经通过分化获得的身份。

**多能性**：指能够产生动物除胚胎外所有的细胞类型。

**极性**：细胞在三维空间中的非对称性。比如，细胞顶部和底部的差异被称为"顶-底极性"，而细胞能够区分前和后的现象则被称为"平面细胞极性"。

**多克隆**：做形容词时，指起源于许多细胞。

**位置特性**：细胞的一种特性，指细胞能在三维空间内识别自己相对于其他细胞的位置。

**先成论**：一种已经过时的学说，该学说认为动物的身体预先就存在于精子和卵子内。

**祖细胞**：一种未分化的细胞，拥有产生其他分化细胞的潜力（但这种细胞的发育潜力比不上干细胞）。

**原核**：指没有细胞核。

**原噬菌体**：处于休眠，即溶原周期的噬菌体。

隐性：指作为一个等位基因，其表型只有在不与显性基因共存时才能看到。

阻遏物：见转录抑制因子。

重编程：对细胞的分子重塑，令它获得新的身份。

反向遗传学：一种研究方法，先知道基因，然后评估它（们）能够导致怎样的表型，借此揭示它（们）在发育和正常的生理过程中扮演的角色。

干细胞：指任何具有专能性（能够分化成其他一种或几种类型的细胞）及自我更新能力（能够产生更多干细胞）的细胞。成体干细胞的发育潜力有限，它们能够产生的细胞种类往往只局限于自己所在的组织。而胚胎干细胞则有巨大的潜力，它们能够产生的细胞扩展至整个动物个体（多能性）。

突触：神经元之间的连接，它让神经系统连成一张完整的网络。

合胞体：含有多个细胞核的细胞。

畸胎瘤：起源于生殖腺（卵巢或睾丸）的肿瘤，构成畸胎瘤的细胞具有多种分化细胞的特点。

转录：以DNA为模板合成mRNA的过程，可以用来控制基因表达的水平。

转录因子：一类能够正向（转录激活因子）或者负向（转录抑制因子）调控基因表达水平的DNA结合蛋白。

转录激活因子（激活子）：能够促进转录的DNA结合蛋白。

转录抑制因子（抑制子）：能够抑制转录的DNA结合蛋白（乳糖的抑制子由大肠埃希菌的 lacI 基因编码）。

**隔代遗传**：个体将后天获得的性状遗传给后代的现象。

**转基因小鼠**：基因经过改造的小鼠，外来的DNA片段被整合到小鼠的基因组里。

**翻译**：以mRNA为模板合成蛋白质。

**滋养外胚层**：覆盖在胚泡外表面的细胞，会发育成胎盘。

**肿瘤微环境**：在肿瘤内，由癌细胞和非癌细胞（成纤维细胞、免疫细胞和血管）共同组成的细胞社区。

**白眼**：果蝇的基因，正常的果蝇长着红色的眼睛，而当这个基因发生突变时，果蝇的眼睛会变成白色。这是世界上第一个在实验室里被确定的动物突变。

**异种移植**：把一个物种的细胞移植到另一个物种上。移植物可以是器官（比如，将猪的器官移植给人类）或者癌组织（比如，将人类的癌细胞移植给小鼠）。

**合子**：精子与卵子融合形成的单细胞胚胎。

# 注释、参考文献和延伸阅读

## 序幕

1. Stephen Hawking, *A Brief History of Time* (New York: Bantam Books, 1988), vi.

## 第 1 章

1. 亚里士多德直接绕过了这些部位是如何形成的问题，而提出精子和卵子结合后会产生一种看不见的力量——这种力量被他称为"生机"或者"灵魂"。

2. 到了这个时候，亚里士多德已经开始在思想家中失宠，人们认为他的研究手段太过陈旧，这为旗鼓相当的新观点的出现创造了条件。参见 Clara Pinto-Correia's *The Ovary of Eve* (Chicago: University of Chicago Press, 1997), 25。

3. 以今天的眼光看，斯瓦默丹的观察是正确的，但他对现象的释义是错误的。斯瓦默丹检视的是正在"变态"的昆虫，这个阶段就在成虫诞生之前。此时，昆虫的许多器官的确已经形成，只等成虫在破茧而出后继续长大。

4. Pinto-Correia, *The Ovary of Eve*, 65.

5. Charles Darwin, *On the Origin of Species by Means of Natural Selection* (London: John Murray, 1859).

6. 最早分析细胞分裂的人是另一位德国科学家华尔瑟·弗莱明。弗莱明发现，用某些染料处理细胞后，能使不同的亚细胞结构（细胞器）变得更容易观察。他通过观察细胞分离过程中染色体的行为，详细地梳理出分裂的过程。我们在高中的生物学课上学到的有丝分裂的各个时期（前期、中期、后期和末期），正是弗莱明研究的成果。

7. August Weismann, *The Germ-Plasm: A Theory of Heredity*, trans. W. Newton Parker and Harriet Ronnfeldt (New York: Scribner, 1893).

8. Stephen Jay Gould, *Ever Since Darwin* (New York: W. W. Norton, 1992), 205.

9. Wilhelm Roux, "Contributions to the Developmental Mechanics of the Embryo. On the Artificial Production of Half-Embryos by Destruction of One of the First Two Blastomeres, and the Later Development (Postgeneration) of the Missing Half of the Body" (1888), in *Foundations of Experimental Embryology*, ed. Benjamin Willier and Jane Oppenheimer (Englewood Cliffs, NJ: Prentice-Hall, 1964).

10. Laurent Chabry, "Contribution à l'embryologie normale tératologique des ascidies simples", *Journal de l'anatomie et de la physiologie normales et pathologiques de l'homme et des animaux* 23 (1887): 167-321.

11. Hans Driesch, "The Pluripotency of the First Two Cleavage Cells in Echinoderm Development. Experimental Production of Partial and Double Formations" (1892), in *Foundations of Experimental Embryology*, ed. Benjamin Willier and Jane Oppenheimer (Englewood Cliffs, NJ: PrenticeHall, 1964).

12. 后来，美国科学家杰西·麦克伦登用杜里舒的方法检验了蛙细胞的发育潜力，他让细胞分离，而不是刺死它们，结果蛙细胞的表现与海胆细胞一模一样。这个实验证明两种结果的差异并非因为物种的不同。Jessie Francis McClendon, "The Development of Isolated Blastomeres of the Frog's Egg", *American Journal of Anatomy* 10 (1910): 425-430.

13. 杜里舒的实验结果与法国科学家沙布里得到的实验结果也不一致，

后者对海鞘的细胞做了分离。杜里舒的每个细胞都发育成了新的动物个体，而沙布里的细胞却自发地组合在一起。二者的差别源于两位科学家使用的物种不同（这和鲁的情况不一样）——事实证明，物种的选择也非常关键。有的动物（特别是无脊椎动物，比如海鞘及某些软体动物），胚胎的细胞在胚胎发生的早期阶段表现出我行我素的特点，即无论如何都会沿既定的方向发展。类似的行为在脊椎动物中很少见，更不是海胆胚胎发育的驱动力。尽管如此，决定性和可塑性是所有动物都有的两种特点，只是程度不同，它们的平衡由发育阶段、物种和环境共同决定。

14. 这个评价略显克制，施佩曼的移植实验非常巧妙，为胚胎学做出了巨大贡献。施佩曼在最早的实验中使用的胚胎更年轻，但他的操作手法同样熟练。他的最著名的一个实验是用女儿的头发勒住了蝾螈的早期胚胎（只是结扎，没有勒断）。

15. 施佩曼和美国胚胎学家沃尔特·刘易斯在几十年前一起研究过蛙的眼睛发育，他们在那时候就发现了诱导的迹象。虽然施佩曼和曼戈尔德的组织者实验是最有名且最典型的诱导现象，但胚胎在发育的过程中会产生许多其他的组织者，它们是发起组织的中心——一群能够改变命运，构建有序结构的细胞。参见 Viktor Hamburger, *The Heritage of Experimental Embryology: Hans Spemann and the Organizer* (New York: Oxford University Press, 1988)。

16. Hans Spemann and Hilde Mangold, "Induction of Embryonic Primordia by Implantation of Organizers from a Different Species (1924)", trans. Viktor Hamburger, *International Journal of Developmental Biology* 45 (2001): 13-38.

## 第 2 章

1. Darwin, *Origin of Species*, 1.

2. Brian Charlesworth and Deborah Charlesworth, "Darwin and Genetics", *Genetics* 183 (November 2009): 757-766.

3. August Weismann, "The Supposed Transmission of Mutilations," chap. 8 in *Essays upon Heredity and Kindred Biological Problems*, trans. and ed. Edward B. Poulton, Selmar Schonland, and Arthur E. Shipley (Oxford: Clarendon Press, 1889).

4. Charles Darwin, *The Variation of Animals and Plants under Domestication* (London: John Murray, 1868).

5. Robin Marantz Henig, *The Monk in the Garden: The Lost and Found Genius of Gregor Mendel* (Boston: Mariner Books, 2000), 23.

6. Kenneth Paigen, "One Hundred Years of Mouse Genetics: An Intellectual History", *Genetics* 163 (April 2003): 1.

7. Henig, *Monk in the Garden*, 16.

8. 很多人认为孟德尔和达尔文知道彼此的研究，相关材料俯拾皆是。孟德尔不仅有一本《物种起源》（德语第二版，出版时间为 1863 年），而且他在很多感兴趣的书页上做了标注。孟德尔的论文通篇没有提到达尔文的名字，很可能是为了避免与这位知名的生物学家发生冲突。如果进一步猜测，孟德尔想用自己的"构成形式的基本元素"来弥补达尔文理论的不足，即自然选择的对象及变异产生的基础是什么？这是用混合模型无法解决的问题。反观达尔文对孟德尔，他有多了解这位修士就不好说了。孟德尔把自己的论文翻印了大约 40 份，分别寄给全欧洲的知名人士。收件人包括数位将在后文出现的科学家，比如西奥多·博韦里和马蒂亚斯·施莱登。达尔文肯定也在孟德尔的名单上。即便如此，由于这篇文章的重点是数学，所以达尔文可能只是随意翻了翻。（据称，达尔文曾说："数学之于生物学，就像手术刀之于木匠店。"）想要对此做更多的了解，可以参见 David Galton, *Standing on the Shoulders of Darwin and Mendel: Early Views of Inheritance* (Boca Raton, FL: Taylor and Francis Group, 2018); Gavin de Beer, "Mendel, Darwin, and Fisher（1865—1965）", *Notes and Records of the Royal Society of London 19*, no. 2 (December 1964): 192–226; Hub Zwart, "Pea Stories：Why Was Mendel's Research Ignored in 1866 and Rediscovered in 1900?", in *Understanding Nature: Case Studies in Comparative Epistemology* (Dordrecht, Netherlands: Springer, 2014), 197。

9. Elof Carlson, "How Fruit Flies Came to Launch the Chromosome Theory of Heredity", *Mutation Research* 753, no. 1 (July–September 2013):1-6.

10. 虽然摩根没有兴趣，但佩恩还是自己做了这个实验，他在黑暗的环境里繁育了 49 代果蝇，如果以人类的时间换算，相当于 15 个世纪。实验的结果可以想见，他没有发现任何果蝇丧失视觉的迹象。

11. Garland Allen, *Thomas Hunt Morgan: The Man and His Science* (Princeton, NJ: Princeton University Press, 1978), 153.

12. 通常，遗传学家依据突变造成的表型给一个基因及携带这个基因的动物命名。在摩根的例子里，这个（在突变时）赋予果蝇白眼性状的基因就被称为"白眼"，而携带这个突变基因的动物个体则被简称为"白眼果蝇"。

13. Allen, *Thomas Hunt Morgan*, 139.

14. Sarah Carey, Laramie Akozbek, and Alex Harkness, "The Contributions of Nettie Stevens to the Field of Sex Chromosome Biology", *Philosophical Transactions of the Royal Society B* 377 (2022): 1-10.

15. 按照上述猜想，我们很容易理解摩根将如何通过进一步的繁育实验得到白眼的雌性果蝇。具体而言，他需要让携带白眼突变的雌性果蝇（$X^wX^+$）与白眼的雄性果蝇（$X^wY$）杂交，在它们的后代中，有 1/2 的雌性果蝇是白眼（$X^wX^w$），还有 1/2 雌性果蝇是红眼（$X^wX^+$）。

16. 术语"基因"（gene）和"遗传学"（genetics）分别由威廉·约翰森和威廉·贝特森发明，目的是用一种相当简单的方式指代孟德尔的"构成形式的基本元素"。这两个词都来源于希腊语"*genos*"，意思是"种族"或者"民族"。

17. 比利时生物学家弗朗斯·让森斯发现，在配子的形成过程中，染色体之间会发生少量的交换——一种被称为"交叉互换"的现象，这更证实了基因"一起旅行"的模型。让森斯的发现是火车车厢比喻的直接证据。

18. 为了能让你更好地理解这个例子，我们稍微详细地展开一下。假设朱红眼是由一个名为*vermillion*的基因决定的，它有两个等位基因，一个是 V（野生型，显性），另一个是 v（突变型，隐性）；而决定袖珍翅的基因名为*miniature*，它也有两个等位基因，一个是 M（野生型，显性），另一个是 m（突变型，隐性）。按照这种定义，一开始朱红眼果蝇（纯种）的基因型应该是 vv/MM（它们的眼睛发生了突变，但翅膀的性状仍是野生型），而袖珍翅果蝇（纯种）的基因型一开始则应该是 VV/mm（眼睛的性状是野生型，但翅膀发生了突变）。编码这两种性状的基因紧紧地连在一起，意思是，在朱红眼果蝇体内，等位基因 v 就在等位基因 M 旁边；而在袖珍翅果蝇体内，等位基因 V 就在等位基因 m 旁边。为了得到朱红眼袖珍翅果蝇（基因型为 vv/mm），两个突变型等位基因都必须与野生型等位基因分离，实现这一点的唯一方法是染色体发生交叉互换（交换车厢）。

19. 遗传图的单位叫"厘摩"，1厘摩代表两个基因在从上一代遗传给下一代时有1%的概率发生分离。这个单位沿用至今。对人类而言，相距1厘摩的两个基因相当于中间隔着100万个DNA碱基。Alfred Sturtevant, "The Linear Arrangement of Six Sex-Linked Factors in Drosophila, as Shown by Their Mode of Association", *Journal of Experimental Zoology* 14 (1913): 43-59.

20. Ralf Dahm, "Friedrich Miescher and the Discovery of DNA", *Developmental Biology* 278, no. 2 (2005): 274-288.

21. 水分子（$H_2O$）呈V形，而过氧化氢分子（$H_2O_2$）的形状则像一辆破旧自行车的弯曲把手。随着化合物的分子增大，解析它们的结构会变得越来越难。

22. 虽然DNA被正式确认为遗传物质的时间在20世纪40年代，但发育生物学家（同时也是汉斯·杜里舒的朋友）奥斯卡·赫特维希曾在1885年写道："核质不仅是一种与受精有关的物质，还与特征的遗传有关。"不过，他的观点没有引起他人的注意。John Gribben, *The Scientists: A History of Science Told through the Lives of Its Greatest Inventors* (New York: Random House, 2004), 547.

23. 蛋白质强大的编码能力源于氨基酸的组合。以一个含有5个氨基酸的蛋白质为例，第一个位置有20种氨基酸的选择，第二个位置也有20种氨基酸的选择，之后同理。根据排列组合，一个包含5个氨基酸的蛋白质共有 $20 \times 20 \times 20 \times 20 \times 20 = 3\,200\,000$ 种可能（而绝大多数蛋白质都含有数百个氨基酸）。相比之下，含有5个碱基的DNA分子的编码能力就差多了，因为碱基总共只有4种（A、G、C和T）。同样由5个碱基构成的核酸中，最多有上千种（$4 \times 4 \times 4 \times 4 \times 4 = 1\,024$）可能的组合。

24. 后来的研究表明，两种菌株致死性的差异源于它们逃避免疫系统识别和清除的能力不同。R型菌的外壳粗糙，导致它们很容易被免疫系统识别和清除，所以感染这种病菌的动物的症状很轻。相比而言，S型菌具有很难被识别的光滑外壳，这让它们更容易逃过免疫系统的侦察，因此致病性更强。

25. Oswald Avery, Colin MacLeod, and Maclyn McCarty, "Studies on the Chemical Nature of the Substance Inducing Transformation of Pneumococcal Types", *Journal of Experimental Medicine* 79, no. 2 (1944): 137-158.

## 第 3 章

1. "Sir John B. Gurdon: Biographical", Nobel Prize.org, Nobel Prize Outreach AB 2022, accessed October 22, 2022.

2. 你可能很好奇，在这个图书馆的比喻里，谁是图书管理员？他又如何决定哪些书应该被移走，哪些书应该被留下？虽然魏斯曼的理论后来被证明是错的（发育的过程不会丢弃任何基因），但这个比喻依然可以用来描述基因调控：只要把哪些基因被丢弃改成哪些基因被关闭就可以了（这是我要在第 4 章介绍的内容）。即便如此，这个问题的答案也依然是一个谜。指导细胞发生特化的指令就藏在我们的基因组里，可是对这些指令为什么能在不同细胞的发育过程中被如此准确地重复，我们依然一知半解。

3. Hans Spemann, *Embryonic Development and Induction* (New Haven, CT: Yale University Press, 1938).

4. 我们不清楚布里格斯到底知不知道施佩曼的设想，但看起来，他刚开始做这个实验的时候应该不知道前人的工作。

5. Robert Briggs and Thomas King, "Transplantation of Living Nuclei from Blastula Cells into Enucleated Frogs' Eggs", *Proceedings of the National Academy of Sciences USA* 38 (May 1952): 455-463.

6. 如果想看非洲爪蟾卵裂的精美照片，可以参见 H. Williams and J. Smith, Xenopus laevis *Single Cell to Gastrula*, video posted by xenbasemod October 21, 2010, YouTube。

7. Thomas King and Robert Briggs, "Serial Transplantation of Embryonic Nuclei," *Cold Spring Harbor Symposia on Quantitative Biology* 21 (1956): 271-290; Robert Briggs and Thomas King, "Changes in the Nuclei of Differentiating Endoderm Cells as Revealed by Nuclear Transplantation", *Journal of Morphology* 100 (March 1957): 269-312.

8. 这一段可能有点儿夸大了格登面临的风险。当他开始实验，而且不知道实验结果会如何时，其实他有很大的概率会得到与布里格斯和金相同的结果，即已经分化的细胞核无法支持发育。如果最后的发现就是这个，那么下一个要研究的问题就是基因是如何在发育的过程中丢失的，还有胚胎要如何决定哪个细胞应该丢弃哪个基因。所以到最后，不管实验的结果如何，格登都能继续做有价值的研究（至少理论上如此）。

9. John Gurdon, "Revolution in the Biological Sciences", interview by Harry Kreisler, Conversations with History, Institute of International Studies, University of California, Berkeley.

10. 这种非洲爪蟾的突变导致它只有一个核仁，而不是正常的两个核仁，但这对成蛙的健康、生育能力和发育都没有影响。这个表型的突变是由菲施贝格的学生希拉·史密斯偶然发现的。菲施贝格让她把这种携带突变的蛙找出来重新培育，将得到的后代交给格登做无性繁殖实验。T. R. Elsdale, M. Fischberg, and S. Smith, "A Mutation That Reduces Nucleolar Number in *Xenopus laevis*", *Experimental Cell Research* 14, no. 3 (1958): 642-643.

11. M. Fischberg, J. B. Gurdon, and T. R. Elsdale, "Nuclear Transplantation in *Xenopus laevis*", *Nature* 181 (February 1958): 424; M. Fischberg, J. B. Gurdon, and T. R. Elsdale, "Sexually Mature Individuals of *Xenopus laevis* from the Transplantation of Single Somatic Nuclei," *Nature* 182 (July 1958): 64-65.

12. John Gurdon, "The Developmental Capacity of Nuclei Taken from Intestinal Epithelium Cells of Feeding Tadpoles," *Journal of Embryology and Experimental Morphology* 10 (December 1962): 622-640; J. Gurdon and V. Uehlinger, "'Fertile' Intestine Nuclei", *Nature* 210 (June 1966): 1240-1241; Ronald Laskey and John Gurdon, "Genetic Content of Adult Somatic Cells Tested by Nuclear Transplantation from Cultured Cells", *Nature* 228 (December 1970): 1332-1334.

13. Aldous Huxley, *Brave New World* (London: Chatto and Windus Press, 1932).

14. 我们完全不知道为什么格登的实验结果与布里格斯和金的结果不同（比如，为什么格登成功了，而其他两人却失败了）。或许是因为布里格斯和金采用的技术导致北方豹蛙的细胞核更不容易受到卵细胞"返老还童"能力的影响。但最终，科学家还是用北方豹蛙成功地完成了核移植实验，这表明基因组原则同样适用于这个物种。Nancy Hoffner and Marie DiBerardino, "Developmental Potential of Somatic Nuclei Transplanted into Meiotic Oocytes of *Rana pipiens*", *Science* 209 (July 1980): 517-519.

15. 目前在我们的讨论中，我一直忽略一个不甚明显但十分重要的观点：核移植只有在受体细胞是卵细胞的时候才能成功，其他任何类型的细胞都不行。卵细胞的细胞质（胞体内除细胞核以外的所有成分）内有某种东西，能够把新来访者的发育时钟往回调。这个事实代表细胞核和细胞质之间存在一种特殊的联系，它对早期的发育来说十分关键。（这种"返老还童"因子的分子本质仍是一个谜。）如果你想深入了解这个复杂的问题，可以参见 Michael Barresi and Scott Gilbert, *Developmental Biology*, 12th ed. (New York: Sinauer Associates, 2020)。

16. I. Wilmut, A. E. Schnieke, J. McWhir, A. J. Kind, and K. H. Campbell, "Viable Offspring Derived from Fetal and Adult Mammalian Cells", *Nature* 385 (February 1997): 810-813.

17. 已有多个研究团队利用核移植技术成功地培育出了克隆人胚胎，在所有这些研究中，胚胎都被允许发育到囊胚阶段。Andrew French, Catharine Adams, Linda Anderson, John Kitchen, Marcus Hughes, and Samuel Wood, "Development of Human Cloned Blastocysts Following Somatic Cell Nuclear Transfer with Adult Fibroblasts", *Stem Cells* 26 (February 2008): 485-493; Scott Noggle, Ho-Lim Fung, Athurva Gore, et al., "Human Oocytes Reprogram Somatic Cells to a Pluripotent State", *Nature* 478 (October 2011): 70-75; Masahito Tachibana, Paula Amato, Michelle Sparman, et al.,"Human Embryonic Stem Cells Derived by Somatic Cell Nuclear Transfer", *Cell* 153 (June 2013): 1228-1238.

18. 来自本书作者与约翰·格登在 2012 年 4 月的对谈。

## 第 4 章

1. François Jacob, *The Statue Within,* trans. Franklin Philip (New York: Basic Books, 1988), 213.

2. Jacob, *The Statue Within*, 232-233.

3. 打个比方，想象有一群人排成一列，手拉着手，一个接一个地穿过一道门。如果在 5 秒后把门关上，我们会发现只有简在门内。如果再来一次，这次 10 秒后才关门，就变成了只有简和帕特里克进门内。第三次 15 秒后再关门，我们会发现走进门里的人有简、帕特里克和伊芙。由此我们可以推断出，三个人的顺序从前到后依次是简、帕特里克和伊芙。

4. 据说，沃尔曼在买了这件礼物后，马上就把它"借来"做实验了，原因是实验室没有足够的经费购置搅拌机。在当时的欧洲，搅拌机是一种少见的电子设备。

5. 人类的乳糖酶由肠道合成，功能与微生物的相似。缺少这种酶是人类出现乳糖不耐受的原因。

6. 这种新试剂的全称叫 2-硝基苯基-$\beta$-D-吡喃半乳糖苷（ONPG），它可以被半乳糖苷酶作用。能够与酶发生反应的化学物质被称为"酶底物"。当半乳糖苷酶作用于ONPG时，它会使ONPG变成黄色，而颜色的变化可以作为反映半乳糖苷酶活性的指标。

7. Arthur Pardee, François Jacob, and Jacques Monod, "The Genetic Control and Cytoplasmic Expression of 'Inducibility' in the Synthesis of β-Galactosidase by *E. coli*", *Journal of Molecular Biology* 1 (June 1959): 165-178.

8. George Beadle and Edward Tatum, "Genetic Control of Biochemical Reactions in Neurospora", *Proceedings of the National Academy of Sciences USA* 27, no. 11 (November 1941): 499-506.

9. 沃森和克里克与莫里斯·威尔金斯一起获得 1962 年的诺贝尔生理学或医学奖，"以表彰他们发现了核酸的分子结构及这个发现对理解信息在生物体内流动方式的重要意义"。这次颁奖最受人诟病的地方在于它没有提及罗莎琳德·富兰克林，事实上，这位伦敦大学国王学院的结构生物学家所做的X射线成像研究对阐明DNA的双螺旋结构至关重要。遗憾的是，富兰克林在 1958 年死于卵巢癌，原本非常辉煌的职业生涯就这样戛然而止。

10. 细胞含有几类RNA。数量最多的要数转运RNA（tRNA）和核糖体RNA（rRNA）。这两类RNA参与的是从DNA模板到蛋白质产物的最后一步，也就是翻译。相比之下，mRNA只占RNA总量很小的比例。不过，mRNA是连接DNA和蛋白质的唯一媒介，它放大了遗传信息，把单一基因变成了许多蛋白质产物。

11. Jacob, *The Statue Within*, 302.

12. 构成DNA和RNA的糖分子有微小的差异。DNA的基本单位叫"脱氧核糖核苷酸"，而mRNA的基本单位则叫"核糖核苷酸"。这两种基本单位的结构很像，但是功能天差地别，因此mRNA的稳定性远比DNA差。DNA和RNA的另一个差异在于mRNA是单链，因此，mRNA上编码的蛋白质的信息只能对应组成基因的 DNA 双链的其中一条链。

13. François Jacob and Jacques Monod, "Genetic Regulatory Mechanisms in the Synthesis of Proteins", *Journal of Molecular Biology* 3, no. 3 (June 1961): 318-356.

14. 转录和翻译决定了一个基因的表达水平，因为它们分别决定了一个基因能产生多少 mRNA，以及 mRNA 能变成多少蛋白质产物。除此之外，蛋白质就算已经被合成出来，也能受到化学修饰。类似的修饰包括糖基化、磷酸化、泛素化、乙酰化和甲基化，都是通过将其他化学基团添加到蛋白质的氨基酸链上，进而影响蛋白质的活性、稳定性或者它们在细胞内的位置。这种被称为"翻译后修饰"的现象不在本书的讨论之列。如果想深入了解，可以参见 Harvey Lodish, Arnold Berk, Chris Kaiser, et al., *Molecular Cell Biology*, 9th ed.（New York: W. H. Freeman，2021）。

## 第 5 章

1. "Christiane Nüsslein-Volhard: Nobel Prize in Physiology or Medicine 1995," NobelPrize.org, accessed October 22, 2022.

2. 类似的结构在不同物种里可能会有不同的叫法。比如，同样是原肠作用开始之前的阶段，在哺乳动物里被称为"胚泡"，而在非哺乳动物里则被称为"囊胚"。在昆虫里，胚盘指的是即将经历原肠作用的单层细胞，同样的结构在哺乳动物里被称为"上胚层"，我们接下来会经常听到这个词。

3. 两位海德堡的科学家一开始找到了大约 27 000 个果蝇的突变品系，其中 18 000 个是胚胎致死性的突变。通过逐个检查后面的 18 000 个变种，二人鉴定出大约 600 个结构有明显突变的品系。从这 600 个品系里，他们找到了 120 个相关的基因，也就是说，平均每个基因需要突变 4 次。（摩根和斯特蒂文特在几十年前就发明了绘制染色体图的技术，只要用这种方法在染色体上定位突变基因的位置，你就能很容易地看出几个突变的品系是否对应同一个基因：如果染色体的某个位置与超过一个突变品系有关，那么这些突变体很可能是同一个基因不同突变的产物。）绝大多数基因都在不同的突变品系中被鉴定了不止一次，这在一定程度上说明，筛查实验确实已经将与图式有关的基因一网打尽了（这被称为"筛查的饱和"）。参见 Christiane Nüsslein-

Volhard and Eric Wieschaus, "Mutations Affecting Segment Number and Polarity in *Drosophila*", *Nature* 287 (1980): 795-801。

4. 果蝇的受精卵只需要一天就能发育成幼虫。尽管海德堡筛查找到了绝大多数与胚胎图式形成相关的基因，但这种遗传学研究方法对基因的"冗余"束手无策：在某些情况下，具有同样功能的基因不止一个。当类似的情况真的发生时，每个基因都能代替其他基因，阻止突变的表型出现。这种冗余现象在脊椎动物里很常见。但研究果蝇的科学家很幸运，因为基因冗余的现象在果蝇里相对罕见。

5. Sydney Brenner, "Nature's Gift to Science" (Nobel lecture, Stockholm, December 8, 2002), NobelPrize.org, accessed October 22, 2022.

6. 布伦纳和两位海德堡科学家的研究方法还有一个微小的区别，就是实验动物的繁殖方式。与果蝇不同，秀丽隐杆线虫是一种雌雄同体的生物，它们既有雄性的性器官，也有雌性的性器官。虽然孟德尔遗传定律适用于秀丽隐杆线虫，但在研究这种生物的遗传学时，仍然需要额外注意这一点。

7. Sydney Brenner, "The Genetics of *Caenorhabditis elegans*", *Genetics* 77, no. 1 (May 1974): 71-94.

8. John Sulston, "*C. elegans*: The Cell Lineage and Beyond"(Nobel lecture, Stockholm, December 8, 2002), NobelPrize.org, accessed October 22, 2022.

9. John Sulston and Sydney Brenner, "The DNA of *Caenorhabditis elegans*", *Genetics* 77, no. 1 (May 1974): 95-104.

10. Edwin Conklin, "Organization and Cell Lineage of the Ascidian Egg", *Journal of the Academy of Natural Sciences of Philadelphia*, 2nd ser., vol. 13, pt. 1 (1905).

11. 细胞数量的偏差还与线虫的性别有关。如果是雌雄同体的秀丽隐杆线虫（既有雄性的性器官，也有雌性的性器官），全身的细胞数量为959个；而如果是雄性单倍体，全身的细胞数量则是1 033个。环境同样能影响成虫的细胞数，使细胞数量增加或减少两三个。

12. 在此之前，我们主要把胚胎发育描述成一种可塑的过程——由周围的细胞释放的信号调节。虽然线虫的发育过程具有这种特点，可是它也会表现出嵌合式的发育特征，即有的细胞只会自顾自地沿特定的轨迹发育。举个例子，如果在秀丽隐杆线虫的胚胎刚刚变成两个细胞的时候将它们分离（这与杜里舒将只有两个细胞的海胆胚胎摇散是一回事），那么其中一个细胞会继续按既定的路径发育，只形成线虫的后半部分，仿佛它还在完整的胚胎内。

13. J. E. Sulston, E. Schierenberg, J. G. White, and J. N. Thomson, "The Embryonic Lineage of the Nematode *Caenorhabditis elegans*", *Developmental Biology* 100, no. 1 (November 1983): 64-119.

14. 名为重组DNA技术的分子工具出现在20世纪70年代晚期。通过利用大肠埃希菌和感染大肠埃希菌的λ噬菌体，科学家研发出分离特定DNA片段的方法（被称为"分子克隆"），既可以成百万地复制DNA的拷贝，又可以用来确定片段的序列。虽然细菌和噬菌体一直是研究DNA片段的主要载体，但实际上，现在我们已经可以把这种从前只局限于微生物的分子分析技术用在任何生物上了。技术手段的发展离不开群策群力，重组DNA技术和DNA测序技术也不例外，知名人物包括保罗·伯格、斯坦利·科恩、赫伯特·博耶、沃尔特·吉尔伯特、弗雷德里克·桑格及其他很多人。

15. 同源异形突变早在20世纪初就被人观察到了，但这种突变存在的基础始终成谜。在海德堡筛查实验中利用甲基磺酸乙酯诱变果蝇的爱德华·刘易斯发现，一个包含同源异形框的转录因子家族很可能起源于同一个古老的基因。（因此，长着4只翅膀的双胸突变体源于一个体节的错误分化，原本没有翅膀的胸节变成了有翅膀的胸节。）

16. Lawrence Reiter, Lorrain Potocki, Sam Chien, Michael Gribskov, and Ethan Bier, "A Systematic Analysis of Human DiseaseAssociated Gene Sequences in *Drosophila melanogaster*", *Genome Research* 11, no. 6 (June 2001): 1114-1125.

17. 除了第4章介绍的转录抑制因子和转录激活因子（它们通过调节mRNA的转录速率来控制基因的表达水平），科学家在对突变线虫的分析中发现了一种全新的基因调控机制。有一类调控基因只编码名为"微RNA"的产物，它们能找到与自己序列互补的mRNA并将其降解，通过消除mRNA关闭基因的表达。研究非编码RNA如何让基因沉默（或者说RNA干扰）已经成为一个重要的领域。

18. 10多年来，生物学家一直尝试培育人造的生命形式，并且取得了一定的成功——他们培育出了一些部分符合费曼定义的微生物。虽然我们现有的技术水平还做不到人工合成动物（无论这样做是否明智），但"模拟"动物的发育还是可行的。在这方面，秀丽隐杆线虫又凭借简单的构造成为最典型的代表，已经有多个研究团队尝试了模拟线虫发育过程的所有生物学元素。其中最大的项目是一个名为"OpenWorm"的国际合作项目，它的目标是完美模拟线虫的大脑、身体和行为。

19. "Le biologist passe, la grenouille reste". Jean Rostand, *Inquiétudes d'un biologiste* (Paris: Stock, 1967).

## 第 6 章

1. 虽然原肠作用是所有动物发育的普遍特征，但具体细节因物种不同而有巨大差异。相比其他生物，哺乳动物的卵裂速度较慢，另外，卵裂刚开始时的方向性也有物种的差异（有的发生在同一个平面内，有的则呈 90 度角）。最大的区别在于位置。虽然到目前为止，我们介绍的大部分物种都是在母体外发育的，但哺乳动物的发育发生在子宫里。小鼠和人类的原肠作用在受精完成的一周之内启动，而其他动物（比如奶牛）的原肠作用则在受精完成的一周之后启动。

2. 在上胚层转变成 3 个胚层及其衍生物的同时，胎盘也在经历类似的分化过程：滋养外胚层分化出数种不同的细胞，它们将帮助新生的胚胎植入子宫壁，并与母亲的血液循环建立起联系。从很多方面可以说，胎盘是为了成就胚胎而自我牺牲的双胞胎：同样是一种复杂的组织，但它在新个体分娩后就没有未来了。

3. 我们很容易认为肠道是一种位于"体内"的器官，这种想法本身非常正常，但是严格来说，肠道的内表面（管腔）其实是与"外界"连通的。从口腔到肛门，整个肠道的内表面都被一层肠道上皮细胞覆盖，以确保肠道的内容物——食物、废物和细菌——不会进入体内。我们把这种情况想象成没有通关证明的旅客，在国际航站楼被拦住。还有一些"起源于内胚层的器官"，比如肺、肝脏和胰脏，也通过各自的管道系统在不同的位置与肠道相接。这些管道的表面也被上皮细胞覆盖，且这些上皮细胞与肠道上皮细胞连接，因此我们同样可以把这些管腔视为与"外界"相通。

4. 肠道上皮会对哪些东西能进入人体，以及哪些东西不能进入人体加以严格把关，可以体现这一点的是一种常见的病症——乳糖不耐受。乳糖是一种双糖，莫诺在研究细菌的二次生长现象时也用过这种物质。乳糖酶把乳糖分解成构成它的两种单糖，分别是葡萄糖和半乳糖。当肠道里没有乳糖酶或者乳糖酶含量很低的时候，葡萄糖和半乳糖之间的连接就无法被打断。由于乳糖本身不能被肠道吸收（肠道上皮只能吸收组成它的两种单糖），于是未经消化的乳糖分子只能顺着肠道而下，再加上其他分子，最终引起消化不良和腹泻。

5. 在参与塑造胚胎的信号分子中，以下几个家族是最普遍且在进化上最保守的：骨形态发生蛋白（或者叫转化生长因子）家族、成纤维细胞生长因子信号通路、*notch* 信号通路、*wingless/Int-1* 通路以及 *hedgehog* 通路。

6. 胎盘形成是哺乳动物独有的特征。动物界的其他分支，包括昆虫、两栖动物、鸟类和鱼类等，都没有胎盘，因此也不需要滋养外胚层。虽然我们通常不愿意谈论胎盘，但其实它是一个了不起的器官，而且胎盘的发育与"胚体"的发育密切相关。特别是，胎盘的发育也需要经历一系列同样复杂的细胞命运选择和形态发生事件，以便胚胎能够通过子宫与母亲的血液供应建立联系。因此，胎盘的发育缺陷是导致死胎和流产的常见原因之一。

7. Andrzej Tarkowski and Joanna Wróblewska, "Development of Blastomeres of Mouse Eggs Isolated at the 4- and 8-Cell Stage", *Journal of Embryology and Experimental Morphology* 18, no. 1 (August 1967): 155-180.

8. H. Balakier and R. A. Pedersen, "Allocation of Cells to Inner Cell Mass and Trophectoderm Lineages in Preimplantation Mouse Embryos", *Developmental Biology* 90, no. 2 (April 1982): 352-362.

9. 就平面细胞极性而言，针对果蝇的研究最多。有些蛋白质的突变会导致果蝇长出卷毛，而不是直毛，类似的例子如果蝇的 Van Gogh（*vang*）变种和 Starry Night（*stan*）变种，这两个变种的名字都与那位著名的荷兰画家有关。

10. 关于这种形态发生过程的分子生物学和细胞机制，很多研究是由加利福尼亚大学伯克利分校生物学家雷·凯勒完成的。参见 Ray Keller and Ann Sutherland, "Convergent Extension in the Amphibian, *Xenopus laevis*", *Current Topics in Developmental Biology* 136 (2020): 271-317。

11. Nandan Nerurkar, ChangHee Lee, L. Mahadevan, and Clifford Tabin, "Molecular Control of Macroscopic Forces Drives Formation of the Vertebrate Hindgut", *Nature* 565 (January 2019): 480-484; Amy Shyer, Tyler Huycke, Chang-

Hee Lee, L. Mahadeva, and Clifford Tabin, "Bending Gradients: How the Intestinal Stem Cell Gets Its Home", *Cell* 161, no. 3 (April 2015): 569-580.

12. Philip Townes and Johannes Holtfreter, "Directed Movements and Selective Adhesion of Embryonic Amphibian Cells", *Journal of Experimental Zoology* 128, no. 1 (1955): 53-120.

13. Ewald Weibel, "What Makes a Good Lung?", *Swiss Medical Weekly* 139, no. 27-28 (July 2009): 375-386.

14. 管腔形成的其他方式还有成穴作用，就像石灰岩洞在形成时，岩石从中间被挖空的过程一样。（这种掏空内部的过程甚至能发生在一个细胞内，果蝇可以通过这种方式形成无缝衔接的管状组织。）此外，管腔形成的方式还包括差异黏附，或者由充满液体的微管腔通过合并变成连续的开放管道。如果想了解管腔的形成，可以参见Brigid Hogan and Peter Kolodziej, "Organogenesis: Molecular Mechanisms of Tubulogenesis", *Nature Reviews Genetics* 3, no. 7 (July 2002): 513-523; Luisa IruelaArispe and Greg Beitel, "Tubulogenesis", *Development* 140, no. 14 (July 2013): 2851-2855; Ke Xu and Ondine Cleaver, "Tubulogenesis during Blood Vessel Formation", *Seminars in Cell and Developmental Biology* 22, no. 9 (December 2011): 993-1004。

15. Ian Conlon and Martin Raff, "Size Control in Animal Development", *Cell* 96, no. 2 (January 1999): 235-244; Alfredo PenzoMendez and Ben Stanger, "Organ Size Regulation in Mammals", *Cold Spring Harbor Perspectives in Biology* 7, no. 9 (July 2015): a019240.

16. Nathan Sutter, Carlos Bustamante, Kevin Chase, et al., "A Single IGF1 Allele is a Major Determinant of Small Size in Dogs", *Science* 316 (April 2007): 112-115.

17. Darcy Thompson, *On Growth and Form* (Cambridge: Cambridge University Press, 1942), 24.

18. Ross Harrison, "Some Unexpected Results of the Heteroplastic Transplantation of Limbs", *Proceedings of the National Academy of Sciences USA* 10, no. 2 (February 1924): 69-74; Victor Twitty and Joseph Schwind, "The Growth of Eyes and Limbs Transplanted Heteroplastically between Two Species of Amblystoma", *Journal of Experimental Zoology* 59, no. 1 (February 1931): 61-86.

19. Ben Stanger, Akemi Tanaka, and Douglas Melton, "Organ Size Is Limited by the Number of Embryonic Progenitor Cells in the Pancreas but Not the Liver", *Nature* 445 (February 2007): 886-891.

20. 最近，希伯来大学的科学家尤瓦尔·多尔报道了一个现象，他发现动物的寿命与一种细胞的体型之间存在出人意料的关联，这种细胞就是胰腺泡细胞。胰腺泡细胞是人体内体型数一数二的细胞，负责分泌消化食物所需的酶。令人意想不到的是，这种细胞在物种中的差异极大，最大的腺泡细胞可以是最小的 10 倍，而且你肯定想不到谁的腺泡细胞最小：恰恰是那些体型最大的动物。胰腺泡细胞的大小与物种寿命的关系（胰腺泡细胞越小，动物的寿命越长）甚至比体型与寿命的关系还要可靠。参见 Shira Anzi, Miri Stolovich-Rain, Agnes Klochendler, et al., "Postnatal Exocrine Pancreas Growth by Cellular Hypertrophy Correlates with a Shorter Lifespan in Mammals", *Developmental Cell* 45, no. 6 (June 2018): 726-737。

21. 要理解为什么遗传学的研究方法无法像解决胚胎如何建立图式及细胞如何决定命运的问题那样解决动物如何控制体型的问题，你只需要思考我们应该如何设计针对这个问题的筛查实验。我们很可能要寻找导致生长停止或者过度生长的突变，因为这些表型都是控制生物体型的基因发生突变所导致的。但是，这样做只能找出那些参与生长过程的基因。至于控制生长的具体机制，比如组织如何"知道"自己应该长多大，或者自己是否已经长到了足够大，我们就很难用这样的方法来确定了。

22. Hui Yi Grace Lim, Yanina Alvarez, Maxime Gasnier, et al., "Keratins Are Asymmetrically Inherited Fate Determinants in the Mammalian Embryo", *Nature* 585 (September 2020): 404-409.

23. John Murray and Zhirong Bao, "Automated Lineage and Expression Profiling in Live *Caenorhabditis elegans* Embryos", *Cold Spring Harbor Protocols* 8 (August 2012): pdb.prot070615.

## 幕间插曲

1. Scott Gilbert, "Developmental Biology, the Stem Cell of Biological Disciplines", *PLoS Biology* 15, no. 12 (December 2017): e2003691. 除了撰写该

领域的权威教科书《发育生物学》，吉尔伯特还是一位科学史权威。

2. Robert Remak, "Uber die embryologische Grundlage der Zellenlehre", *Archiv für Anatomie, Physiologie und Wissenschaftliche Medicin* (1862): 230-241.

3. Rudolf Virchow, *Cellular Pathology as Based upon Physiological and Pathological Histology*, trans. Frank Chance (London: John Churchill, 1859).

## 第 7 章

1. Joe Sornberger, *Dreams and Diligence* (Toronto: University of Toronto Press, 2011), 30.

2. 关于第一批以陆地为家的动物，Neil Shubin, *Your Inner Fish*（New York: Vintage Books, 2008）的可读性很高。

3. 贝克勒尔发现放射性纯属意外。他注意到，把铀放在相机底片的旁边，即使在黑暗的环境中，底片也会曝光和出现图像。贝克勒尔相信铀之所以能在底片上留下图像，是因为它可以先吸收阳光，再释放出来，当然，这个过程完全是他假想出来的。为了证明自己的理论，贝克勒尔决定做一个实验，他打算拿晒过太阳的铀去曝光黑暗中的相机底片。但是，就在贝克勒尔原本计划做实验的那一天，他的家乡巴黎却阴云密布，这下铀是晒不成太阳了。不过，贝克勒尔决定用没有吸收过阳光的铀来曝光底片，他本以为什么都看不见，然而，底片上竟然出现了明亮的图像，形状和铀的晶体很像——这证明使底片发生曝光的射线来自铀本身。后来我们才知道，法国摄影师克洛德·费利克斯·阿贝尔·涅普斯·德圣维克托早在将近 40 年前就发现了类似的现象。因此，发现放射性的人是涅普斯·德圣维克托。

4. 钴-60 并不是天然存在的元素。天然钴原子的相对质量为 59。所以，作为一种放射性同位素，钴-60 是高能物理学的产物，它的制备方法是用中子轰击钴-59。

5. 戈瑞是衡量生物组织吸收了多少辐射的计量单位，它的计算方法是用组织吸收的能量（焦耳）除以组织的质量。戈瑞的换算方式是，1 戈瑞等于每千克 1 焦耳。

6. 海克尔相信，胚胎的发育过程（个体发生）必须把本物种在进化上经历的事（系统发生）都经历一遍，在某些情况下，我们可以在胚胎里看到该物种祖先的样子，比如哺乳动物的胚胎可能有类似鳃的结构或者带蹼的脚。还有，许多动物的胚胎长得都很像，直到发育晚期才变得不同。但我们几乎可以认定，胚胎并不会在发育的过程中致敬自己的祖先。

7. Miguel Ramalho-Santos and Holger Willenbring, "On the Origin of the Term 'Stem Cell'", *Cell Stem Cell* 1, no. 1:35-38.

8. E. A. McCulloch and J. E. Till, "The Radiation Sensitivity of Normal Mouse Bone Marrow Cells, Determined by Quantitative Marrow Transplantation into Irradiated Mice", *Radiation Research* 13 (1960): 115-125; J. E. Till and E. A. McCulloch, "A Direct Measurement of the Radiation Sensitivity of Normal Mouse Bone Marrow Cells", *Radiation Research* 14 (1961): 213-222.

9. A. J. Becker, E. A. McCulloch, and J. E. Till, "Cytological Demonstration of the Clonal Nature of Spleen Colonies Derived from Transplanted Mouse Marrow Cells", *Nature* 197 (February 1963): 452-454.

10. 贝克尔的实验同时为这两个特征提供了证据。每个脾脏的细胞集落里都有各种各样的血细胞（红细胞、白细胞，等等），这说明作为这些细胞起源的那一个细胞具有专能性。除此之外，每个集落含有数以百万计的细胞，这又说明里面的细胞具有自我更新的能力。一年后，安大略癌症研究所的科学家路易斯·西米诺维奇通过实验证实，从一只小鼠的脾脏结节中分离出来的细胞可以导致另一只小鼠的脾脏长出结节。这被称为"连续移植实验"，它正式证明了脾脏的细胞集落不仅起源于一个细胞，而且含有能够重复相同过程的细胞。

11. Ann Parson, *The Proteus Effect* (Washington, DC: Joseph Henry Press, 2004), 61.

12. Parson, *Proteus Effect*, 61.

13. Dieter Niederwieser, Helen Baldomero, Yoshiko Atsuta, et al., "One and a Half Million Hematopoietic Stem Cell Transplants (HSCT)", *Blood* 134, no. S1 (November 2019): 2035.

## 第 8 章

1. 绝大多数动物通过有性生殖繁育后代，这是一种用单倍体细胞（比如只含有一套染色体）组成二倍体细胞（比如含有两套染色体）的过程。通常认为，有性生殖的出现是因为它增加了种群内部的多样性，让物种能更好地应对选择压力。但是，拥有两套基因组还有一个附带的好处，那就是当其中一份拷贝受损时，细胞可以利用第二份拷贝的同源重组来修复错误。

2. Kirk Thomas, Kim Folger, and Mario Capecchi, "High Frequency Targeting of Genes to Specific Sites in the Mammalian Genome", *Cell* 44 (February 1986): 419-428.

3. Oliver Smithies, Ronald Gregg, Sallie Boggs, Michael Koralewski, and Raju Kucherlapati, "Insertion of DNA Sequences into the Human Chromosomal β-Globin Locus by Homologous Recombination", *Nature* 317 (September 1985): 230-234.

4. 免疫兼容性现象得以被证实，小鼠近交系等实验动物繁育技术的发明功不可没。如今，在移植手术前匹配器官的供体和受体时，我们都要考虑免疫系统的兼容性。

5. Leroy Stevens, "Studies on Transplantable Testicular Teratomas of Strain 129 Mice", *Journal of the National Cancer Institute* 20, no. 6 (June 1958): 1257-1275.

6. Davor Solder, Nikola Skreb, and Ivan Damjanov, "Extrauterine Growth of Mouse Egg-Cylinders Results in Malignant Teratoma", *Nature* 227 (August 1970): 503-504.

7. Lewis Kleinsmith and G. Barry Pierce, "Multipotentiality of Single Embryonal Carcinoma Cells", *Cancer Research* 24 (October 1964): 1544-1551.

8. Laila Moustafa and Ralph Brinster, "Induced Chimaerism by Transplanting Embryonic Cells into Mouse Blastocysts", *Journal of Experimental Zoology* 181, no. 2 (August 1972): 193-201.

9. 世界上第一只奇美拉小鼠是由波兰胚胎学家安杰伊·塔尔科夫斯基和美国胚胎学家比阿特丽斯·明茨在 20 世纪 60 年代培育出来的，他们采用的方法是将还未发育到桑葚胚阶段的早期胚胎加以融合。布林斯特的优势在于，他的操作方法更简便，而且对胚胎细胞的年龄要求不高，我们大可以把其他细胞注入一个正在发育的胚胎里。从技术上来说，每只奇美拉小鼠最多可以来源于 4 个亲本：供体和受体分别有两个亲本。

10. Ralph Brinster, "The Effect of Cells Transferred into the Mouse Blastocyst on Subsequent Development", *Journal of Experimental Medicine* 140, no. 4 (October 1974): 1049-1056. 虽然在最初的实验中只有一只小鼠显示出明显的嵌合证据，但其他小鼠显示出了EC细胞贡献的间接证据。

11. Leroy Stevens, "The Development of Teratomas from Intratesticular Grafts of Tubal Mouse Eggs", *Journal of Embryology and Experimental Morphology* 20, no. 3 (November 1968): 329-341.

12. 肿瘤细胞携带着突变和染色体异常。胚胎癌性细胞源于畸胎瘤，这个事实对追溯它们的起源很有帮助（胚胎癌性细胞是肿瘤细胞快速适应培养条件的结果）。但是，说到"生殖传递"，也就是传宗接代的能力，肿瘤细胞携带的突变反而变成绊脚石了。这是因为，尽管胚胎癌性细胞的遗传异常不会影响大多数已分化的细胞，但它们对配子和合子来说是致命的。

13. M. J. Evans and M. H. Kaufman, "Establishment in Culture of Pluripotential Cells from Mouse Embryos", *Nature* 292 (July 1981): 154-156.

14. Gail Martin, "Isolation of a Pluripotent Cell Line from Early Mouse Embryos Cultured in Medium Conditioned by Teratocarcinoma Stem Cells", *Proceedings of the National Academy of Sciences USA* 78, no. 12 (December 1981): 7634-7638.

15. Kirk Thomas and Mario Capecchi, "Site-Directed Mutagenesis by Gene Targeting in Mouse Embryo-Derived Stem Cells", *Cell* 51, no. 3 (November 1987): 503-512.

16. Thomas Doetschman, Ronald Gregg, Nobuyo Maeda, et al., "Targeted Correction of a Mutant HPRT Gene in Mouse Embryonic Stem Cells", *Nature* 33 (December 1987): 576-578.

17. Beverly Koller, Lora Hagemann, Thomas Doetschman, et al., "Germ-Line Transmission of a Planned Alteration Made in a Hypoxanthine Phosphoribosyltransferase Gene by Homologous Recombination in Embryonic Stem Cells", *Proceedings of the National Academy of Sciences USA* 86, no. 22 (November 1989): 8927-8931.

18. Suzanne Mansour, Kirk Thomas, and Mario Capecchi, "Disruption of the Proto-oncogene *int-2* in Mouse Embryo-Derived Stem Cells: A General Strategy

for Targeting Mutations to Non-selectable Genes", *Nature* 336 (November 1988): 348-352.

19. Kirk Thomas and Mario Capecchi, "Targeted Disruption of the Murine *int-1* Proto-oncogene Resulting in Severe Abnormalities in Midbrain and Cerebellar Development", *Nature* 346 (August 1990): 847-850.

20. James Thomson, Joseph Itskovitz-Eldor, Sander Shapiro, et al., "Embryonic Stem Cell Lines Derived from Human Blastocysts", *Science* 282 (November 1998): 1145; Michael Shamblott, Joyce Axelman, Shuping Wang, et al., "Derivation of Pluripotent Stem Cells from Cultured Human Primordial Germ Cells", *Proceedings of the National Academy of Sciences USA* 95, no. 23 (November 1998): 13726-13731.

21. 事实证明，这种被称为"条件性敲除"的技术也是一项重要的进步。你还记得"胚胎致死性"吗？正是这种特性帮助威斯乔斯和福尔哈德缩小了海德堡筛查的范围（第5章）。我们同样可以利用这种特性，通过敲除具有胚胎致死性的基因，不让特定的小鼠活到成年。出于这个原因，在基因敲除技术刚刚出现的年代，整个领域都在争相报道哪些基因的功能与胚胎发生有关。后来，随着科学家对成体组织的基因越发感兴趣，条件性敲除技术变得非常关键，因为它能让科学家绕过胚胎致死性的基因。

22. 胚胎干细胞在体外和在体内分化得到的产物不同，二者最大的区别似乎是体外分化的细胞无法"成熟"——指从胚胎细胞的状态过渡到能够执行特定功能的成体细胞的状态。造成细胞无法成熟的原因仍然未知，很有可能与微环境或者说周围的细胞不同有关，要在培养皿里营造出与体内相同的环境是一件很难的事。

23. Richard Lacayo, "How Bush Got There", *Time*, August 20, 2001.

24. Joseph Fiorenza, "Response to the Bush Policy from the U.S. Conference of Catholic Bishops", Catholic Culture.

25. Masako Tada, Yousuke Takahama, Kuniya Abe, Norio Nakatsuji, and Takashi Tada, "Nuclear Reprogramming of Somatic Cells by in Vitro Hybridization with ES Cells", *Current Biology* 11, no. 19 (October 2001): 1553-1558.

26. Robert Davis, Harold Weintraub, and Andrew Lassar, "Expression of a Single Transfected cDNA Converts Fibroblasts to Myoblasts", *Cell* 51, no. 6

(December 1987): 987-1000.

27. 山中因子一共有 4 个，分别是 *Oct4*、*Klf4*、*Sox2* 和 *c-Myc*。Kazutoshi Takahashi and Shinya Yamanaka, "Induction of Pluripotent Stem Cells from Mouse Embryonic and Adult Fibroblasts Cultures by Defined Factors", *Cell* 126, no. 4 (August 2006): 663-676.

28. 并不是只有山中因子可以启动细胞的重编程，还有一些基因或者化学物质可以替代山中因子。被称为山中因子的 4 个基因及它们各自的替代物为什么能如此彻底地重置发育时钟？这一直是一个热门的研究领域。细胞的重编程需要经历几个必要的步骤，其中之一是改变表观基因组——表观基因组是指细胞对所有 DNA 及 DNA 相关蛋白（二者的组合就是染色质）的化学修饰，这样的修饰会激活大量与干细胞有关的基因，同时抑制大量与成纤维细胞有关的基因。我将在第 11 章介绍相关的机制。

29. Jiho Choi, Soohyun Lee, William Mallard, et al., "A Comparison of Genetically Matched Cell Lines Reveals the Equivalence of Human iPSCs and ESCs", *Nature Biotechnology* 33, no. 11 (November 2015): 1173-1181.

30. Brian Wainger, Eric Macklin, Steve Vucic, et al., "Effect of Ezogabine on Cortical and Spinal Motor Neuron Excitability in Amyotrophic Lateral Sclerosis: A Randomized Clinical Trial", *JAMA Neurology* 78, no. 2 (February 2021): 186-196.

31. Max Cayo, Sunil Mallanna, Francesca Di Furio, et al., "A Drug Screen Using Human iPSC-Derived Hepatocyte-Like Cells Reveals Cardiac Glycosides as a Potential Treatment for Hypercholesterolemia", *Cell Stem Cell* 20, no. 4 (April 2017): 478-489.

32. Robert Schwartz, Kartik Trehan, Linda Andrus, et al., "Modeling Hepatitis C Virus Infection Using Human Induced Pluripotent Stem Cells", *Proceedings of the National Academy of Sciences USA* 109, no. 7 (February 2012): 2544-2548.

## 第 9 章

1. Lynn Elber, "Hanks, Roberts among Stars on 'Stand Up to Cancer'", *Spokesman-Review*, September 8, 2012.

2. Nicole Aiello and Ben Stanger, "Echoes of the Embryo: Using the Developmental Biology Toolkit to Study Cancer", *Disease Models and Mechanisms* 9, no. 2 (February 2016): 105-114.

3. Theodor Boveri, "Concerning the Origin of Malignant Tumours (1914)", trans. and annotated by Henry Harris, *Journal of Cell Science* 121, no. S1 (January 2008): 1-84.

4. 在细胞的水平上，我们对控制生长的通路了解颇多。但正如我们在前文看到的（第6章），我们不明白这些促进生长和抑制生长的信号如何在整个个体的水平上发挥作用，这正是有待解答的尺寸控制问题。

5. 这里的"突变"可以有很多不同的含义。最简单的一种是，致癌性突变只改变了基因序列里的一个核苷酸，进而导致相应的氨基酸发生变化，这既有可能放大原癌基因致癌的效应，也有可能抵消抑癌基因的作用。在更大的分子水平上，突变也可以指博韦里预测的染色体异常，包括染色体上大段序列的"缺失"和"扩增"，或者由于两条染色体融合而造成的"移位"。最后，原癌基因和抑癌基因的表达同样能受到表观遗传修饰的影响，表观遗传修饰也可以是一种可遗传的改变（见第11章）。

6. 我在前文介绍干细胞的时候提到，组织用来自我维护的细胞有两种来源，一是由干细胞产生（这种情况一般出现在细胞更新速率较高的组织，比如肠道、皮肤和血液），另一种是由已有的细胞产生（多发生在细胞更新速率较低的组织，存活的细胞通过分裂填补死亡细胞的空缺）。在前一种情况中，原癌基因在正常地发挥功能，以确保干细胞的快速增殖能够满足组织对新细胞的巨大需求。而在后一种情况里，则是抑癌基因让细胞维持静息的状态。

7. 显微镜下的外观并不能作为推断肿瘤来源的可靠依据，这种认识在肿瘤生物学里出现的时间相对较晚。例如，我们给胰腺癌取的正式名称叫"胰腺导管腺癌"，暗示了这种肿瘤组织起源于胰腺的导管。但正如我们在这个部分所讨论的，这样的溯源方式既有可能是对的，也有可能是错的。通常而言，癌细胞都很相似，与它们起源于哪里无关，所以临床上经常会说"原发位置不明的转移癌"，也就是说，这些患者有癌症的转移，但癌症的起源部位不得而知。

8.Douglas Hanahan, Erwin Wagner, and Richard Palmiter, "The Origins of Oncomice: A History of the First Transgenic Mice Genetically Engineered to

Develop Cancer", *Genes and Development* 21, no. 18 (September 2007): 2258-2270. 评估一种药物是否具有抗癌功效的传统做法是借助"异种器官移植":挑选一种人工培养的肿瘤细胞系,把这种细胞移植到小鼠的肋侧,然后用这个疾病模型评估一种或多种药物的效果。异种器官移植需要用到免疫缺陷小鼠(以免人类的肿瘤细胞受到小鼠免疫系统的排斥),所以肿瘤的发展过程与天然状态下不同(移植的细胞从一开始就相当于恶性的转移阶段)。用基因工程小鼠建立的模型没有这个问题,因为肿瘤可以与功能健全的免疫系统共存,在这样的条件下自发地进展和演变。至于基因工程小鼠模型最大的缺点,那就是它们长的是小鼠肿瘤,而不是人类的肿瘤。

9.Sunil Hingorani, Lifu Wang, Asha Multani, et al., "*Trp53R172H* and *KrasG12D* Cooperate to Promote Chromosomal Instability and Widely Metastatic Pancreatic Ductal Adenocarcinoma in Mice", *Cancer Cell* 7, no. 5 (May 2005): 469-483.

10.每年饱受脑部肿瘤折磨的人占总人口的将近 1/10 000,这个患者数量的存在似乎足以推翻脑部细胞不会分裂的说法,然而事实并非如此。通常而言,脑部的肿瘤不是起源于神经元,而是对中枢神经系统起支持作用的辅助细胞——胶质细胞和星形胶质细胞,这些细胞是具有分裂能力的,它们很可能是大多数脑部肿瘤的元凶。

11.在目前的美国,致死率最高的 5 种人类肿瘤分别是(按从高到低的顺序):肺癌、结直肠癌、胰腺癌、乳腺癌和前列腺癌。根据美国癌症学会的数据,美国每年死于癌症的人数约为 600 000,其中死于这 5 种癌症的人占比超过 1/2。(注意:这里的统计数字都遗漏了两种皮肤癌——鳞状细胞癌和基底细胞癌——它们属于致死率最低的肿瘤。)癌症为什么有这么高的发病率和死亡率仍是一个谜,但有一种可能是,因为上皮与外界的接触更频繁,这导致它们更容易受伤,进而更容易发生突变。不过,也有一些现象是这种容易受伤的理论无法解释的。另外,哪些肿瘤最致命也因物种而异。以人工饲养的小鼠为例,这些动物最常死于白血病、淋巴瘤和肉瘤,而这些部位与外界的接触相对较少。

12.导致原癌基因 *ABL* 突变且活性大增,最常见的原因是 9 号染色体与 22 号染色体发生融合。这种独特的染色体异常是在 1960 年被发现的(在异常的位置得到确定后,这个突变获得了"费城染色体"的外号),它是特定的遗传事件能够引发癌症的第一个实例。

13. Katherine Hoadley, Christina Yau, Toshinori Hinoue, et al., "Cell-of-Origin Patterns Dominate the Molecular Classification of 10,000 Tumors from 33 Types of Cancer", *Cell* 173, no. 2 (April 2018): 291-304.

14. 虽然癌变引起脱分化的现象很常见，但并非肯定会发生。比如在神经内分泌肿瘤中，癌变的细胞仍会持续合成胰岛素等激素，继续承担特化的职能。虽然这些肿瘤细胞与正常的细胞相比还是有明显的区别，但它们依然保留着相当多的分化特征。

15. 研究血液系统的优势之一是，我们可以根据细胞表面的蛋白质轻松地辨别不同的细胞系，这些特征性的蛋白质被称为"分化抗原"（CD）。通过将细胞与多种识别CD的抗体混合，我们就有可能找到表面表型相同的细胞。CD的种类远不止200种，许多CD还有其他的名字。虽然那些名字能更直观地体现蛋白质的生物学功能，但CD的命名法让科学家在称呼不同类型的细胞时有了统一的术语表。

16. 恶性肿瘤（哪怕是侵袭性很强的类型）很少会形成10~20个可见的转移病灶（虽然偶尔也会出现有几百个转移灶的患者）。话虽如此，但这个数字只代表那些能用标准成像技术（CT扫描和MRI）检测到的恶性肿瘤。而事实上，对许多乃至绝大多数恶性肿瘤的患者来说，能用这些手段检测到的病灶只是冰山一角。但话又说回来，即使把所有的微转移都计算在内，恶性肿瘤的威力也远比普通人按第一性原理设想的小。

17. Judah Folkman, "Tumor Angiogenesis: Therapeutic Implications", *New England Journal of Medicine* 285, no. 21 (November 1971): 1182-1186.

18. Andrew Rhim, Paul Oberstein, Dafydd Thomas, et al., "Stromal Elements Act to Restrain, Rather Than Support, Pancreatic Ductal Adenocarcinoma", *Cancer Cell* 25, no. 6 (June 2014): 735-747; Berna Ozdemir, Tsvetelina Pentcheva-Hoang, Julienne Carstens, et al., "Depletion of Carcinoma-Associated Fibroblasts and Fibrosis Induces Immunosuppression and Accelerates Pancreas Cancer with Reduced Survival", *Cancer Cell* 25, no. 6 (June 2014): 719-734; Erik Sahai, Igor Astsaturov, Edna Cukierman, et al., "A Framework for Advancing Our Understanding of Cancer-Associated Fibroblasts", *Nature Reviews Cancer* 20, no. 3 (March 2020): 174-186.

# 第 10 章

1. 来自与作者的对谈，2009 年 9 月 3 日。

2. National Spinal Cord Injury Statistical Center, *Facts and Figures at a Glance* (Birmingham, AL: University of Alabama at Birmingham, 2021).

3. Monroe Berkowitz, Paul O'Leary, Douglas Kruse, and Carol Harvey, *Spinal Cord Injury: An Analysis of Medical and Social Costs* (New York: Demos Medical Publishing, 1998).

4. 括约肌克制着排尿的冲动，只有当放松的信号从大脑到括约肌时（经脊髓传递），它才会放松下来。脊髓损伤导致这条传递信号的通路中断，所以括约肌会一直维持着收缩的状态。在第二次世界大战之前，脊髓损伤者最主要的死因是肾衰竭。后来，幸亏导尿管的出现，排尿不再受括约肌的阻拦，肾衰竭的问题才被彻底解决。

5. 新神经元的产生被称为"神经发生"，这个过程在胚胎发育的第 4 个月到第 6 个月发生得最密集。然而过犹不及，神经元的前体细胞在这个阶段的分裂活动实在太过活跃，以至于它们产生的神经元会超过胚胎最终的需要。多余的部分——在所有新生神经元中的比例很可能超过 1/2——会在胎儿出生前后的几周到几个月内慢慢被剔除，方法是通过细胞程序性死亡（第 5 章），这个过程被称为"修剪"。由此造成的结果是，在人生的前几十年里，身体其他部分的细胞数量会不断增加，而神经系统的细胞数量却基本保持不变。尽管有证据显示，成年人的某些脑区有新的神经元生成，但这种更新的速度太慢，不可能对学习和大脑的自我修复能力产生有意义的影响。（这很矛盾，因为在出生后，大脑是人体内生长能力最强的部位。）学会一门语言或者精通一款电子游戏并不一定需要依靠新生的神经元，因为人的学习和机器的学习不同，后者才需要通过插入"记忆卡"来拓展学习所需的内存。长势惊人的神经系统突然停止生长的原因依旧扑朔迷离，或许是在一个复杂的神经环路里添加新元素只能适得其反，拖慢速度。无论原因是什么，介导人类学习行为的都是突触而非细胞数量的改变，这对我们认识神经退行性变性疾病和脑卒中都有重要的影响。

6. P. Kennedy and L. Garmon-Jones, "SelfHarm and Suicide before and after Spinal Cord Injury: A Systematic Review", *Spinal Cord* 55, no. 1 (January 2017):

2-7.

7. 哺乳动物的再生（补偿性生长）是组织自我维护能力的延伸，它利用的其实是正常的生理机制，靠干细胞或者现有细胞的分裂来弥补损失。肠道是这种生理过程的典型例子，即使在正常情况下，肠道上皮也会每过几天就彻底翻新一次。如果上皮层受到损伤（比如受到放疗或者化疗的影响），幸存的干细胞就会把损失的细胞补上，借此修复损伤。"割处再生"这个术语是果蝇套房的负责人托马斯·亨特·摩根发明的（在研究果蝇之前，摩根研究过再生现象）。他的意图是将蝾螈等生物超强的再生能力（能使整个肢体完全复原）与哺乳动物那相形见绌的再生能力（只能用已有的组织拆东墙补西墙）区分开来。如果想进一步了解这方面的内容，或者想了解再生过程的分类，参考 Bruce Carlson, *Principles of Regenerative Biology* (Burlington, MA: Academic Press, 2007)。

8. Dorothy Skinner and John Cook, "New Limbs from Old: Some Highlights in the History of Regeneration in Crustacea", chap. 3 in *A History of Regeneration Research*, ed. Charles Dinsmore (Cambridge: Cambridge University Press, 1991).

9. 一般认为，甲壳纲动物的肢体再生能力与另一种名为"自我截肢"的生理过程有关。当一只螃蟹或者龙虾的螯肢被缠住、生命受到威胁时，它可以主动从肢体的根部切断关节，丢下挣脱不开的附肢，抽身逃命。Skinner and Cook, "New Limbs from Old".

10. 在长达几个世纪的时间里，人们都认为头部是灵魂的所在地。斯帕兰札尼的发现让有宗教信仰的学者感到为难，他们必须得想办法解释为什么灵魂被砍掉后这么容易复原。彼时，处决犯人用的断头台也开始在法国流行起来，相关的讨论大大增加了公众对斩首的兴趣。

11. Marguerite Carozzi, "Bonnet, Spallanzani, and Voltaire on Regeneration of Heads in Snails: A Continuation of the Spontaneous Generation Debate", *Gesnerus* 42, nos. 2-3 (November 1985): 265-288.

12. 鉴于这种脱分化的现象，我们有理由提出：肢体再生使用的信号通路与细胞重编程所用的信号通路是否一样？有一项研究发现，虽然芽基细胞的确会表达部分参与多能性诱导的重编程因子，但是这些细胞本身并不会获得多能性。想要进一步了解，参见 Bea Christen, Vanesa Robles, Marina Raya, Ida Paramonov, and Juan Carlos Izpisua Belmonte, "Regeneration and

Reprogramming Compared", *BMC Biology* 8, no. 5 (January 2010)。

13. Lewis Wolpert, "Positional Information and the Spatial Pattern of Cellular Differentiation", *Journal of Theoretical Biology* 25, no. 1 (October 1969): 1-47.

14. 这个说法基本成立，但也有一些例外，哺乳动物（包括人类）可以产生类似芽基的细胞团，作为新结构诞生的基础。比如，如果一个年幼的孩子断了一截指甲，一种类似芽基的结构就会在断面上形成，使手指长出全新的指甲（这种现象在一定程度上取决于手指的甲床还剩多少。另外，随着孩子年龄的增长，指甲的再生能力会慢慢消失）。芽基的形成是必不可少的，因为如果芽基无法形成——比如，有个好心的医生把断口缝合——那么断掉的部分就永远长不回来了。

15. Ken Overturf, Muhsen Al-Dhalimy, Ching-Nan Ou, Milton Finegold, and Markus Grompe, "Serial Transplantation Reveals the Stem-Cell-Like Regenerative Potential of Adult Mouse Hepatocytes", *American Journal of Pathology* 151, no. 5 (November 1997): 1273-1280.

16. Kostandin Pajcini, Stephane Corbel, Julien Sage, Jason Pomerantz, and Helen Blau, "Transient Inactivation of Rb and ARF Yields Regenerative Cells from Postmitotic Mammalian Muscle", *Cell Stem Cell* 7, no. 2 (August 2010): 198-213.

17. 生物工程学发展之快，想要追赶其进展速度几乎是不可能的。随着新一代假肢的功能更加多样——运动控制和初步的感知觉——生产假肢的成本正在下降。这方面的例子，可以参见 Guoying Gu, Ningbin Zhang, Haipeng Xu, et al., "A Soft Neuroprosthetic Hand Providing Simultaneous Myoelectric Control and Tactile Feedback", *Nature Biomedical Engineering* 464 (August 2021)。

18. Ye Zhang, Ulf-G. Gerdtham, Helena Rydell, and Johan Jarl, "Quantifying the Treatment Effect of Kidney Transplantation Relative to Dialysis on Survival Time: New Results Based on Propensity Score Weighting and Longitudinal Observational Data from Sweden", *International Journal of Environmental Research and Public Health* 17, no. 19 (October 2020): 7318.

19. Magdalena Jedrzejczak-Silicka, "History of Cell Culture", chap. 1 in *New Insights into Cell Culture Technology*, ed. Sivakumar Joghi Thatha Gowder (London: IntechOpen, 2017); Rebecca Skloot, *The Immortal Life of Henrietta Lacks* (New York: Crown Publishers, 2010).

20. 加利福尼亚州、康涅狄格州、马里兰州、纽约州、伊利诺伊州和新泽西州的州政府都为再生医学或干细胞计划提供了一定程度的支持。

21. Hans Keirstead, Gabriel Nistor, Giovanna Bernal, et al., "Human Embryonic Stem Cell-Derived Oligodendrocyte Progenitor Cell Transplants Remyelinate and Restore Locomotion after Spinal Cord Injury", *Journal of Neuroscience* 25, no. 19 (May 2005): 4694-4705. See also Paralyzed Rat Walks Again with Human Embryonic Stem Cells, video posted by chrisclub March 23, 2009, YouTube.

22. Gideon Gross, Tova Waks, and Zelig Eshhar, "Expression of Immunoglobulin-T-Cell Receptor Chimeric Molecules as Functional Receptors with Antibody-Type Specificity", *Proceedings of the National Academy of Sciences USA* 86, no. 24 (December 1989): 10024-10028.

23. 比尔·路德维格在 2021 年因病毒去世，他的癌症一直没有复发。Marie McCullough, "Bill Ludwig, Patient Who Helped Pioneer Cancer Immunotherapy at Penn, Dies at 75 of COVID-19", *Philadelphia Inquirer*, February 17, 2021.

24. 除了所有器官移植手术都面临的难题，还有很多技术和后勤组织上的困难导致胰岛移植手术无法普及和推广。首先，胰岛分离的手术对操作的速度要求很高，有能力完成这种手术的医学中心屈指可数。其次，胰岛在移植手术中的损耗非常严重，这意味着单单从一个捐献者身上分离胰岛可能会不够用。在这种情况下，患者就需要至少两名配型合适的捐献者，才能接受手术。

25. 谢尔顿参与的是 1 期临床试验，这个阶段的优先事项是确定药物的安全剂量，而不是确定疗效。所以，谢尔顿接受的细胞量仅为研究人员认为的足以影响糖尿病病情的细胞量的 1/2。如果参与试验的多名患者没有出现严重的不良反应，那么下一批患者的治疗剂量就会提高，这种试验方法被称为"剂量逐增"。

26. 谢尔顿对新疗法的早期反应被吉娜·克拉塔撰文并发表在《纽约时报》（2021 年 11 月 27 日）上，而最新的结果刊登在福泰制药于 2022 年 6 月公布的一篇新闻稿里——《福泰制药在美国糖尿病协会第 82 届科学会议上公布 VX-880 的 1/2 期临床试验新数据》。截至本书撰写时，福泰制药已经发布报告，称至少还有一名患者在接受相当于标准治疗剂量 1/2 的干细胞衍生物的灌注后，表现出血糖水平改善的迹象，而另一位患者接受了全剂量的治疗且没有出现不良反应。福泰制药将招募大约 17 人参与这次的 1/2 期临床试验。虽然福泰制药尚未透露他们用了哪种细胞来制备自己的产品，但可以想见，将来它们很可能会使用诱导多能干细胞，而不是胚胎干细胞。如此一来，患者或许就能用自己身上的细胞来治疗了。

27. Kazuyoshi Yamazaki, Masahito Kawabori, Toshitaka Seki, and Kiyohiro Houkin, "Clinical Trials of Stem Cell Treatment for Spinal Cord Injury", *International Journal of Molecular Sciences* 21, no. 11 (June 2020): 3994.

## 第 11 章

1. François Jacob, *The Statue Within*, trans. Franklin Philip (New York: Basic Books, 1988), 296.

2. Uri Alon, "How to Choose a Good Scientific Problem", *Molecular Cell* 35, no. 6 (September 2009): 726-728.

3. William Kaelin, "Why We Can't Cure Cancer with a Moonshot", Opinions, *Washington Post*, February 11, 2020.

4. 当然，这个法则还有例外。比如，可塑性导致细胞会在受伤或者受到实验的刺激后改变自己的身份。不过，类似的情况只发生在少数生理活动出现剧变的情况下。只要不过分打扰细胞，它们对自己身份的认知就不会发生变化。

5. Conrad Waddington, "The Epigenotype (1942)", *Endeavor* 1:18-20, reprinted in *International Journal of Epidemiology* 41, no. 1 (February 2012): 10-13. 另外，为了避免混淆，我们有必要仔细区分一下"表观遗传"和第 1 章介绍过的"后成说"。前者指一种编码遗传信息的机制，而后者指的则是通过零部件拼凑身体的发育方式，它最早由亚里士多德提出，后来成了与先成论分庭抗礼的理论。

6. Arthur Riggs, "X Inactivation, Differentiation, and DNA Methylation", *Cytogenetics and Cell Genetics* 14, no. 1 (1975): 9-25; R. Holliday and J. E. Pugh, "DNA Modification Mechanisms and Gene Activity during Development", *Science* 187 (January 1975): 226-232.

7. Gary Felsenfeld, "A Brief History of Epigenetics", *Cold Spring Harbor Perspectives in Biology* 6, no. 1 (January 2014): a018200; Tally Naveh-Many and Howard Cedar, "Active Gene Sequences Are Undermethylated", *Proceedings of the National Academy of Sciences USA* 78, no. 7 (July 1981): 4246-4250; Reuven Stein, Yosef Gruenbaum, Yaakov Pollack, Aharon Razin, and Howard Cedar, "Clonal Inheritance of the Pattern of DNA Methylation in Mouse Cells", *Proceedings of the National Academy of Sciences USA* 79, no. 1 (January 1982): 61-65; Adrian Bird, Mary Taggart, Marianne Frommer, Orlando Miller, and Donald Macleod, "A Fraction of the Mouse Genome That Is Derived from Islands of Nonmethylated CpG-Rich DNA", *Cell* 40, no. 1 (January 1985): 91-99.

8. 与生物学的大部分范式一样，这里也有例外，而且DNA甲基化还是一个很大的例外。在发育的早期阶段，虽然绝大多数胞嘧啶的甲基化及其他表观遗传修饰都被擦除了，但仍有一些会被保留下来。这种拖泥带水的擦除为隔代遗传的发生留下了空间。之后，我们将探讨这种现象。

9. 细胞将DNA缠成了一个又一个结构相同的亚单位，这种被今天的我们称为"核小体"的东西最早是由学术伉俪唐·奥林斯和埃达·奥林斯利用电子显微镜发现的，参见Ada Olins and Donald Olins, "Spheroid Chromatin Units [v Bodies]", *Science* 183 (January 1974): 330-332。不久之后，生物化学家罗杰·科恩伯格（后来，他凭借另一项研究摘得诺贝尔奖）便提出了核小体的结构模型，这也是今天的标准模型，参见Roger Kornberg, "Chromatin Structure: A Repeating Unit of Histones and DNA", *Science* 184 (May 1974): 868-871。

10. Linda Durrin, Randall Mann, Paul Kayne, and Michael Grunstein, "Yeast Histone H4 N-Terminal Sequence Is Required for Promoter Activation in Vivo", *Cell* 65, no. 6 (June 1991): 1023-1031.

11. Jack Taunton, Christian Hassig, and Stuart Schreiber, "A Mammalian Histone Deacetylase Related to the Yeast Transcriptional Regulator Rpd3p", *Science* 272 (April 1996): 408-411; James Brownell, Jianxin Zhou, Tamara Ranalli, et al., "Tetrahymena Histone Acetyltransferase A: A Homology to Yeast Gcn5p Linking Histone Acetylation to Gene Activation", *Cell* 84, no. 6 (March 1996): 843-851.

12. Nessa Carey, *The Epigenetics Revolution* (New York: Columbia University Press, 2012), 68-69.

13. Thomas Jenuwein and David Allis, "Translating the Histone Code", *Science* 293 (August 2001): 1074-1080.

14. Hugh Morgan, Heidi Sutherland, David Martin, and Emma Whitelaw, "Epigenetic Inheritance at the Agouti Locus in the Mouse", *Nature Genetics* 23 (November 1999): 314-318.

15. Gian-Paolo Ravelli, Zena Stein, and Mervyn Susser, "Obesity in Young Men after Famine Exposure in Utero and Early Infancy", *New England Journal of Medicine* 295 (August 1976): 349-353; Rebecca Painter, Tessa Roseboom, and Otto Bleker, "Prenatal Exposure to the Dutch Famine and Disease in Later Life: An Overview", *Reproductive Toxicology* 20, no. 3 (September–October 2005): 345-352.

16. L. H. Lumey and Aryeh Stein, "Offspring Birth Weights after Maternal Intrauterine Undernutrition: A Comparison with Sibships", *American Journal of Epidemiology* 146, no. 10 (November 1997): 810-819.

17. 国际干细胞研究协会在 2021 年发布的指南中提议建立一种新的机制，允许科学家借助独立的评估来寻求突破这个时限的许可。*Guidelines for Stem Cell Research and Clinical Translation.*

18. Leqian Yu, Yulei Wei, Jialei Duan, et al., "Blastocyst-Like Structures Generated from Human Pluripotent Stem Cells", *Nature* 591 (March 2021): 620-626; Xiaodong Liu, Jia Ping Tan, Jan Schroder, et al., "Modelling Human Blastocysts by Reprogramming Fibroblasts into iBlastoids", *Nature* 591 (March 2021): 627-632; Harunobu Kagawa, Alok Javali, Heidar Heidari Khoei, et al., "Human Blastoids Model Blastocyst Development and Implantation", *Nature* 601 (January 2022): 600-605.

19. 道德纳和沙尔庞捷因她们在 CRISPR 领域所做的贡献而获得了 2021 年的诺贝尔化学奖。除了本书重点介绍的生物学和医学，CRISPR 的应用还对农业有重大影响——它可以用来培育抗病性更强和（或）产量更高的农作物及牲畜。参见 Haocheng Zhu, Chao Li, and Caixia Gao, "Applications of CRISPR-Cas in Agriculture and Plant Biology", *Nature Reviews Molecular Cell Biology* 21 (September 2020): 661-677。CRISPR 的技术细节不在本书讨论的

范围之内，关于这种技术的发现过程和应用潜力（及滥用的风险），优质的参考资料有很多，包括道德纳博士本人的讲解，参见Jennifer Doudna and Samuel Sternberg, *A Crack in Creation: Gene Editing and the Unthinkable Power to Control Evolution*, New York: Mariner Books, 2017。

20. 科学家正在通过至少两种方法来治疗这种疾病，第一种是利用CRISPR纠正基因本身的缺陷，即依靠基因编辑，把突变的 $\beta$–球蛋白基因变成野生型基因。第二种方法是删除一个基因，这个基因的产物能够抑制另一种血红蛋白（胎儿血红蛋白[①]）的合成，这样做同样能减轻疾病的症状。迄今为止，第二种方法取得的成效最多，详见下一条注释。

21. Haydar Frangoul, David Altshuler, Dominica Cappellini, et al., "CRISPR-Cas9 Gene Editing for Sickle Cell Disease and b-Thalassemia", *New England Journal of Medicine* 384 (January 2021): 252-260; Rob Stein, "First Sickle Cell Patient Treated with CRISPR Gene-Editing Still Thriving", NPR, December 31, 2021.

22. You Lu, Jianxin Xue, Tao Deng, et al., "Safety and Feasibility of CRISPR-Edited T Cells in Patients with Refractory NonSmall-Cell Lung Cancer", *Nature Medicine* 26, no. 5 (May 2020): 732-740; Morgan Maeder, Michael Stefanidakis, Christopher Wilson, et al., "Development of a GeneEditing Approach to Restore Vision Loss in Leber Congenital Amaurosis Type 10", *Nature Medicine* 25, no. 2 (February 2019): 229-233.

23. 围绕器官异种移植，人们担心的另一个问题是猪内源逆转录病毒（PERV），一类被整合进猪基因组内的病毒序列。因此，如今也有另一批科研人员在往这个方向努力，他们试图用CRISPR技术培育转基因猪，以保证这些猪的基因组序列里不含任何已知的 62 种 PERV。

24. Antonio Regalado, "The Gene-Edited Pig Heart Given to a Dying Patient Was Infected with a Pig Virus", *Technology Review*, May 4, 2022.

25. Carole Fehilly, S. M. Willadsen, and Elizabeth Tucker, "Interspecific Chimaeerism between Sheep and Goat", *Nature* 307 (February 1984): 634-636.

26. Tao Tan, Jun Wu, Chenyang Si, et al., "Chimeric Contribution of Human

---

① 这种血红蛋白只在胎儿时期合成，婴儿出生后，它在血液中占据的比例会下降，直到消失。——译者注

Extended Pluripotent Stem Cells to Monkey Embryos ex Vivo", *Cell* 184, no. 8 (April 2021): 2020-2032.

27. Lei Shi, Xin Luo, Jin Jiang, et al., "Transgenic Rhesus Monkeys Carrying the Human MCPH1 Gene Copies Show Human-Like Neoteny of Brain Development", *National Science Review* 6, no. 3 (May 2019): 480-493.

28. 有一小部分人天生就缺乏 *CCR5*，该基因的功能对免疫系统来说可有可无。这样的人对HIV感染拥有天然的抵抗力。

29. 来自奥本海默的演讲《知识之树》，出版时间为 1958 年 10 月，首次刊登于《哈泼斯杂志》，后经授权转载到《科学主义与人文主义》，编辑是乔治·莱文和欧文·托马斯。Binghamton, NY: W. W. Norton, 1963.

30. 出自路易·巴斯德在里尔大学的演讲，1854 年 12 月 7 日。

31. U.S. Bureau of Labor Statistics, "Employed Persons by Detailed Occupation, Sex, Race, and Hispanic or Latino Ethnicity", Labor Force Statistics from the Current Population Survey, Table 11, 2021.

32. 很难统计出究竟有多少药物的研发直接受益于纯粹的基础研究。但是，有数项研究分析了美国食品和药物管理局批准的药物与美国公共部门的拨款（以美国国立卫生研究院为主），证实了基础研究与新疗法之间存在强关联。可以参见下面的例子，Ekaterina Galkina Cleary, Jennifer Beierlein, Navleen Surjit Khanuja, Laura McNamee, and Fred Ledley, "Contribution of NIH Funding to New Drug Approvals 2010-2016", *Proceedings of the National Academy of Sciences USA* 115, no. 10 (March 2018): 2329-2334; and Iain Cockburn and Rebecca Henderson, "Publicly Funded Science and the Productivity of the Pharmaceutical Industry", in *Innovation Policy and the Economy* (Cambridge: MIT Press, 2001), 1-34。

## 尾声

1. Scott Gilbert, "Developmental Biology, the Stem Cell of Biological Disciplines", *PloS Biology* 15, no. 12 (December 2017): e2003691.

2. Carl Sagan, *The Demon-Haunted World* (New York: Random House, 1995).

3. Carl Sagan, *Cosmos* (New York: Random House, 1980).

# 译后记

　　有幸与鹦鹉螺的尹涛老师再次合作，感谢尹老师一如既往地支持和信任。感谢闻静老师参与本书的编辑工作。感谢香港中文大学（深圳）的侯新智和王粤雪为部分译文提出的评论和建议，第 2 章的题记参考了侯新智的译法，特此说明。

　　写字如独自上路的旅行，希望这篇有意外、有烦躁，有自得、有遗憾的行记值得一阅。

　　原书的文本量较大，译写校难免多有纰漏，还望见谅。

2024 年 10 月 31 日于杭州